Tan Nami Cailiao Xietong Zuran Huanyangshuzhi

碳纳米材料
协同阻燃环氧树脂

刘　珊／著

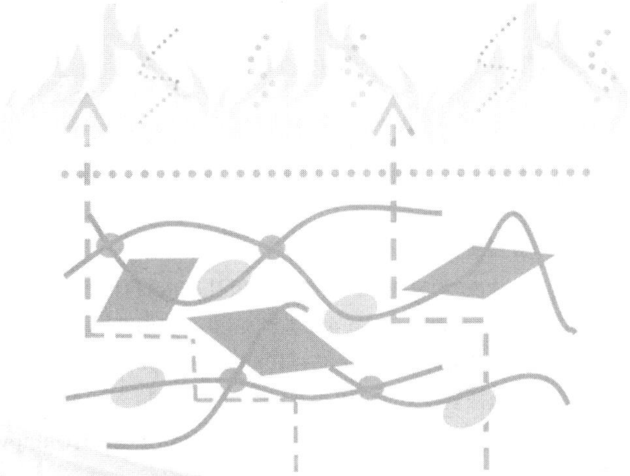

中国矿业大学出版社
·徐州·

内容提要

本书详细论述了环氧树脂/碳纳米复合材料的制备方法、结构、形貌、阻燃性能及其表征方法，具体内容包括国内外相关领域研究现状综述、纳米填料阻燃环氧树脂、石墨烯对环氧树脂的阻燃作用、碳纳米管对环氧树脂的阻燃作用、富勒烯对环氧树脂的阻燃作用。全书内容丰富、层次清晰、论述有据、图文并茂，理论性和实用性强。

本书可为碳纳米材料的研究人员，以及从事高性能、多功能环氧树脂开发和应用工作的工程师提供思路和借鉴。

图书在版编目(CIP)数据

碳纳米材料协同阻燃环氧树脂 / 刘珊著. — 徐州 ：中国矿业大学出版社，2021.7

ISBN 978 - 7 - 5646 - 5082 - 7

Ⅰ. ①碳… Ⅱ. ①刘… Ⅲ. ①碳－纳米材料－研究 Ⅳ. ①TB383

中国版本图书馆 CIP 数据核字(2021)第 145265 号

书　　名　碳纳米材料协同阻燃环氧树脂
著　　者　刘　珊
责任编辑　王美柱
出版发行　中国矿业大学出版社有限责任公司
（江苏省徐州市解放南路　邮编 221008）
营销热线　(0516)83884103　83885105
出版服务　(0516)83995789　83884920
网　　址　http://www.cumtp.com　**E-mail**:cumtpvip@cumtp.com
印　　刷　江苏淮阴新华印务有限公司
开　　本　787 mm×1092 mm　1/16　**印张** 12.5　**字数** 312 千字
版次印次　2021 年 7 月第 1 版　2021 年 7 月第 1 次印刷
定　　价　48.00 元

前　言

聚合物材料具有质量轻、耐腐蚀、易于加工、化学稳定性高、机械性能优异和比强度高的优势，在现代社会中应用广泛。然而，大多数聚合物材料容易燃烧，在使用过程中存在着极大的火灾隐患，这限制了它们在电气、电子、建筑、汽车、运输、纺织和航空航天等领域的应用，因此提高聚合物材料的耐热性和阻燃性成为亟待解决的课题。

环氧树脂是使用极为广泛的热固性塑料之一，具有较高的拉伸强度、弹性模量、热稳定性、耐溶剂性以及良好的隔热性，常用于黏合剂、电子设备(作为电绝缘体)、层压板、封装材料、涂层、船舶和航空零件，已成为人们生活中不可缺少的基础性材料。自20世纪40年代第一次实现工业化生产以来，环氧树脂的制备获得了长足的发展，其间研究者合成了各种新型环氧树脂，环氧树脂的研究和应用也进一步拓展到生物、医药和环保等新领域。然而，绝大多数环氧树脂的耐热性和阻燃性差，易燃且离火后持续自燃。环氧树脂燃烧时可产生大量的热量、烟尘和有毒气体，从而给人们生命财产安全带来很大的威胁，因此，阻燃环氧树脂的研发任重道远。

目前，我国所使用的环氧树脂阻燃剂大部分是卤素衍生物和含锑的，它们的阻燃效率高，综合性能好。然而，卤素阻燃剂在燃烧时会产生刺激性、腐蚀性的有毒气体。此外，含卤废料的回收处理也很困难。随着人们环保意识的增强，低烟、低毒的绿色无卤阻燃剂已成为研究目标。无卤阻燃环氧树脂一般可分为“反应型”和“添加型”两种。反应型阻燃环氧树脂包括含氮环氧树脂、含磷环氧树脂和有机硅环氧树脂等。反应型阻燃剂对环氧树脂的力学性能影响不大，但是其添加工艺复杂，成本较高。添加型阻燃剂包括金属氢氧化物、层状双金属氢氧化物、二氧化硅、聚磷酸铵等。添加型阻燃剂具有成本低、添加工艺简便等优点，但是往往需要很大的添加量，其阻燃性能才能达到工业要求。然而，高含量的添加剂通常会恶化环氧树脂的加工性能和力学性能。因此，迫切需要开展相关基础研究，发展低成本、高阻燃效率的力学性能优异的阻燃环氧树脂。

近年来，纳米填料改性环氧树脂的研究成为热点。碳纳米材料常被用来制备低填料添加量的高性能复合材料。基于其结构和性质，碳纳米材料有望同时提高环氧树脂的阻燃性和力学性能。然而研究表明，石墨烯、碳纳米管和富勒烯等碳纳米材料在环氧树脂基体中分散性不佳，而且它们与环氧树脂基体界面的黏结性差，从而限制了其阻燃和增韧作用。碳纳米材料的分散性及与基体间的界面相容性是其发挥作用的关键因素。选择适当的分散方法和界面改性方法可以同时提高碳纳米材料/环氧树脂的强度、韧性、阻燃性能和耐热性能。然而，单独用碳纳米材料作为阻燃剂，并不能使环氧树脂的耐热性能和阻燃性能达到一个较高的程度，其产品不能满足在应用领域的防火安全要求。

对任何一种具体的阻燃剂和聚合物来说，其阻燃作用很难通过一种阻燃机理实现，常常表现为多种途径的综合协效。因此，本书将碳纳米材料与传统阻燃剂和新型阻燃剂相结合，研究其对环氧树脂的协同阻燃作用，旨在降低成本和减少阻燃剂添加量，在提高环氧树脂综合性能的前提下，制备符合相关行业法规和阻燃标准的新型环氧树脂。

本书具体研究了环氧树脂/碳纳米复合材料的制备方法、结构、形貌、阻燃性能及其表征方法；同时，以石墨烯、碳纳米管和富勒烯为例，研究了石墨烯、碳纳米管和富勒烯对环氧树脂的阻燃作用，碳纳米材料的官能化，以及其与传统阻燃剂和新型阻燃剂协同阻燃环氧树脂。本书的创新之处在于详细分析了环氧树脂/碳纳米复合材料的结构-形貌-性能之间的内在关系，可为碳纳米材料的研究人员，以及从事高性能、多功能环氧树脂开发和应用工作的工程师提供思路和借鉴。

感谢贵州省科技计划项目(黔科合基础[2020]1Y213)，贵州省教育厅青年科技人才成长项目(黔教合 KY 字[2021]267)，贵州理工学院 2021 年度学术新苗培养及创新探索专项项目（GZLGXM-22），以及贵州理工学院高层次人才科研启动经费(XJGC20190917)的经费支持。

由于作者水平所限，书中疏漏、不足之处在所难免，恳请读者批评指正。

刘珊
2021 年 5 月于贵州理工学院

目　录

第一章　绪　论

环氧树脂(EP)具有优良的物理机械性能、电绝缘性能、黏结性、耐药性和耐腐蚀性，广泛应用于电子、电气、化工防腐、机械制造、航空航天等领域，已成为人们生产和生活中不可缺少的基础性材料。然而，大多数环氧树脂的耐热和阻燃性能差，极易燃烧，在使用过程中存在着很大的火灾隐患。因此，提高环氧树脂的阻燃性成为亟待解决的课题。随着人们环保意识的增强，无卤阻燃环氧树脂的研发成为主要的研究方向。碳纳米材料常被用来制备低填料添加量的高性能材料，近年来，利用碳纳米材料提高聚合物的热稳定性成为研究热点。富勒烯(C_{60})、碳纳米管(CNTs)和石墨烯(GNS)是典型的零维、一维和二维碳纳米材料，它们的各项性能优异。本书以富勒烯、碳纳米管和石墨烯为例，将碳纳米材料与其他阻燃剂相结合，引入环氧树脂基体中，以协同阻燃环氧树脂。

第一节　我国阻燃剂研究进展

大多数聚合物产品易燃，在使用时存在安全隐患，从而给人们的生命和财产安全带来威胁。使用阻燃剂对聚合物材料进行阻燃改性，是降低聚合物产品可燃性的有效途径，可以在降低聚合物可燃性的同时，抑制聚合物材料着火后产生烟雾和有毒气体[1-6]。

我国阻燃剂行业的发展可以追溯到20世纪70年代末。当时，随着社会的飞速发展和改革开放的进一步深化，国外的新型阻燃技术、新型阻燃剂和新型阻燃聚合物材料逐渐被引入我国。到了20世纪80年代初，我国已经开始自主研发阻燃剂，研制出一系列具有专有知识产权的阻燃聚合物材料。与发达国家相比，我国对阻燃剂和阻燃材料的研究和应用起步较晚，但是发展非常迅速，有关新型阻燃剂和新型阻燃技术的专利越来越多[7]。

自20世纪90年代以来，我国涌现出了大批的阻燃研究人员和研究团队，引领我国先进阻燃技术的发展。这些研究人员和研究团队分布在政府部门、大学和研究所，如我国公安部、应急管理部消防救援局，浙江大学、四川大学、中国科学技术大学、北京理工大学、河北大学、青岛大学、北京化工大学、东北林业大学、上海交通大学、安徽化工学院，以及应急管理部四川消防研究所和应急管理部天津消防研究所等。他们为我国在阻燃领域的发展作出了巨大的贡献。

除了对阻燃剂和阻燃材料进行合成和理论研究之外，阻燃剂和阻燃材料的工业生产和应用在我国也得到了长足的发展。我国建立了一系列强制性标准，包括《公共场所阻燃制品及组件燃烧性能要求和标识》(GB 20286—2006)和《建筑材料及制品燃烧性能分级》(GB 8624—2012)等,这些标准促进了阻燃剂和阻燃材料的规范生产及应用[8-17]。

一、常用阻燃剂

(一) 含卤素的阻燃剂

所有阻燃剂都通过化学和物理机制在气相或凝聚相中起阻燃作用,从而在聚合物加热、热分解、着火和火焰蔓延期间延缓和阻碍燃烧[18-25]。含卤素的阻燃剂主要通过在气相中捕捉自由基而发挥阻燃作用,抑制聚合物的放热过程和燃烧。尽管含卤素的阻燃剂在使用过程中会释放出有毒的氯化氢,对环境和人体健康造成威胁,但是由于其成本低、可加工性好、阻燃效率高,以及对聚合物体系的物理和机械性能影响小,一直被广泛应用于许多热塑性聚合物和热固性聚合物阻燃中,新品种的含卤素的阻燃剂也不断被开发。

含卤素的阻燃剂的阻燃效率取决于该阻燃剂在燃烧过程中卤素的释放难易程度以及释放量。因此,卤素原子所连接的基团的性质变得尤为重要,因为它们决定了体系中碳和卤素的比例和键能,从而决定了燃烧过程中释放出的卤素的数量。通常,对于大多数在低温下燃烧的聚烯烃基体而言,脂肪族或脂环族卤素阻燃剂比芳香族卤素阻燃剂的阻燃效果更好,这是由于脂肪族或脂环族卤素阻燃剂的碳-卤素键能较低,卤素的释放相对容易。而由于大多数工程塑料在高温下会燃烧,较低的碳-卤素键能削弱了脂肪族或脂环族卤素阻燃剂在工程塑料中的阻燃效果。

随着人们安全意识的增长和对环境问题的日益关注,含卤素的阻燃剂的弊端日渐显露,无卤阻燃剂的研发迫在眉睫。含卤素的阻燃剂,尤其是聚溴二苯醚(PBDE),在燃烧过程中会形成高毒性的溴化呋喃和二噁英(均对人类具有潜在的致癌性),因此该类阻燃剂的应用受到限制。另外一些含卤素的阻燃剂,包括十溴二苯醚(DBDPO)、十溴二苯乙烷(DBDPE)、四溴双酚 A(TBBPA)、溴化环氧树脂(BEP)和六溴环十二烷(HBCD)等,在欧洲和美国的使用也受到限制。

下面介绍常见含卤素的阻燃剂的品种及应用。

1. 溴化物

大多数商业化的溴化物阻燃剂(包括 TBBPA 和 DBDPO)具有很高的溴含量和较低的碳-溴共价键能,被广泛用作热塑性聚合物和热固性聚合物的阻燃剂。在聚合物中添加溴化物阻燃剂后,聚合物材料的阻燃性能提高,但是其机械性能,特别是冲击强度会随着溴化物阻燃剂的添加量的增加而降低。因此,人们经常采用偶联剂对溴化物阻燃剂进行改性,以改善溴化物阻燃剂对复合材料机械性能的影响。

四溴邻苯二甲酸二-2-乙基己酯(TBPDO)是一种典型的半芳香族溴系阻燃剂,其结构式见图 1-1。该阻燃剂被广泛用于提高 HIPS(高抗冲聚苯乙烯)、ABS(丙烯腈、丁二烯、苯乙烯三种单体的三元共聚物)、PC(聚碳酸酯)、PBT(聚对苯二甲酸丁二酯)、SMA(苯乙烯与马来酸酐的共聚物)和改性 PPO(聚苯醚)塑料的阻燃性能。研究表明,四溴邻苯二甲酸二-2-乙基己酯既能提高聚合物的阻燃性,又能提高它们的冲击强度。此外,将四溴邻苯二甲酸二-2-乙基己酯与磷酸盐或溴化低聚物相混合,加入聚合物后,能够提高 PC、PBT 和改

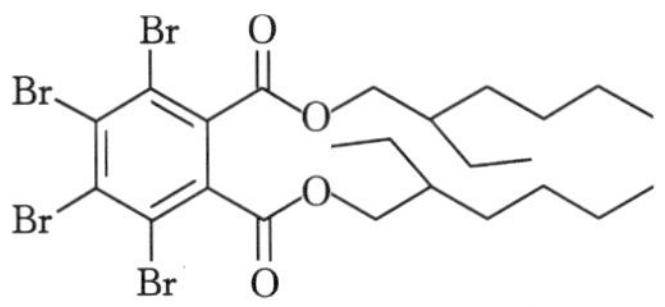

图 1-1 四溴邻苯二甲酸二-2-乙基己酯结构式

性 PPO 等工程塑料的拉伸强度和熔体流动性。

2. 氯化物

在我国,氯化物作为阻燃剂的应用不如溴化物广泛。比较典型的氯化物阻燃剂有 1,4-二(2-羟基乙氧基)-2,3,5,6-四氯苯和 1,4-二(乙氧基羰基甲氧基)-2,3,5,6-四氯苯,它们主要被应用于对不饱和聚酯进行阻燃。这两种含氯阻燃剂的结构式见图 1-2。实验表明,加入1,4-二(2-羟基乙氧基)-2,3,5,6-四氯苯和 1,4-二(乙氧基羰基甲氧基)-2,3,5,6-四氯苯后,不饱和聚酯复合材料的极限氧指数分别能提高到 25.0%和 27.0%。

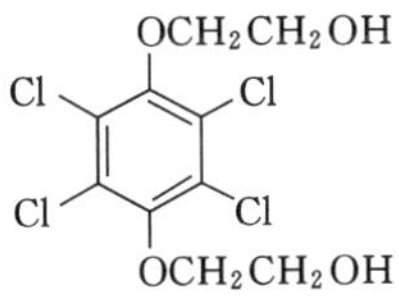

(a) 1,4-二(2-羟基乙氧基)-2,3,5,6-四氯苯

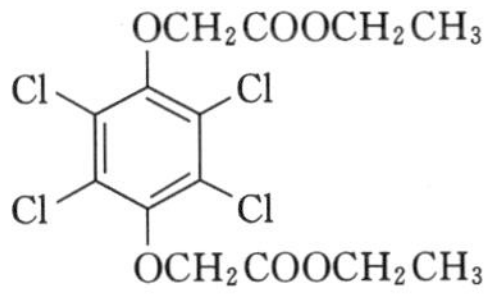

(b) 1,4-二(乙氧基羰基甲氧基)-2,3,5,6-四氯苯

图 1-2 典型的氯化物阻燃剂结构式

3. 卤代磷酸盐

卤代磷酸盐结合了卤素和磷元素在阻燃方面的优势,是具有单一阻燃元素的卤化物阻燃剂的替代品。

研究人员利用季戊四醇、三氯氧磷和 3-(5-)溴苯氧基钠作为原料,合成了一种新型的溴化磷酸酯阻燃剂:3,9-双-[3-(5-)溴代苯氧基]-2,4,8,10-四氧杂-3,9-二磷酸螺[5,5]十一烷-3,9-二氧化物,其结构式见图 1-3,主要被用于阻燃聚丙烯。在聚丙烯中加入质量分数为 16%的该溴化磷酸酯阻燃剂后,聚丙烯复合材料的极限氧指数达到 27%,在 UL-94 测试中达到 V-0 等级。

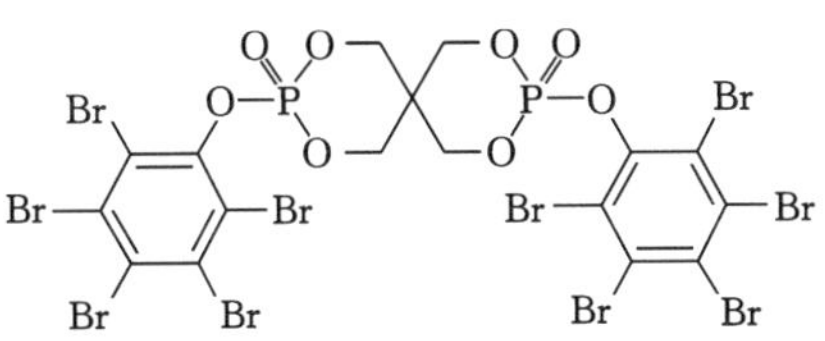

图 1-3 3,9-双-[3-(5-)溴代苯氧基]-2,4,8,10-四氧杂-3,9-二磷酸螺[5,5]十一烷-3,9-二氧化物结构式

利用乙二醇和三氯氧磷合成了两种溴化磷酸盐:四(2,3-二溴丙基)乙二醇二磷酸酯(结构式见图 1-4)和 1,2-双(5,50-二溴甲基-1,3,2-三氧基-2-氧杂戊烷)乙烷(结构式见图 1-5),

用于阻燃聚氨酯软质泡沫复合材料。与未添加阻燃剂的聚氨酯软质泡沫相比，当添加质量分数为 20%的四(2,3-二溴丙基)乙二醇二磷酸酯后，聚氨酯软质泡沫的极限氧指数从 17%提高到 25%，燃烧率降低了 64%。同时，聚氨酯软质泡沫的拉伸强度和撕裂强度略有增加。

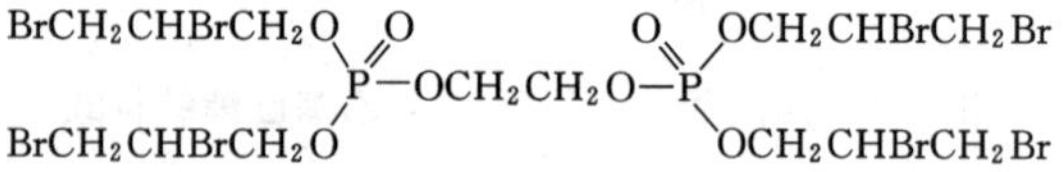

图 1-4　四(2,3-二溴丙基)乙二醇二磷酸酯结构式

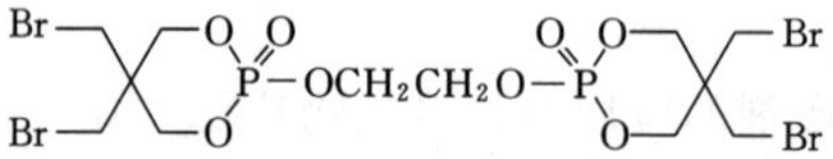

图 1-5　1,2-双(5,50-二溴甲基-1,3,2-三氧基-2-氧杂戊烷)乙烷结构式

溴代磷酸盐，特别是与三聚氰胺形成的溴代磷酸盐，把磷元素、溴元素和氮元素结合在一起，显示出很好的协同阻燃效果，是聚合物材料的有效阻燃剂。例如，研究者将三聚氰胺引入溴化磷酸中，形成了三种阻燃盐。三种阻燃盐由三氯氧磷、季戊四醇、2,3-二溴丙醇、2,4,6-三溴苯酚和三聚氰胺合成，分别被命名为(2,4,6-1-三氧-1-氧基磷双环[2.2.2]辛烷-4-亚甲基)-O-(2,3-二溴丙基)磷酸三聚氰胺盐、(2,4,6-三溴苯基)羟基磷酸三聚氰胺盐、二(2,4,6-三溴苯基)磷酸三聚氰胺盐(结构式见图 1-6、图 1-7 和图 1-8)。将三种阻燃盐应用于不饱和聚酯中的实验结果表明，(2,4,6-三溴苯基)羟基磷酸三聚氰胺盐和二(2,4,6-三溴苯基)磷酸三聚氰胺盐对不饱和聚酯具有较高的阻燃效率。

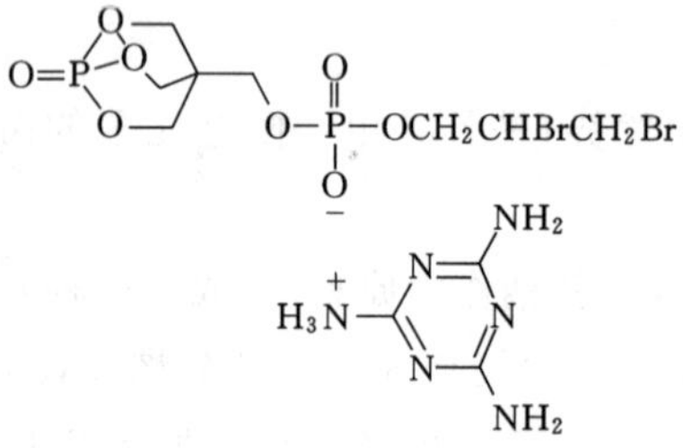

图 1-6　(2,4,6-1-三氧-1-氧基磷双环[2.2.2]辛烷-4-亚甲基)-O-(2,3-二溴丙基)磷酸三聚氰胺盐结构式

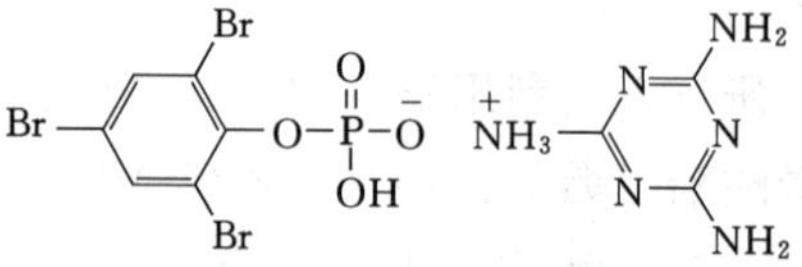

图 1-7　(2,4,6-三溴苯基)羟基磷酸三聚氰胺盐结构式

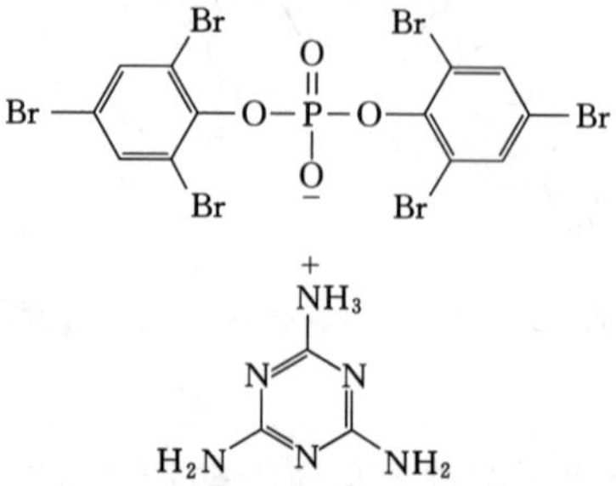

图 1-8　二(2,4,6-三溴苯基)磷酸三聚氰胺盐结构式

以环氧氯丙烷和磷酸为原料，甲苯为溶剂，氯化铝为催化剂，合成了一种新的单(1-氯-2-羟丙基)磷酸酯衍生的锑盐(结构式见图 1-9)，它具有良好的热稳定性，是传统的溴-锑阻燃剂的极佳替代品。

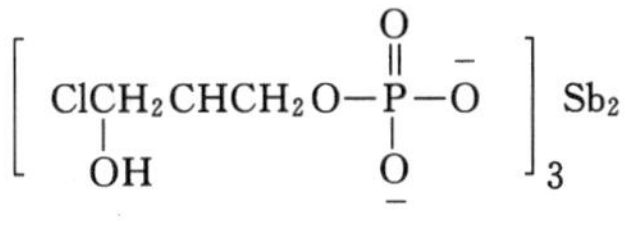

图 1-9 单(1-氯-2-羟丙基)磷酸酯衍生的锑盐结构式

金属氢氧化物，特别是氢氧化镁和氢氧化铝，也被广泛用于卤素阻燃体系中，和卤素阻燃剂起协同阻燃作用。金属氢氧化物能抑制燃烧过程中烟雾的产生，并降低聚合物复合材料的整体成本。

氢氧化镁与十溴二苯乙烷或十溴二苯醚结合使用，对一些聚合物具有协同阻燃增效作用。例如，氢氧化镁、十溴二苯乙烷和三氧化二锑被同时用于阻燃聚丙烯。在阻燃剂总量保持不变的情况下，并当十溴二苯乙烷、氢氧化镁和三氧化二锑的质量比为 22∶14∶6 时，聚丙烯复合材料的阻燃性能和机械性能最好，燃烧时的总烟释放量最少。

氢氧化镁和十溴二苯醚被同时加入高密度聚乙烯中，它们可以显著抑制高密度聚乙烯燃烧过程中烟气的释放。与仅加入氢氧化镁阻燃剂的高密度聚乙烯相比，同时加入氢氧化镁和十溴二苯醚的高密度聚乙烯复合材料具有更好的机械性能，其极限氧指数能从 22%提高到 31%。在燃烧过程中，高密度聚乙烯复合材料表面形成了致密的炭层，这对防滴落和抑烟起到了积极的作用。利用氢氧化镁和十溴二苯醚作为阻燃剂，对丙烯腈-苯乙烯-丁二烯共聚物进行阻燃时，得到与对高密度聚乙烯进行阻燃类似的结果。在燃烧过程中，烟雾的浓度随着氢氧化镁负载量的增加而大大降低。

硼酸锌作为一种无机填料，也被用于与含溴阻燃剂协同阻燃。硼酸锌的加入能够显著抑制燃烧过程中烟气的释放，以及热塑性聚合物的熔融滴落。在燃烧过程中，含有溴化锌和氢溴酸锌的保护层能够充当屏障，阻碍内部易燃气体的逸出以及外部氧气和热量的传递。

(二) 无机阻燃剂

1. 金属氢氧化物和金属氧化物

氢氧化镁和氢氧化铝具有低成本、低毒性、抗腐蚀特征，在燃烧过程中产生的烟气少。通常，金属氢氧化物的阻燃机理是：在加热初期，吸热分解成金属氧化物和水，释放水蒸气的过程会吸收热量，同时水蒸气能隔离火焰，并稀释气相中的可燃气体；在加热后期可催化聚合物成炭。金属氢氧化物作为阻燃剂的缺点是热稳定性差、阻燃效率低，而且金属氢氧化物的加入会大大降低聚合物基体的物理性能和机械性能。

研究者选取形状和粒径相似的氢氧化镁和氢氧化铝粉末作为乙烯-乙酸乙烯共聚物的无卤阻燃剂，分析和比较了氢氧化镁和氢氧化铝的用量对乙烯-乙酸乙烯共聚物复合材料力学性能和阻燃性能的影响。结果表明，氢氧化镁和氢氧化铝都会使复合材料的断裂伸长率降低；而氢氧化铝的阻燃性能比氢氧化镁的更好。氢氧化铝的点燃时间为 88 s，热释放速率峰值为 231.8 kW/m^2，平均热释放速率为 131.4 kW/m^2；而氢氧化镁的点燃时间为120 s，热释放速率峰值为 271.1 kW/m^2，平均热释放速率为 146.9 kW/m^2。

通常，在负载量相同的情况下，添加不同金属氢氧化物的复合材料的阻燃性能和机械性能与所添加的金属氢氧化物的粒径分布有关。纳米级的金属氢氧化物阻燃剂能提高复合材料的综合性能。例如，与微米级的氢氧化镁相比，纳米级的氢氧化镁对聚丙烯复合材料的强度、韧性和阻燃性的提高更为显著。

改善金属氢氧化物的分散性是提高金属氢氧化物/聚合物复合材料机械性能的关键因素。因此，许多研究都集中在对金属氢氧化物进行表面改性和包覆方面，以改善其在聚合物基体中的分散性和相容性，从而改善聚合物复合材料的机械性能和阻燃性。

将弹性聚丙烯酸酯乳胶和表面活性剂壬基酚聚氧乙烯醚用于改性氢氧化镁，得到改性氢氧化镁并将其加入 ABS 中来改善 ABS 的阻燃性。当加入质量分数为 60%的改性氢氧化镁时，所得的 ABS 复合材料具有良好的阻燃性，其极限氧指数为 30%，在 UL-94 测试中达 V-0 等级。由于改性后的氢氧化镁与基体具有良好的相容性和界面黏合性，因此添加改性氢氧化镁得到的复合材料的冲击强度比添加未改性的氢氧化镁得到的复合材料的冲击强度有所提高。

如果只添加一种金属氢氧化物作为阻燃剂，那么通常需要很大的添加量才能获得良好的阻燃效果。将两种或两种以上的金属氢氧化物组合使用，会使两者起到协同阻燃作用，从而获得更好的阻燃效果。

层状镁-铝氢氧化物和层状镁-铝-铁氢氧化物被用于阻燃乙烯-醋酸乙烯共聚物。研究者利用乳液聚合和微波聚合方法，合成了一系列层状镁-铝氢氧化物/聚苯乙烯纳米复合材料。在层状镁-铝氢氧化物添加量相同的情况下，通过乳液聚合和微波聚合制备的聚苯乙烯纳米复合材料的极限氧指数比传统的共混法制备的聚苯乙烯纳米复合材料的极限氧指数高很多。而且层状镁-铝-铁氢氧化物/乙烯-醋酸乙烯复合材料的极限氧指数比层状镁-铝氢氧化物/乙烯-醋酸乙烯复合材料的更高。层状镁-铝-铁氢氧化物作为阻燃剂，能使乙烯-醋酸乙烯基体的极限氧指数增加，其平均热释放量减少，在 UL-94 测试中达 V-0 等级。

过渡金属氧化物也被广泛用于阻燃聚氯乙烯，并抑制聚氯乙烯在燃烧过程中烟气的产生。研究表明，ZnO/MgO，ZnO/CaO，ZnO/CaO/MgO 可以在马弗炉中于 500 ℃条件下退火 8 h，形成固溶体，并与 Sb_2O_3 协同阻燃聚氯乙烯，从而提高聚氯乙烯的极限氧指数和残炭率。

稀土金属氧化物，如氧化镧，经常被用作膨胀型阻燃剂的增效剂，以提高聚合物基体的残炭率。加入氧化镧可以提高膨胀型阻燃聚丙烯复合材料在高温下的热稳定性，促进残炭的形成。膨胀型阻燃剂和氧化镧的加入，改变了聚丙烯的降解路径，降低了聚丙烯的平均热释放速率、总热释放量、排烟率、总烟量，减少了点燃时间，促进了均匀且致密的膨胀炭层的形成。

2. 含硅添加剂

通常，向聚合物材料中添加少量的硅化物，可以显著提高聚合物的阻燃性。研究表明，硅化物的阻燃作用是通过在凝聚相中形成焦炭，和在气相中捕捉活性自由基来实现的。基于硅材料的有机-无机纳米复合材料，如黏土、高岭土、聚倍半硅氧烷和二氧化硅等，已被广泛用作阻燃剂。与现有阻燃剂相比，由于硅材料的应用可以减少对环境的有害影响，因此硅材料被认为是环保的阻燃添加剂。

(1) 二氧化硅

将二氧化硅掺入乙烯-醋酸乙烯/氢氧化镁复合材料中，可以延长该复合材料的点燃时间并显著降低其热释放速率峰值，使该复合材料在 UL-94 测试中达 V-0 等级，即二氧化硅在复合材料体系中可起到良好的增效作用。

(2) 层状硅酸盐

可用作阻燃剂的层状硅酸盐有云母、氟云母、锂蒙脱土、氟锂蒙脱土、皂石和膨润土等，其中，蒙脱土(OMMT)是已经商业化的阻燃剂产品。研究表明，蒙脱土和三聚氰胺对聚氨酯有协同阻燃作用，能共同提高聚氨酯的残炭率。将氢氧化镁和红磷作为阻燃剂，蒙脱土作为增效剂，此三者与尼龙 6 熔融共混后对尼龙 6 具有协同阻燃作用。当加入 6%氢氧化镁、5%红磷和 2%蒙脱土时，尼龙 6 复合材料的极限氧指数为 31%，其在 UL-94 测试中达 V-0 等级。与未改性的尼龙 6 相比，改性尼龙 6 的拉伸强度从 80.5 MPa 增加到 98.2 MPa。

研究表明，蒙脱土可以有效地阻燃高抗冲聚苯乙烯。在高抗冲聚苯乙烯中加入 20%的蒙脱土，可以使高抗冲聚苯乙烯的平均热释放速率降低 60%，燃烧后的残炭率得到提高。此外，由于水平取向的蒙脱土层在燃烧过程中具有更好的阻隔效果(图 1-10)，具有水平取向的高抗冲聚苯乙烯/蒙脱土复合材料比具有垂直取向的高抗冲聚苯乙烯/蒙脱土复合材料具有更低的热释放速率和更少的质量损失。

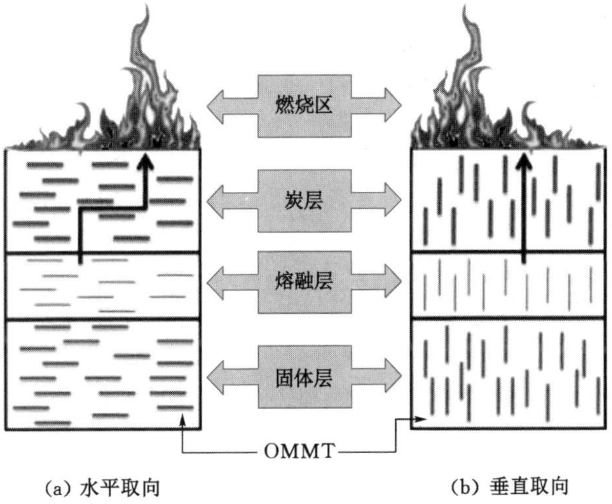

图 1-10 水平取向和垂直取向的 HIPS/OMMT 复合材料的结构示意

通过熔融共混方式制备 ABS/OMMT 纳米复合材料，该复合材料的可燃性受蒙脱土形态影响。蒙脱土在形成网络结构时，能提高 ABS 的熔体黏度，并可导致燃烧过程中聚合物链的迁移受到限制，从而大大改善 ABS 纳米复合材料的阻燃性。

(3) 聚倍半硅氧烷

多面体低聚倍半硅氧烷是一种类似无机二氧化硅的纳米笼，可以被位于三维有机硅笼的四角位置的至多八个有机基团(特别是甲基、乙烯基、苯基或卤代基团)包裹。多面体低聚倍半硅氧烷已被广泛研究以作为聚合物复合材料的新型阻燃剂。研究人员发现，在热解和燃烧过程中，多面体低聚倍半硅氧烷可以作为前体，在高温下形成热稳定的陶瓷材料。因此，无机/有机杂化纳米笼通常被称为陶瓷前体化合物。

与其他无机填料相似，将多面体低聚倍半硅氧烷引入聚合物可以改善聚合物基体的熔体黏度。此外，作为一种陶瓷前体化合物，多面体低聚倍半硅氧烷可通过减少燃烧过程中释放的热量来提高基体的热稳定性和燃烧性能。

笼形八聚(四甲基铵)倍半硅氧烷(结构式见图 1-11)被合成，并通过熔融共混将其加入聚苯乙烯中，从而制备出聚苯乙烯/笼形八聚(四甲基铵)倍半硅氧烷复合材料。实验表明，加入笼形八聚(四甲基铵)倍半硅氧烷后，聚苯乙烯的热释放速率峰值和释放的一氧化碳浓度降低，但是降低的程度不满足工业阻燃要求。

通过熔融共混将三硅酚倍半硅氧烷(结构式见图 1-12)加入聚碳酸酯中，结果表明，添加 2% 的三硅酚倍半硅氧烷可以使聚碳酸酯的最大热释放速率从 492 kW/m^2 降低至 267 kW/m^2。聚碳酸酯/三硅酚倍半硅氧烷可以使聚碳酸酯复合材料的热氧化降解过程变得非常复杂，包括碳酸盐键的水解/醇解，异亚丙基键的链断裂，自由基氧化链的降解、重整、支化等化学反应。在聚碳酸酯开始热降解时，三硅酚倍半硅氧烷可以与烷基和芳族取代的苯酚以及聚碳酸酯的热氧化降解衍生的高反应性自由基反应，从而阻碍聚碳酸酯的分解和交联过程。

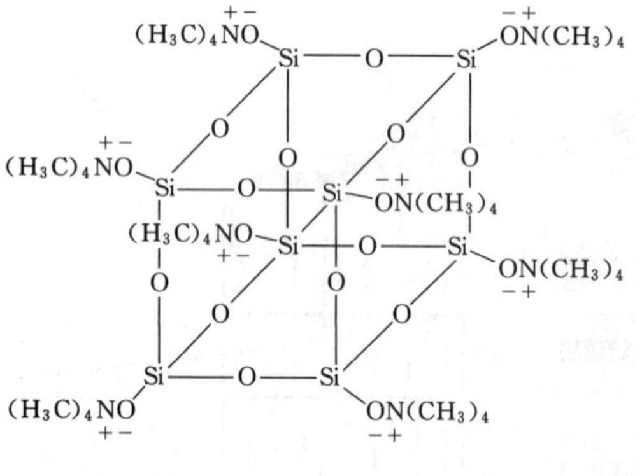

图 1-11　笼形八聚(四甲基铵)倍半硅氧烷结构式

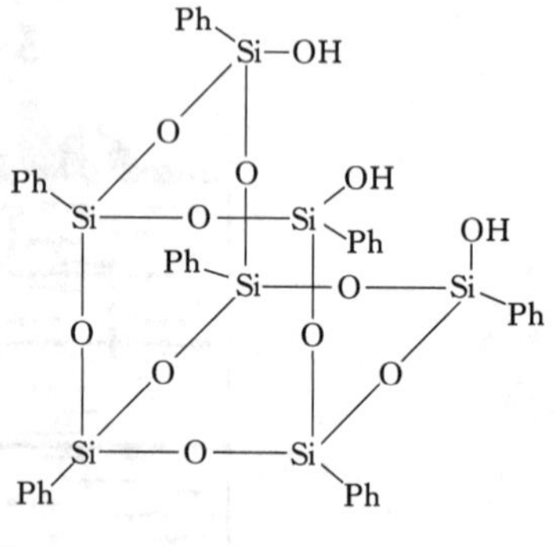

图 1-12　三硅酚倍半硅氧烷结构式

3. 聚磷酸铵

聚磷酸铵是一种应用广泛的无机磷-氮阻燃剂，通常显示出显著的磷-氮协同作用。

研究人员利用低分子量聚酰胺作为固化剂，聚磷酸铵作为膨胀型阻燃剂阻燃双酚 A 二缩水甘油醚环氧树脂。当环氧树脂与固化剂的质量比为 100 ∶ 40 时，仅添加 5% 的聚磷酸铵即可将环氧树脂的极限氧指数从 19.6% 提高到 27.1%，并将环氧树脂的 UL-94 测试等级从无提高到 V-0。环氧树脂复合材料的热降解过程包括两个主要阶段：第一阶段为低于 500 ℃时，在复合材料表面形成了富含磷的炭；第二阶段为高于 500 ℃时，复合材料形成致密的炭，起隔离保护作用。

聚磷酸铵在工业上常被用于阻燃化纤。中国石油化工股份有限公司和中国纺织学会开发了一种基于聚磷酸铵的无卤阻燃腈，该腈经过硅烷或钛酸酯偶联剂和多元醇（尤其是季戊四醇或二季戊四醇）处理后具有阻燃性，在 90 ℃下用 0.1 mol/L 的 NaOH 水溶液洗涤 20 次后，仍然可以保持其阻燃性。

4. 红磷

红磷是一种低毒性的无卤阻燃剂，被广泛用作聚氯乙烯、聚丙烯、高抗冲聚苯乙烯、ABS 和尼龙等多种聚合物基体的协同阻燃剂。但是，红磷容易吸水，也容易快速氧化发生粉尘爆炸。利用微胶囊包覆红磷可以解决红磷的上述缺点。

在三聚氰胺树脂/硼酸锌阻燃剂中添加 6%的微胶囊包覆红磷，可以使聚氯乙烯电缆材料的阻燃性达 UL-94 测试的 V-0 等级。膨胀石墨和红磷被用于阻燃聚丙烯。当阻燃剂含量为 10%，膨胀石墨与红磷含量为 2∶1 时，聚丙烯的极限氧指数可达 23.4%，拉伸强度和冲击强度分别可提高到 35.9 MPa 和 0.71 kJ/m^2。将三聚氰胺氰尿酸盐在红磷粉末上自组装，可合成新型微胶囊包覆红磷。当加入 7%的该微胶囊包覆红磷后，尼龙 6 的极限氧指数可达 31%，UL-94 等级可达 V-0，机械性能比未改性的尼龙 6 略有提高。

5. 膨胀石墨

膨胀石墨是一种应用广泛的协同阻燃剂，其来源丰富、制备简单且成本低廉，被用在膨胀型阻燃剂体系中，以显著提高聚合物基体的残炭率。膨胀石墨的阻燃效率较低，一般将膨胀石墨与其他阻燃剂（包括含磷物质和金属氢氧化物）混合使用。

研究表明，膨胀石墨是高密度聚氨酯泡沫的优良阻燃剂。当加入 20%的膨胀石墨时，高密度聚氨酯泡沫的极限氧指数可达 39.5%。高密度聚氨酯泡沫复合材料的阻燃性能受膨胀石墨颗粒的尺寸和复合材料的密度影响，较大的膨胀石墨颗粒、较高的复合材料密度可产生更好的阻燃性能。

6. 其他阻燃剂

（1）硼化合物

硼化合物主要在凝聚相中发挥阻燃作用，其阻燃机理是重新引导聚合物的分解过程，有利于炭的形成。因此，硼化合物的阻燃性与聚合物表面保护炭层的形成有关。由于成本低、毒性较小，含硼阻燃剂，特别是硼酸锌，已被用于替代传统的阻燃剂（如氧化锑）。硼酸锌主要与其他阻燃剂结合使用，可用作阻燃增效剂。例如，硼酸锌和氢氧化铝对聚氯乙烯具有协同阻燃和抑烟作用。

（2）无机锡化合物

无机锡化合物，特别是氧化锡、羟基锡酸锌、锡酸锌和铝酸锌，被用作阻燃剂。无机锡化合物成本低，主要在凝聚相中发挥阻燃作用。

（3）钼化合物

钼化合物是良好的阻燃剂和抑烟剂。MoO_3 和八钼酸蜜胺是典型的钼阻燃剂。MoO_3/ZnO/APP 被用于阻燃聚氯乙烯，可显著减少聚氯乙烯在燃烧过程中的烟释放量。抑烟的机制是 MoO_3 促进了聚氯乙烯主链的交联和炭化。

（三）有机磷/氮阻燃剂

含磷阻燃剂的范围非常宽，膦、膦氧化物、膦酸酯、亚磷酸盐和磷酸盐都可被用作聚合物的阻燃剂。

脂肪族磷酸酯和膦酸酯，特别是季戊四醇衍生的螺环二磷酸酯，主要用于对聚对苯二甲酸乙二醇酯、聚氨酯泡沫和环氧树脂进行阻燃改性。

利用磷酰氯和季戊四醇反应制得的双二甘醇螺环季戊四醇双磷酸盐（结构式见图 1-13），简称“BDSPBP”，可作为环氧树脂的阻燃剂。当双二甘醇螺环季戊四醇双磷酸盐的添加量为 18%时，所得环氧树脂复合材料的极限氧指数为 29.4%，且其在 UL-94 测试中可达 V-0 等级，环氧树脂的残炭率得到提高，炭层更为致密，从而抑制了燃烧过程中的热量和可燃气体的传递。

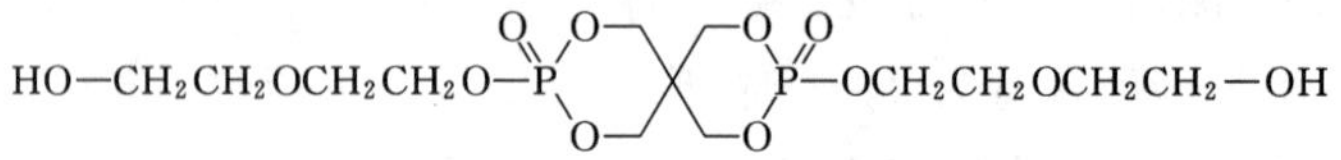

图 1-13　双二甘醇螺环季戊四醇双磷酸盐结构式

两种大分子脂肪族磷酸酯，聚（2-羟基丙烯螺环季戊四醇双磷酸酯）（结构式见图 1-14）和聚（2，2-二甲基丙烯螺环季戊四醇双磷酸酯）（结构式见图 1-15）被合成，用于提高聚对苯二甲酸乙二醇酯的阻燃性和抗熔融滴落性。当聚（2-羟基丙烯螺环季戊四醇双磷酸酯）的添加量超过 8.7%时，聚对苯二甲酸乙二醇酯在垂直燃烧测试中没有滴落现象。

脂肪族磷酸酯也被用于改善棉的阻燃性能。利用低甲醛整理剂、醚化阻燃剂（结构式见图 1-16）和交联剂醚化六羟甲基蜜胺树脂对棉织物进行处理后，成品织物具有良好的阻燃性能和优异的耐洗涤性。

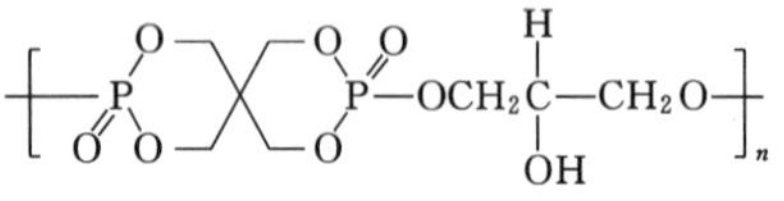

图 1-14　聚（2-羟基丙烯螺环季戊四醇双磷酸酯）结构式

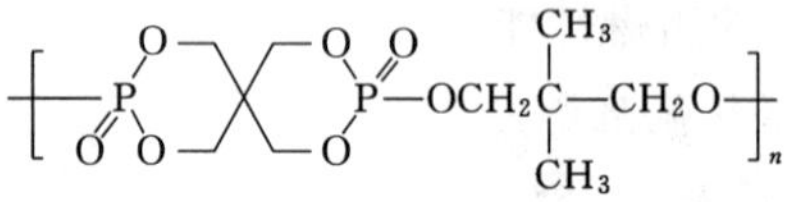

图 1-15　聚（2，2-二甲基丙烯螺环季戊四醇双磷酸酯）结构式

$$(CH_3O)_2\overset{\overset{\displaystyle O}{\|}}{P}CH_2CH_2ONHCH_2OH$$

图 1-16　醚化阻燃剂（MCFR-201）结构式

1. 芳香族磷酸酯

与脂肪族磷酸酯相比，芳香族磷酸酯通常具有更好的热稳定性。因此，芳香族磷酸酯在阻燃方面的应用更广泛，特别是对具有高加工温度的聚合物材料而言。

芳香族磷酸酯的结构类似于聚合物基体，它们与聚合物的相容性很好。因此，芳香族磷酸酯也常常被用于芳族缩聚物，特别是聚对苯二甲酸乙二醇酯中，以提高芳族缩聚物的阻燃性。

例如，笼状膨胀型阻燃剂 CDOP-PEPA（结构式见图 1-17）被合成并用于阻燃聚对苯二甲酸乙二醇酯。在聚对苯二甲酸乙二醇酯中加入 17.5%的笼状膨胀型阻燃剂 CDOP-PEPA 后，聚对苯二甲酸乙二醇酯复合材料的极限氧指数增加到 30.1%，其在 UL-94 测试中达V-0 等级。

利用二氯苯基膦和二羟基化合物作为原料，合成了聚磺酰基二亚苯基苯基对膦酸酯（结构式见图 1-18），用于阻燃聚对苯二甲酸乙二醇酯。在聚对苯二甲酸乙二醇酯中加入 5%的聚磺酰基二亚苯基苯基对膦酸酯，可将聚对苯二甲酸乙二醇酯的极限氧指数从 21%提高到 30%，并使复合材料在 UL-94 测试中达 V-0 等级。

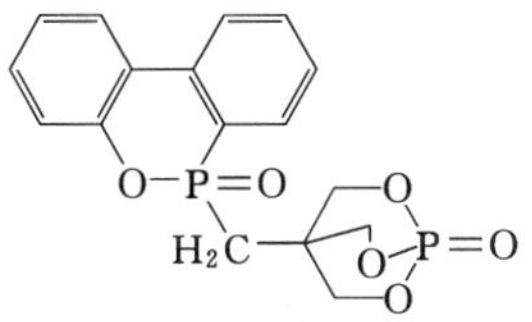

图 1-17 笼状膨胀型阻燃剂 CDOP-PEPA 结构式

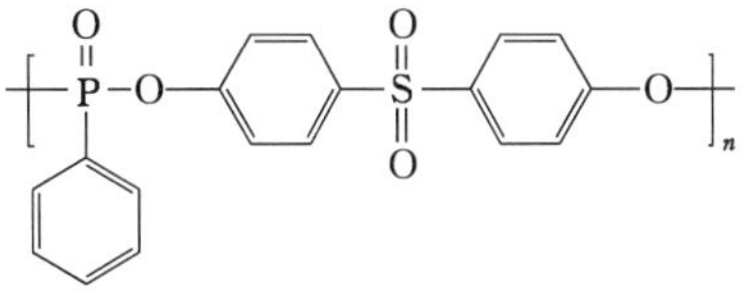

图 1-18 聚磺酰基二亚苯基苯基对膦酸酯结构式

新型的聚磺酰基二亚苯基硫代苯基膦酸酯（结构式见图 1-19）被用于阻燃聚对苯二甲酸乙二醇酯。当 P—O 键中的氧被硫代替时，聚膦酸芳基酯对聚对苯二甲酸乙二醇酯的阻燃效率变差，但是，聚对苯二甲酸乙二醇酯的抗熔融滴落性能得到了改善。当磷含量达到 2.5%时，聚对苯二甲酸乙二醇酯复合材料在 UL-94 测试中可达 V-0 等级，极限氧指数可达 29.4%，并且没有发生熔融滴落现象。

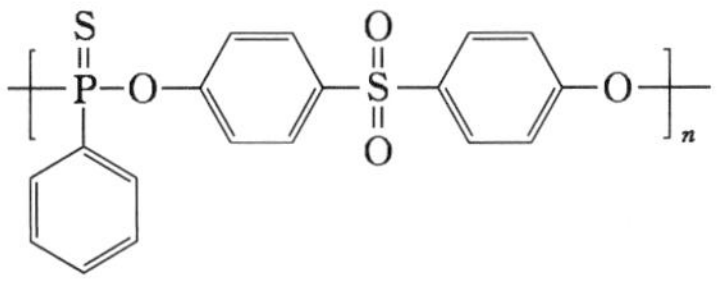

图 1-19 聚磺酰基二亚苯基硫代苯基膦酸酯结构式

聚[9-氧杂-10-(2,5-二羟基-二甲苯基)膦菲十氧化物]苯膦酸酯（结构式见图 1-20）具有高磷含量和丰富的芳基结构，对聚对苯二甲酸乙二醇酯的阻燃效率高，而且不显著降低聚对苯二甲酸乙二醇酯的机械性能。当添加 5%的聚[9-氧杂-10-(2,5-二羟基-二甲苯基)膦菲十氧化物]苯膦酸酯的阻燃剂后，聚对苯二甲酸乙二醇酯的极限氧指数达 32.4%，其在 UL-94 测试中达 V-0 等级。

含硫芳基多膦酸酯，聚[9-氧杂-10-(2,5-二羟基-二甲苯基)膦菲-10-氧]苯基硫代膦酸酯（结构式见图 1-21）被合成，用于阻燃聚对苯二甲酸乙二醇酯。实验表明，加入聚[9-氧杂-10-(2,5-二羟基-二甲苯基)膦菲-10-氧]苯基硫代膦酸酯后，聚对苯二甲酸乙二醇酯复合材料在燃烧和热解过程中产生的易燃挥发物数量急剧减少，证明聚[9-氧杂-10-(2,5-二羟基-二甲苯基)膦菲-10-氧]苯基硫代膦酸酯阻碍了聚对苯二甲酸乙二醇酯的热降解。在聚对苯二甲酸乙二醇酯中添加10%的聚[9-氧杂-10-(2,5-二羟基-二甲苯基)膦菲-10-氧]苯基硫代膦酸酯后,聚对苯二甲酸乙二醇酯的可燃性降低,点燃时间从47 s延长为63 s,热降解速率峰值下降了57%。聚[9-氧杂-10-(2,5-二羟基-二甲苯基)膦菲-10-氧]苯基硫代膦酸酯在燃烧过程中可促进成炭,聚对苯二甲酸乙二醇酯的残炭率从2.4%增加到7.1%。另外,聚[9-氧杂-10-(2,5-二羟基-二甲苯基)膦菲-10-氧]苯基硫代膦酸酯也具有良好的抑烟性。

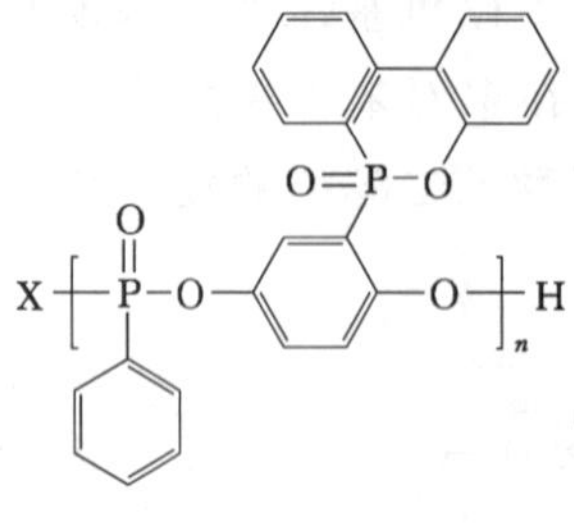

图 1-20 聚[9-氧杂-10-(2,5-二羟基-二甲苯基)膦菲十氧化物]苯膦酸酯结构式

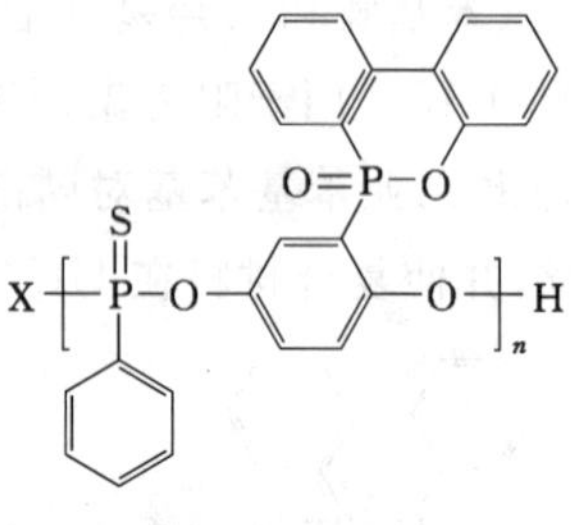

图 1-21 聚[9-氧杂-10-(2,5-二羟基-二甲苯基)膦菲-10-氧]苯基硫代膦酸酯结构式

一种新型的全芳香族含磷热致液晶共聚酯(结构式见图 1-22)被用于阻燃聚对苯二甲酸乙二醇酯。全芳香族含磷热致液晶共聚酯提高了聚对苯二甲酸乙二醇酯的阻燃性;同时,全芳香族含磷热致液晶共聚酯的原位微纤化,对聚对苯二甲酸乙二醇酯具有增强作用。当加入质量分数为8%的全芳香族含磷热致液晶共聚酯时,聚对苯二甲酸乙二醇酯复合材料的UL-94测试等级达V-0,拉伸强度提高了25%;当加入质量分数为15%的全芳香族含磷热致液晶共聚酯时,聚对苯二甲酸乙二醇酯复合材料的极限氧指数增加了62.4%,拉伸强度增加了51.1%。

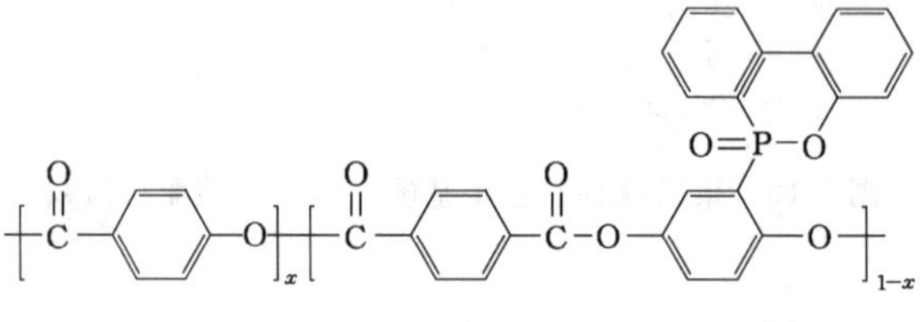

图 1-22 全芳香族含磷热致液晶共聚酯结构式

2. 含氮阻燃剂

含氮阻燃剂是一种重要的无卤阻燃剂,它们具有低毒性,在燃烧过程中具有低烟气释放量。另外,基于含氮阻燃剂的复合材料适合回收再利用,更加环保。氮化合物主要通过降低氧浓度和促进聚合物的熔融滴落来增强阻燃性。

3. 金属络合物

金属络合物被广泛地用于改善聚合物的残炭率和阻燃性,它们经常与其他无卤阻燃剂(如APP、MP和MPP)配合使用,来阻燃聚烯烃。例如,金属络合物PEPA(结构式见图 1-23)可以促进低密度聚乙烯的炭化,其阻燃机理为:首先,金属离子加速了含磷炭化剂的磷酸化。加入金属离子之后，低密度聚乙烯分子上形成的—OH 基团的氧化与交联同时进行。其次，低密度聚乙烯每百个主链碳原子含有大约两个短链分支，这是聚合过程中的分子内链转移引起的，该转移主要产生正丁基侧链。金属络合物催化低密度聚乙烯中的叔碳原子过氧化，过氧化的侧链从聚合物主链上断裂，使碳骨架交联，残炭率提升，同时增加了低密度聚乙烯熔体的黏度，改善了炭层的隔离保护效果。

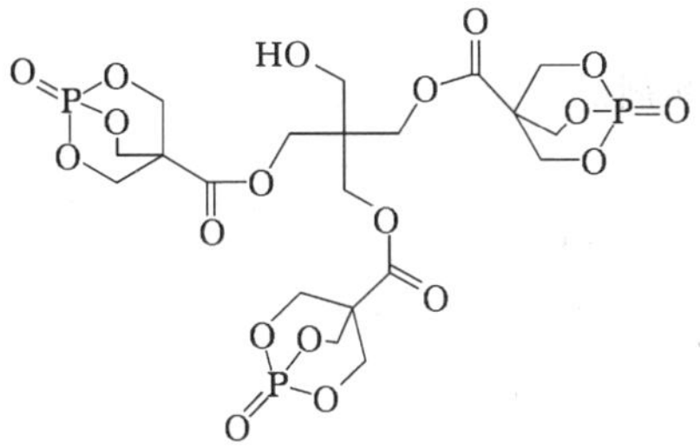

图 1-23　金属络合物 PEPA 结构式

二、阻燃机理

众所周知，燃烧是一个复杂的物理和化学过程。气相阻燃和凝聚相阻燃被视为有效的阻燃机制（图 1-24）[26]。可以将燃烧过程中的聚合物标识为四个区域：火焰区、炭层区、熔融聚合物区和固体聚合物区。在火焰区，挥发物从聚合物降解反应中产生并释放。炭层区属于临界区，控制质量和热量在气相和凝聚相之间的传递。熔融聚合物区也被称为热分解区，聚合物分解出的挥发物在这个区产生，随后通过微孔炭层区向火焰区迁移。固体聚合物区与熔融聚合物区直接接触，固体聚合物区具有完整性。

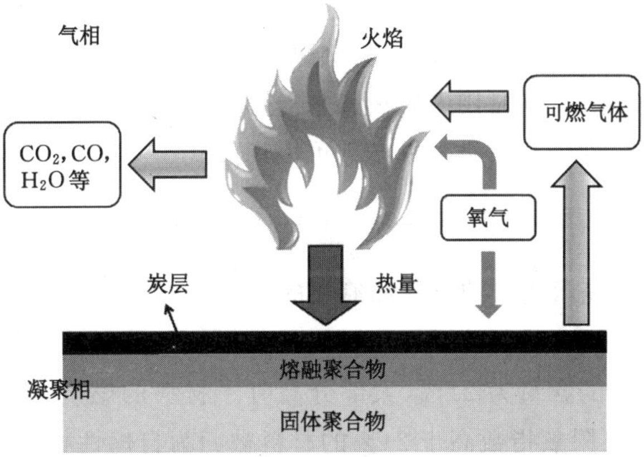

图 1-24　阻燃作用示意

如果阻燃作用发生在凝聚相中，通过促进炭的形成，抑制可燃性挥发物扩散到火焰区，屏蔽热量和可燃气体的传递，则称为凝聚相阻燃。如果阻燃作用发生在气相中，通过捕捉自由基而起到中断燃烧过程的作用，则称为气相阻燃[27-37]。

（一）凝聚相阻燃机理

首先，在燃烧过程中，掺入的阻燃添加剂在凝聚相中可提高聚合物残炭率，形成保护炭层。其次，形成炭层的过程通常伴随着水蒸气的释放，可以稀释可燃性挥发物。此外，炭层具有低的热导率，可以屏蔽燃烧时从热源到底层聚合物材料的热传递。最后，该炭层的存在能减慢聚合物的降解速率。

（二）气相阻燃机理

发挥气相阻燃作用的阻燃剂的阻燃性能取决于以下两个反应：

$$H^{\cdot} + O_2 \longrightarrow OH^{\cdot} + O^{\cdot}$$

$$O^{\cdot} + H_2 \longrightarrow OH^{\cdot} + H^{\cdot}$$

为了减慢或停止燃烧，必须要抑制聚合物的链支化反应。含卤素的化合物是最常见的气相阻燃剂。

三、阻燃性能表征

通过研究燃烧过程中气相中的裂解产物的形态、元素组成和化学结构，以及凝聚相中的残炭率来判断阻燃性能。许多微观或宏观尺度的表征方法被用于判断阻燃性能[38-44]。

本节讨论在实验室中最常用的判断阻燃性能的测试方法。根据各个测试所需的样本量、用于测试的材料的易燃性和着火行为，将实验测试方法分为小规模、中等规模和大型的3类。这些测试在操作方面具有严格的标准，用于指导测试者进行正确有效的测试。下面简要地介绍一些常用于可燃性分析的小规模实验测试方法。

（一）极限氧指数(LOI)法

极限氧指数法是一种实验室规模的测试方法，可以测量在氧气和氮气混合环境中，点燃大小为 80 mm×10 mm×4 mm 的垂直放置的样品所需的最低氧气量。测试程序和标准参考 ASTM D2863，ISO4589 和 NES714。测试过程为：将样品垂直置于一个玻璃烟囱的中心，气流在烟囱中向上流动，同时用丙烷火焰来点燃材料的顶部[图 1-25(a)]，根据样品的燃烧长度和时间进行可燃性分析。极限氧指数可以通过式(1-1)获得[26]：

$$\mathrm{LOI} = \left(\frac{[O_2]}{[O_2]+[N_2]}\right) \times 100\% \tag{1-1}$$

式中，$[O_2]$和$[N_2]$分别表示通入的氧气和氮气的流量，L/min。

燃烧时需要更多氧气的材料将显示出更高的极限氧指数。较高的极限氧指数表明该材料更耐燃。大气中氧气的含量为 21%，大部分高分子材料的燃烧风险很高，因为它们的极限氧指数小于 21%。极限氧指数高于 21%的材料被归为自熄性材料，如果没有外部的持续供热，它们的燃烧就不能在标准大气中持续，而趋向于自熄。

极限氧指数法是一种常见的表征方法，是研究和开发的聚合物阻燃剂的一个重要的筛选和质量控制方法。该方法成本低且测试样品的尺寸很小。然而，这种测试方法不适用于评价处于真实火灾规模下的材料，因为该方法热输入很低，不能准确模仿真实的火灾状况。

（二）垂直燃烧(UL-94)测试

此测试由美国安全试验所开发，用于测试塑料的可燃性。垂直燃烧测试是较常用的阻燃测试技术之一，它提供了对暴露于小火焰情况下的阻燃性的评级，是确定塑料材料点火和火焰蔓延性能最常用的方法。

在实验过程中，垂直燃烧测试需要满足 ASTM D3801 标准。该测试将尺寸为 127 mm×13 mm×3 mm 的样品暴露在火焰中 10 s，监测并记录所有燃烧行为[图 1-25(b)]。如果样品自熄，再次施加 10 s 火焰，然后将其移开。为了提高测试的准确性和可靠性，对每种样品至少测试 5 个样本。根据阻燃性能的大小，实验测试结果的等级依次被归类为 V-0、V-1、V-2 和无等级，V-0 等级的聚合物具有最好的阻燃性能。

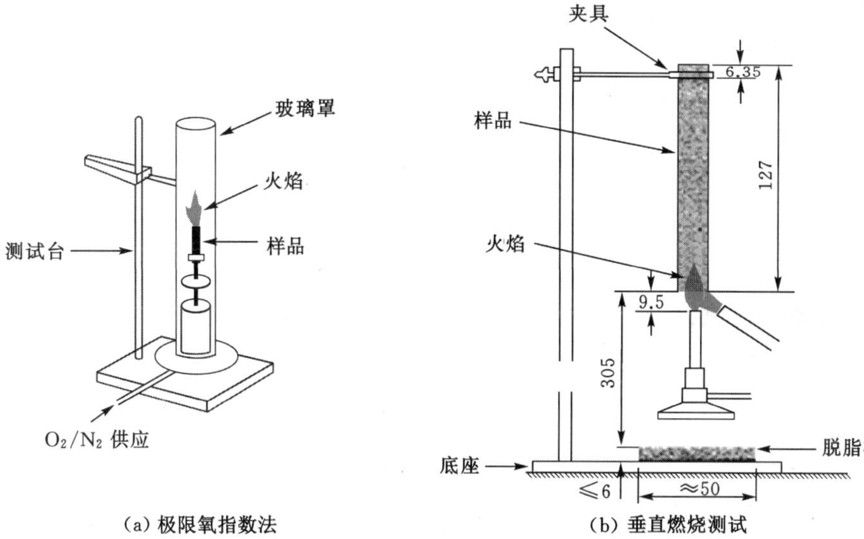

图 1-25 极限氧指数法和垂直燃烧测试示意

（三）微型燃烧量热法

微型燃烧量热法也被用于表征材料的燃烧行为。它的独特之处是可以测量聚合物在燃烧过程中的热释放速率(单位时间和单位表面积的热释放量)、热释放速率峰值和总热释放量(材料燃烧后单位面积释放的热值的总量)，这三个可燃性参数对聚合物的燃烧至关重要。

进行微型燃烧量热法测试时，样品具有热解阶段和燃烧阶段。测试程序和标准参考 ASTM D7309-19。实验程序包括两种可选的热解模式，分别用于受控的热分解和热氧化分解。样品质量一般为 0.5～50 mg。

（四）锥形量热法

锥形量热法是应用最广泛的中型燃烧测试方法。该测试方法测量了聚合物在燃烧过程中的热释放速率、热释放速率峰值、总热释放量、点燃时间、质量损失率(燃烧期间单位时间聚合物材料的质量损失量)、消光时间、烟产率以及 CO 和 CO_2 的产量。该测试的样品尺寸为 0.1 m×0.1 m×(0.001～0.05)m，适用的热通量范围为 10～100 kW/m^2。测试程序和标准参考 ASTM E1354 和 ISO 5660。

将准备好的样品包裹在铝箔中，并水平或垂直放置在锥形加热器下，由电引燃点火器点燃。通过称重传感器测量样品在燃烧过程中的质量变化，并将燃烧过程中产生的烟雾收集在设备的机罩中，以便进一步分析热解产物。锥形量热仪的工作原理是耗氧量热法。锥形量热仪测试的环境具有真实火灾的特点，可得到更详细的参数，可以用来模拟聚合物在真实火灾中燃烧的情况。

第二节 环氧树脂的热降解和燃烧行为

一、环氧树脂简介

环氧树脂是指以脂肪族、芳香族或脂环族等有机化合物为骨架，分子中含有两个或两个以上环氧基团，并在适当的化学试剂作用下，通过环氧基团反应形成三维交联网状结构的热固性树脂。环氧树脂是使用较为广泛的热固性塑料之一，具有广泛的工业应用前景。环氧树脂具有高的拉伸强度、弹性模量以及良好的隔热性、热稳定性和耐溶剂性，常用于黏合剂、电子设备(作为电绝缘体)、层压板、封装材料、涂层、船舶和航空零件[45-50]。

环氧树脂从其分子量上看，属于低聚物范围，为区别于固化后的环氧树脂，有时也把它称为环氧低聚物。环氧树脂是一种从液态到黏稠态、固态等多种形态的物质，几乎没有单独的使用价值，只有和固化剂反应生成三维交联网状结构的不溶不熔聚合物时才有应用价值。

最典型的环氧树脂为双酚 A 二缩水甘油醚，其结构式如图 1-26 所示。环氧树脂分子中各结构单元与固化物性能间有着密切的关联，以双酚 A 型环氧树脂为例[51-58]：其分子末端两个环氧基赋予其反应活性，双酚 A 骨架提供固化物的强韧性与耐热性，甲撑链赋予其柔软性，醚键赋予其耐药性，羟基赋予反应性和黏结性[59]。

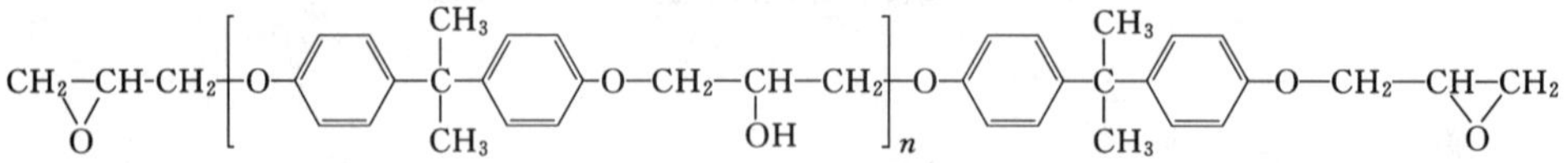

图 1-26 双酚 A 二缩水甘油醚结构式

不溶和难溶的环氧树脂通常通过液态环氧树脂单体与固化剂之间的交联反应(也称为固化过程或固化)而形成。固化剂包括多官能胺、酸(或酸酐)、酚、醇和硫醇等。研究表明，环氧树脂单体和固化剂的固化过程会影响最终得到的环氧树脂的性能[60-64]。通常，与低温固化的环氧体系相比，高温固化的环氧体系具有更高的拉伸强度、玻璃化转变温度和刚度。图 1-27 和图 1-28 分别显示了酸酐(DEP 331)树脂和胺(EPON 862)的固化过程[65]。

热固性聚合物的强度和耐蠕变性能比热塑性聚合物的好，尤其在高温环境中，因此热固性聚合物在建筑和运输方面应用广泛。但是，热固性聚合物在替代传统的金属和陶瓷材料时，有燃烧的风险。

环氧树脂是一种性能优异的热固性聚合物，广泛应用于电子、电气、化工防腐、机械制造、船舶运输、航空航天等领域[66-67]。自 20 世纪 40 年代第一次实现工业化生产以来，环氧树脂经历了半个多世纪的发展，其间研究者合成了各种新型环氧树脂，环氧树脂的研究和应用也进一步拓展到生物、医药和环保等新领域。然而，绝大多数环氧树脂的耐热性和阻燃性

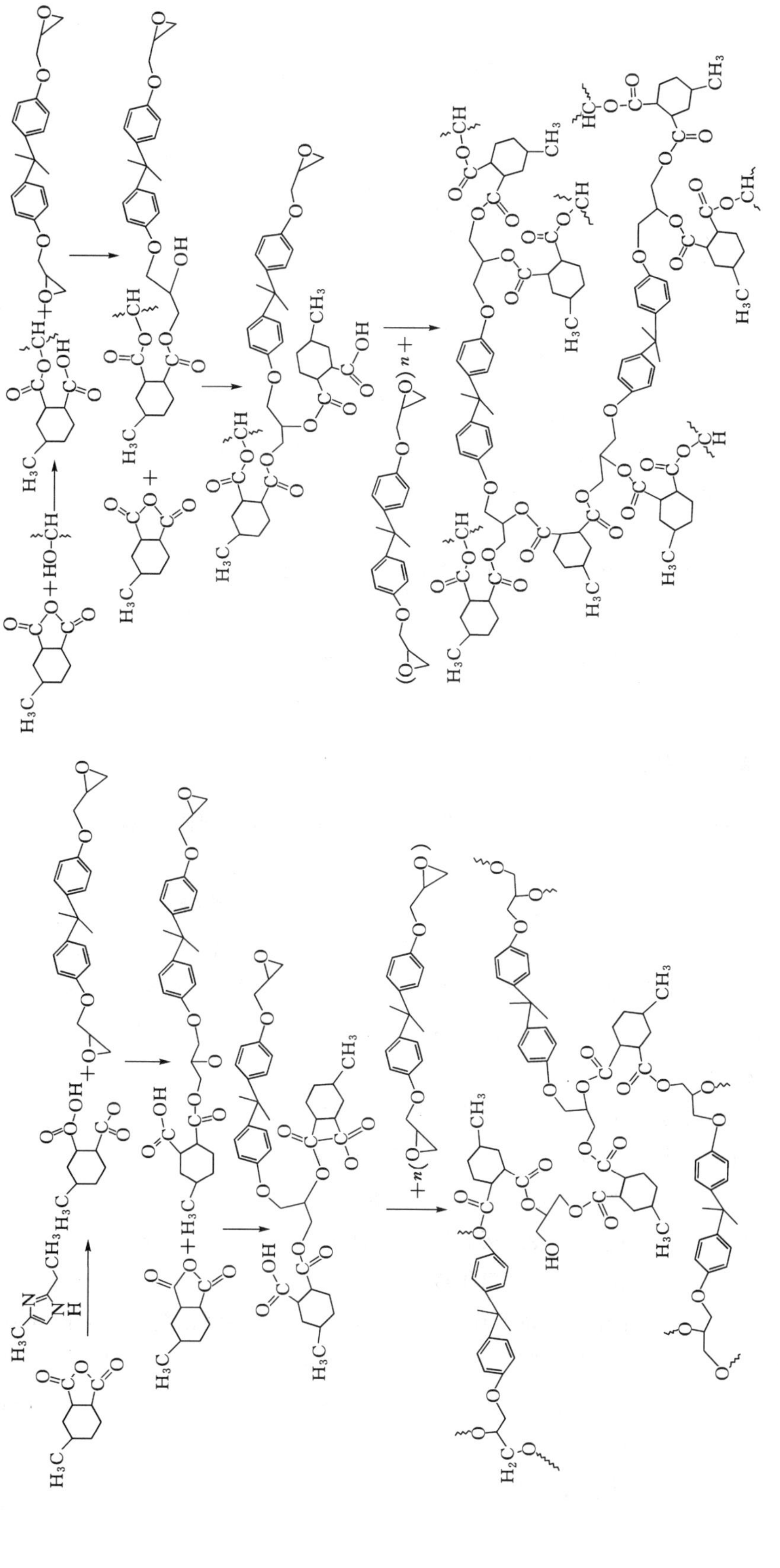

（a）使用促进剂

（b）不使用促进剂

图1-27 酸酐(DEP 331)树脂的固化过程

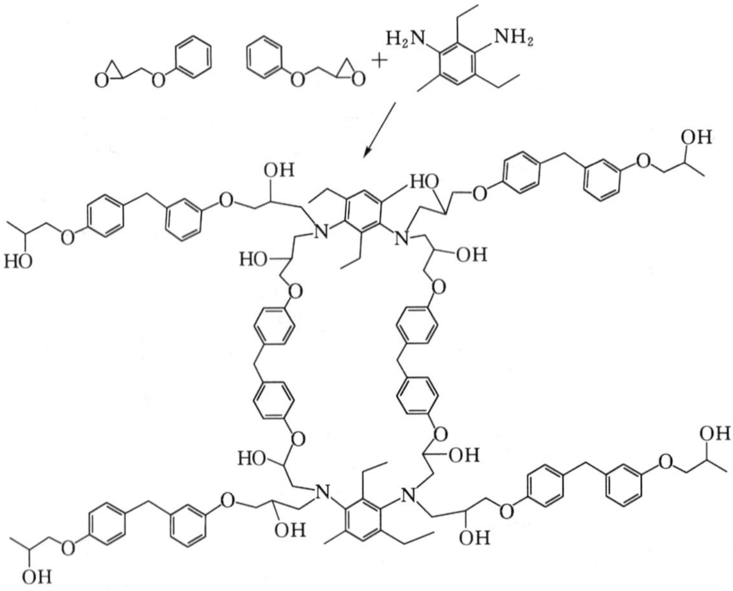

图 1-28 胺(EPON 862)的固化过程

差,容易燃烧,这使得它们在使用过程中存在极大的火灾隐患,限制了其应用[68-70]。因此,提高环氧树脂的耐热性和阻燃性能成为亟待解决的课题。

二、环氧树脂的热降解及燃烧过程

环氧树脂固化物的热稳定性及阻燃性能取决于环氧树脂单体和固化剂的结构、固化物交联点之间的化学结构以及交联点密度[59,71-72]。

环氧树脂种类很多,结构各异,按化学结构大致可分为缩水甘油醚类环氧树脂(例如:双酚 A 型环氧树脂、双酚 S 型环氧树脂、双酚 F 型环氧树脂、酚醛型环氧树脂、溴代环氧树脂)、缩水甘油酯类环氧树脂(例如:邻苯二甲酸二缩水甘油酯)、缩水甘油胺类环氧树脂(例如:四缩水甘油二氨基二苯甲烷)、脂肪族环氧树脂、环氧化烯烃类环氧树脂及新型环氧树脂(例如:海因环氧树脂、酰亚胺环氧树脂)[73-77]。

环氧树脂固化剂可分为显在型和潜伏型两大类。显在型固化剂分为加成聚合型和催化型两类[78-83]。所谓加成聚合型即打开环氧基的环进行加成聚合反应,将固化剂交联到三维网状结构中。加成聚合型固化剂可分为聚硫醇型、酚醛型、酸酐型以及多胺型等几种。这类固化剂,若加入量过少,则固化产物会连接着未反应的环氧基,因此加成聚合型固化剂存在一个最佳的用量。催化型固化剂则以阳离子或者阴离子方式使环氧基开环进行加成聚合;固化剂不在网状结构中,不存在等当量反应的最佳用量,但是增加固化剂用量会使环氧树脂的固化速度加快。潜伏型固化剂与环氧树脂混合后,在室温条件下相对长期稳定(一般要求在 3 个月以上,才具有较大的实用价值),而只需暴露在热、光、湿气等条件下,就开始固化反应。这类固化剂基本上是用物理和化学方法封闭固化剂活性的。

加成聚合型固化剂的固化温度和耐热性按一定顺序依次提高:脂肪族多胺＜脂环族多

胺<芳香族多胺≈酚醛<酸酐。催化型固化剂的耐热性大体处于芳香族多胺的水平,阴离子聚合和阳离子聚合的耐热性基本上没有太大差别[84-86]。固化剂的研究与开发在国内外日益引起重视,各种固化剂改性新品种和配合新技术层出不穷,其对应环氧树脂的热稳定性和阻燃性能也不同。

一些文献利用热重分析法和光谱分析法研究了环氧树脂的热降解[87-89]。在氮气环境下,环氧树脂主要有两个降解阶段。第一阶段发生在 300 ℃左右,此时仲羟基脱水,树脂形成不饱和结构。这种不饱和结构的 β 位会形成较弱的 C—N 键和 C—O 键,它们发生断裂时形成酚端基和仲胺端基官能团。随后发生的交联树脂中的交联结构的碎片化,意味着链碎片的挥发。双官能团环氧树脂比多官能团环氧树脂更容易发生这种情况。但是研究表明,多环芳烃的缩合反应可以抑制碎片挥发。树脂热降解过程可产生氮元素,有可能形成含氮环化结构,其稳定性比碳结构的高。第二阶段发生在 400 ℃左右,体系中残留的脂肪 C—N 键和 C—O 键及双酚 A—C 键断裂,断裂产物几乎完全挥发。少量稳定的芳构化反应的产物残留下来,包括较低温度下由链断裂引起的环化和杂环聚合结构以及单一树脂的芳香环。残留物的含量随环氧树脂交联点密度的增大而增加。在空气环境下,环氧树脂在 500 ℃左右发生热氧化降解,可以形成大量聚芳香结构。但是随着温度进一步升高,材料完全挥发,残炭率为零。

环氧树脂属易燃材料,未经改性的环氧树脂在传统的垂直燃烧测试中一般没有级别。环氧树脂的极限氧指数只有 15%~19%,燃烧时的热释放量和最大热释放速率都很高。因此,目前已有很多研究致力于提高环氧树脂的耐热性和阻燃性能。

第三节 无卤阻燃环氧树脂的研究进展

我国所使用的环氧树脂阻燃剂大部分是卤素衍生物和含锑的,它们的阻燃效率高、性能好。常用的溴化阻燃环氧树脂具有优良的阻燃性、黏合性、电绝缘性、力学性能以及较低的固化收缩率等特点。然而,卤素阻燃剂的存在会导致很多问题,其在燃烧降解时会产生对人体和环境造成危害的刺激性、腐蚀性的有毒气体;此外,含卤废料的回收处理也很困难,因此含卤阻燃剂的使用受到了极大限制[90-91]。基于对人类健康和环境保护的考虑,低烟、低毒的无卤环保型阻燃剂及阻燃高分子材料已成为人们追求的目标,无卤阻燃剂及阻燃高分子材料的研究得到快速发展。在环氧树脂无卤阻燃的研究中,以研制不含卤素的阻燃型环氧树脂、添加无卤型阻燃剂以及使用不含卤素的阻燃性固化剂为主要方向。

环氧树脂的阻燃方法有添加型阻燃和反应型阻燃两种。添加型阻燃通常是指,在环氧树脂中加入各种不参与固化反应的阻燃添加剂,阻燃添加剂以物理方式分散在体系中,使之获得阻燃性能[92-94]。这种方法操作方便,经济实用。阻燃剂和阻燃固化剂的种类较多,配方设计的选择性和灵活性大。这种阻燃方法不仅会使环氧树脂阻燃效率低,而且会影响环氧树脂的其他性能。反应型阻燃是指阻燃剂可以与环氧树脂发生化学反应,作为聚合物的单体或者辅助试剂接到环氧树脂分子链上,从而将阻燃元素(P、N、Si、B 等)引入环氧树脂的分子链中。这种环氧树脂复合材料的稳定性好,具有很高的残炭率,且对体系其他性能的影响相对较小。然而其品种少,生产工艺相对复杂。研究和制备添加型和反应型无卤阻燃剂都是环氧树脂阻燃的重要研究方向。

一、添加型阻燃

常用的环氧树脂添加型阻燃剂有硼化物、三氧化锑、聚磷酸铵、包覆红磷、氢氧化铝、水合氧化铝、铝酸钙、硅氧烷化合物、氢氧化镁、二氧化硅、含硅树脂、三聚氰胺以及衍生物和磷酸酯类等。这些阻燃剂单独使用时就可达到一定的阻燃效果,经过预处理或者与其他阻燃剂配合使用则效果更佳。下面以三水合氧化铝(ATH)、红磷和三氧化锑为例进行介绍。

三水合氧化铝性能稳定,价格低廉且无毒,具有较好的阻燃和抑烟效果。但是三水合氧化铝作为阻燃剂,必须加入很大的量才能达到较好的效果。加入质量分数为44.2%的三水合氧化铝时,环氧树脂体系的极限氧指数能提高到28.2%。与红磷配合使用时能降低三水合氧化铝的用量,提高环氧树脂体系的阻燃效果。三水合氧化铝发挥阻燃作用的机理是:三水合氧化铝受热时释放出大量水蒸气,此反应过程会吸收大量的热。水蒸气可以蓄热并稀释聚合物降解所释放的可燃气体,同时在火源和聚合物基体之间形成不可燃的壁垒,从而起到阻燃作用。由于三水合氧化铝的阻燃作用主要发生在固体降解区域内,可以减少可燃气体的产生,因此同时具有一定的抑烟效果。

微胶囊化的红磷对环氧树脂具有很好的阻燃效果,能使环氧树脂在传统的垂直燃烧测试(UL-94 测试)中达到 V-0 级别。微胶囊化的红磷在环氧树脂基体中的分散性好,复合材料的力学性能也较好。将硼酸锌和微胶囊化的红磷同时加入环氧树脂体系中,能达到很好的抑烟效果。

三氧化锑是金属氧化物中仅次于氧化铝而被广泛使用的阻燃剂。三氧化锑本身并没有阻燃活性,它作为阻燃剂时,是与卤化物配合使用的。这种体系主要是通过三氧化锑和卤化物之间的反应产生挥发性的 $SbCl_3$ 来达到阻燃效果的。其阻燃作用主要发生在气相中。

一般情况下,添加型阻燃剂同聚合物的相容性较差,这限制了它的应用。研究表明,添加型阻燃剂可以与反应型阻燃剂共同使用,或者通过相互复配的方式来提高阻燃效率,同时可以达到提高综合性能、降低用量和成本的目的。

二、反应型阻燃

在反应型的阻燃环氧树脂中,含氮环氧树脂、有机硅环氧树脂和含磷环氧树脂是最典型的三个大类。

含氮环氧树脂是目前替代溴代环氧树脂的主要品种之一。含氮环氧树脂的热分解温度高,燃烧时不产生有毒气体,腐蚀性小,对环境友好,适合回收利用。一般来说,氮系阻燃剂的阻燃效率较低,但是与磷系阻燃剂配合使用时能达到较好的阻燃效果。目前,含氮树脂的研究热点主要有缩水甘油胺环氧树脂、苯并噁嗪树脂、聚异氰尿酸酯-噁唑烷酮树脂和含氮酚醛树脂等。

有机硅环氧树脂是指在环氧树脂中引入有机硅分子链段,使环氧树脂分子链结构中含有硅氧键。有机硅环氧树脂同时具有有机硅和环氧树脂两者的优点,有机硅链段具有很好的热稳定性和柔韧性，能有效提高环氧树脂的耐热性和柔性，使其具有较好的阻燃性能。这是由于，含硅的基团具有较低的表面能，在燃烧过程中，含硅的基团会迁移到环氧树脂的表面，形成耐热保护层，隔绝可燃物，阻止环氧树脂聚合物的进一步降解。另外，含硅的基团在燃烧过程中会生成可以捕捉活性自由基的中间体，从而进一步提高体系的阻燃效果。总的来说，有机硅环氧树脂具有耐水、耐热和阻燃等优良性能，并具有良好的可加工性能和电气性能。然而，大部分含硅树脂的玻璃化转变温度都比较低，并且和多数环氧树脂基体的相容性不好。而且其合成工艺复杂、成本较高、工业化比较困难，这些问题都有待进一步研究和解决。

含磷环氧树脂是环氧树脂阻燃材料中十分重要的一类。在环氧树脂结构中引入少量的磷元素，就能在提高环氧树脂力学性能的同时，达到很好的阻燃效果[84,95-97]。含磷环氧树脂的阻燃效率比含卤素的环氧树脂高很多，而且含磷环氧树脂在燃烧过程中可产生磷酸、聚磷酸等，并没有产生大量有毒物质，具有阻燃效果持久、热稳定性好、价格低廉、二次污染小等优点，更利于保护环境，因此含磷阻燃剂成为环氧树脂无卤阻燃剂研究的重点和热点之一。含磷阻燃剂的阻燃机理可分为凝聚相阻燃机理和气相阻燃机理两类。凝聚相阻燃机理主要表现为含磷阻燃剂在反应过程中生成具有强脱水性的聚磷酸，使含氧有机物迅速脱水碳化，生成的碳化物具有很好的致密性，可以有效地抑制聚合物固相中碳的氧化；且聚磷酸是一种稳定的化合物，不易挥发，呈黏稠状覆盖于聚合物表面，形成一层阻隔性良好的薄膜，阻碍氧气向反应区扩散。气相阻燃机理可表现为物理和化学两方面的作用。物理作用主要是指含磷阻燃剂在高温下分解出难燃气体，导致可燃气体的浓度降低，或者由于这些难燃气体比例较大，将聚合物笼罩起来，从而起到隔绝作用。化学作用主要是指淬灭聚合物热解产生的高活性自由基，改变热氧化分解过程中的反应能量，从而使燃烧的链锁反应中断。

第二章　纳米填料阻燃环氧树脂

纳米材料根据维度约束的不同可划分为三类：(1) 零维纳米材料，指在三维空间中三维均受到约束，均处在纳米尺度的材料，如纳米团簇、纳米颗粒等；(2) 一维纳米材料，指在三维空间中有两维处于纳米尺度的材料，如纳米管、纳米线、纳米棒等；(3) 二维纳米材料，指在三维空间中有一维处在纳米尺度的材料，如石墨烯、超晶格、超薄膜、多层纳米膜结构等[2]。

纳米复合材料是指以橡胶、树脂、陶瓷和金属等基体作为连续相，以纳米尺寸的金属、半导体、刚性粒子、碳纳米管和其他无机粒子等添加剂作为分散相，通过适当的制备方法，将纳米添加剂均匀分散到基体材料中，形成含有纳米尺寸添加剂的复合体系。纳米复合材料是一种介于分子和宏观物体之间的亚稳态物质。当颗粒尺寸进入纳米量级时，由它所构成的纳米材料会产生纳米效应，表现出一些与常规尺寸材料完全不同的性质，如小尺寸效应、宏观量子隧道效应、表面和界面效应等。其光学、热学、电学、磁学、力学等性质与常规尺寸的材料相比发生了巨大的变化，在催化、滤光、光吸收、磁介质和新材料等领域有广阔的应用前景。

聚合物基纳米复合材料通过连续相和分散相之间的耦合作用将聚合物的长处与无机纳米材料的优点糅合在一起，弥补了相互间的缺点，发挥了各自的优点，产生出了许多优异的性能。在众多的聚合物基纳米复合材料中，环氧树脂纳米复合材料以其良好的化学稳定性、电气绝缘性、耐腐蚀性，较高的力学性能以及独特的黏结性能等，显示出广阔的应用前景。

近年来，纳米复合材料已被广泛研究和开发，聚合物/纳米复合材料能克服常规聚合物复合材料的许多缺点，是开发具有新功能和高性能聚合物材料的一种途径。纳米复合材料的掺入不仅提高了聚合物的强度和韧性，而且提升了聚合物的耐热性、阻隔性和阻燃性。

纳米填料阻燃环氧树脂的研究引起了人们极大的兴趣。根据纳米填料的类型，阻燃环氧树脂纳米复合材料的研究热点可分为三大类：以蒙脱土为代表的环氧树脂/阳离子型层状物纳米复合材料、以层状双金属氢氧化物为代表的环氧树脂/阴离子型层状物纳米复合材料和以碳纳米管、富勒烯、石墨烯类为代表的环氧树脂/碳纳米材料复合材料。

蒙脱土是一种具有多种性能的纳米阻燃材料。由于蒙脱土纳米阻燃材料存在独特结构，可通过插层和重组，将聚合物插层在蒙脱土的硅酸盐片层之间，以实现聚合物和层状硅酸盐的纳米级组合。燃烧时，蒙脱土在纳米复合材料的表面形成致密阻隔炭层，减少燃烧热，延缓可燃气体到达火焰区的进程。

例如，研究人员将苯乙基桥接的 9,10-二氢-9-氧杂-10-磷杂菲-10-氧化物衍生物与蒙脱土混合，并将其添加到环氧树脂中。实验结果表明，当添加3.5%的苯乙基桥接的9,10-二氢-9-氧杂-10-磷杂菲-10-氧化物衍生物和3.5%的蒙脱土时，环氧树脂复合材料在UL-94测试中达V-0级别，极限氧指数提高到32.2%[98]。

碳纳米管也是极广泛使用的纳米填料之一。氟化蒙脱土/碳纳米管被加入环氧树脂中，以提高环氧树脂的阻燃性能。氟化处理增强了蒙脱土和碳纳米管在环氧树脂中的分散性，蒙脱土和碳纳米管的高比热阻碍了环氧树脂在燃烧过程中的热传递。环氧树脂的残炭率增加到15.4%，极限氧指数从21%增加到31%。同时，加入氟化蒙脱土/碳纳米管后，环氧树脂复合材料的热稳定性显著提高。

研究者使用两种方法将聚磷酸铵和蒙脱土作为阻燃剂添加到环氧树脂中：一种方法是将聚磷酸铵和蒙脱土进行原位添加；另一种方法是将聚磷酸铵和蒙脱土与环氧树脂进行物理共混。这两种方法都使环氧树脂获得了更高的极限氧指数(分别为28%和30%)，且制得的环氧树脂复合材料在UL-94测试中都达到V-0级别。聚磷酸铵和蒙脱土有助于在燃烧过程中提高环氧树脂的残炭率。

表2-1显示了一些典型的环氧树脂纳米复合材料的阻燃性能特征数据。

表2-1　典型的环氧树脂纳米复合材料的阻燃性能特征数据

样品	阻燃剂质量分数/%	极限氧指数/%	UL-94测试等级	热释放速率峰值/(kW/m^2)	总热释放量/(MJ/m^2)
EP	0	21.8	无等级	781	107
EP/DiDOPO	1	24.1	V-2	—	—
	3	32.7	V-0	—	—
	7	35.7	V-0	491	80
EP/OMMT	1	22.4	无等级	—	—
	3	23.7	无等级	—	—
	7	23.7	无等级	576	98
EP/DiDOPO/OMMT	0.5/0.5	23.2	无等级	—	—
	1.5/1.5	27.1	V-0	—	—
	3.5/3.5	32.2	V-0	369	95
EP	0	21.0	—	—	—
EP/MMT/MWCNTs	1.5/0.1	26.4	—	—	—
EP/F-MMT	1.5	25.8	—	—	—
EP/F-MWCNTs	0.1	23.0	—	—	—
EP/F-MMT/F-MWMMT	1.5/0.1	31.0	—	—	—
EP	0	23.0	无等级	860	112
EP/APP	10	25.0	无等级	458	62
EP/APP+MMT	10	28.0	V-0	524	50
EP/APP-MMT	10	30.0	V-0	393	34

图 2-1 概述了环氧树脂纳米复合材料在工业领域中的应用。环氧树脂纳米复合材料黏合剂常常被用于高性能的外部车身板、航空和海洋环境中。一些纳米颗粒如碳纳米管、石墨烯、炭黑、热解法二氧化硅、钛酸钡和钛酸钙铜等与环氧树脂相结合，能提高环氧树脂的电导率，其产品可被用于电子电器中。另外，环氧树脂/黏土纳米复合材料已经广泛应用于汽车和航空工业领域。环氧树脂的纳米结构材料在生物医学中的应用也飞速发展，特别是在骨修复方面。同时，有相当数量的环氧树脂纳米复合材料被用作商业油漆和涂料。

图 2-1　工业领域中环氧树脂纳米复合材料的应用

环氧树脂纳米复合材料的最终性能与其纳米结构、纳米填料的分散性、纳米填料与环氧树脂基体的黏结程度、复合材料的黏弹性和流变性能相关。研究表明，对纳米粒子进行表面处理和官能化能够提高环氧树脂纳米复合材料的最终性能。研究者应该注重研究环氧树脂纳米复合材料的固化状态、性质和性能之间的相互关系(图 2-2)。

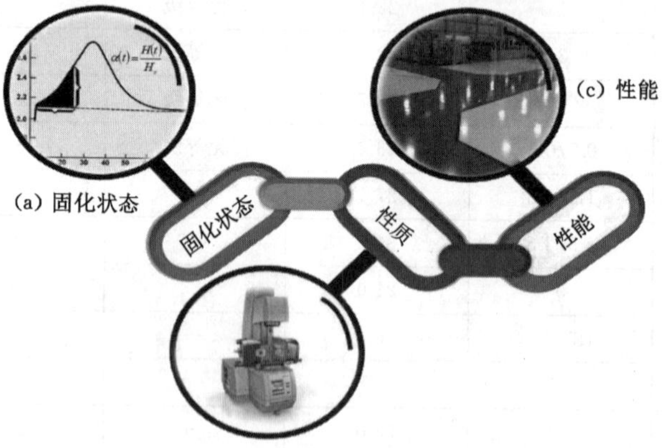

图 2-2　环氧树脂纳米复合材料固化状态、性质和性能之间的相互关系

第一节 纳米填料阻燃环氧树脂的研究进展

许多纳米填料被用于阻燃环氧树脂。例如，碳纳米填料作为阻燃剂，具有来源广泛、无毒、环保等优势。它们作为环氧树脂的无卤阻燃剂具有广阔的应用前景。用作阻燃剂的碳纳米填料主要包括富勒烯、石墨烯、碳纳米管和可膨胀石墨等。它们可以通过提高聚合物的热稳定性、延长点燃时间并减少热量释放来提高聚合物的阻燃性能。

一、碳纳米材料阻燃环氧树脂

聚合物的分解过程决定了其具有易燃性、火灾蔓延和热释放特性。由于常规阻燃剂会影响聚合物复合材料的机械性能，而卤素阻燃剂对环境有害，随着新型的碳材料：富勒烯、碳纳米管、石墨烯和石墨烯量子点等被发现，这些强度、模量极高的碳纳米材料开始被尝试应用于环氧树脂阻燃研究中。

研究表明，碳纳米管具有优异的物理化学特性。将碳纳米管与环氧树脂复合，能够显著改善环氧树脂的性能，得到综合性能良好的环氧树脂复合材料。在复合材料中，环氧树脂和碳纳米管并不是简单的聚合物和纳米粒子的加和，而是碳纳米管以物理或化学作用力与环氧树脂的有机结合。碳纳米管和环氧树脂之间具有一定的界面结合力，复合材料实现了环氧树脂和碳纳米管的诸多优异性能的结合[99]。碳纳米材料阻燃剂能改善聚合物力学性能，而且对环境友好，极具竞争性。然而，当碳纳米材料单独用作阻燃剂时，聚合物的阻燃性仍达不到工业要求。因此，它们通常需要与其他阻燃剂组合使用，以获得更高的阻燃性能。

研究者将纳米黏土和碳纳米管作为阻燃剂加入环氧树脂中，提高环氧树脂复合材料的阻燃性能。图 2-3 显示了碳纳米材料被添加在聚合物中起阻燃作用的机理。在聚合物热解过程中，碳纳米材料能在聚合物复合材料上形成一层保护层，限制了可燃气体和热量的传递，从而抑制材料的进一步降解。

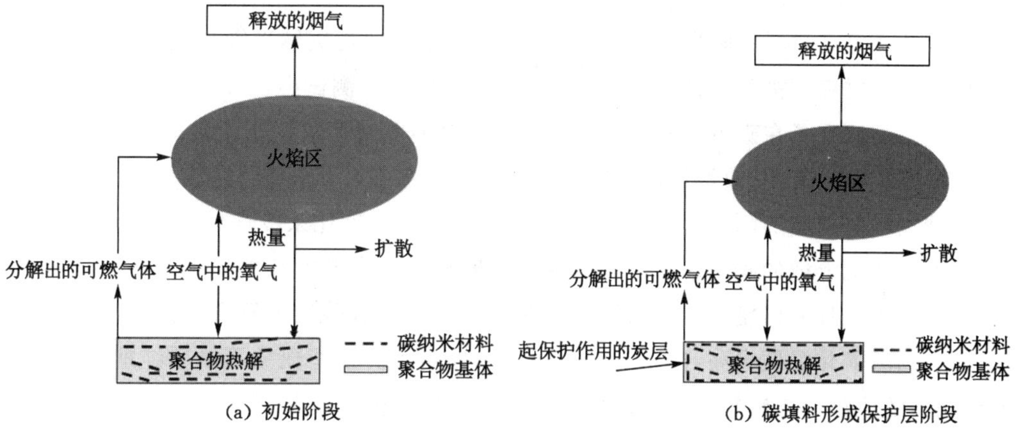

图 2-3 碳纳米材料在聚合物基体中的阻燃作用机理

然而，纳米粒子具有较高的比表面积，倾向于相互吸引而形成团块。因此，在多功能环氧树脂纳米复合材料的制备过程中，主要面临两个挑战，即纳米填料的分散性、纳米填料与聚合物基体的界面相互作用。通常，可以通过使用适当的表面活性剂、聚合物或偶联剂对纳米材料进行表面处理的办法来获得分散性良好的纳米复合材料。

研究表明，存在于纳米填料和聚合物基体之间的空隙[图 2-4(a)]会降低聚合物复合材料的力学性能。目前有两种方法可以解决这个问题。一种方法是通过范德华力、氢键、静电吸附和路易斯酸碱相互作用等，将聚合物链通过物理作用吸附在纳米填料上[65]，使纳米填料和聚合物基体之间的空隙最小化[图 2-4(b)]，从而增强复合材料的力学性能。另一种方法是在偶联剂、聚合物或表面活性剂的帮助下，在纳米填料和聚合物基体之间引入牢固的化学共价键，如图 2-4(c)所示。通过接枝更稠的偶联剂可以进一步提高纳米填料和聚合物基体之间桥连的结合密度，从而进一步改善机械性能[图 2-4(d)]。

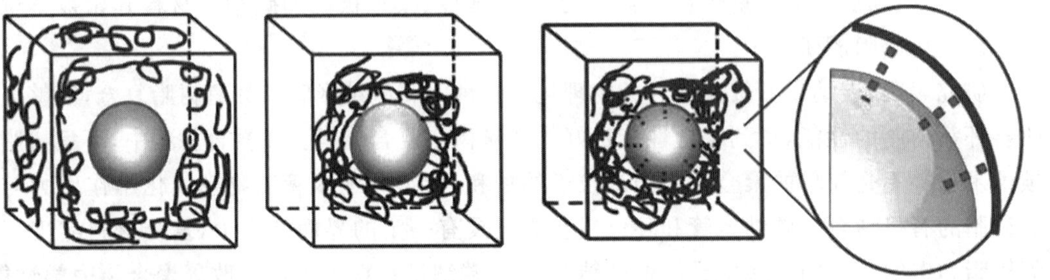

(a) 纳米填料和聚合物基体之间的空隙　(b) 被聚合物包裹的纳米填料　(c) 纳米填料和聚合物基体间引入的共价键　(d) 为(c)的放大图

图 2-4　纳米填料和聚合物基体的空间关系示意

碳纳米管在聚合物中的分散性是影响其阻燃效率的关键因素。研究者将钼酚醛树脂接枝到碳纳米管的表面(图 2-5)，以获得改性碳纳米管，并将所得改性碳纳米管引入环氧树脂中。结果表明，钼酚醛树脂的接枝改善了碳纳米管在环氧树脂基体中的分散性，从而增强了环氧树脂纳米复合材料的阻燃性和机械性能。添加 3%改性碳纳米管和 8%的三聚氰胺后，环氧树脂复合材料的极限氧指数提高到 29.5%，在 UL-94 测试中达 V-0 级别[98]。

研究人员研究了在碳纳米管表面接枝氟元素和羧基对环氧树脂固化行为和玻璃化转变温度的影响。结果表明，改性后的碳纳米管均匀地分散在环氧树脂中，添加 1%的改性碳纳米管能增加环氧树脂的固化度，复合材料的玻璃化转变温度比未改性环氧树脂高 20 ℃。

表面活性剂分散的碳纳米管对环氧树脂的玻璃化转变温度和电导率存在一定的影响。界面强度是影响环氧树脂复合材料性能的关键因素。随着碳纳米管含量的增加，环氧树脂复合材料的玻璃化温度提高，体系的导电阈值也提高了。这些现象不能单纯地用几何模型进行解释，还应该考虑碳纳米管周围环氧树脂聚合物的包裹效应[100]。

研究人员在多壁碳纳米管表面接枝硅氧基团，硅氧基团改性后的碳纳米管在环氧树脂基体中的分散性较好。随着碳纳米管含量的增加，环氧树脂复合材料的热降解温度也增加[101]。

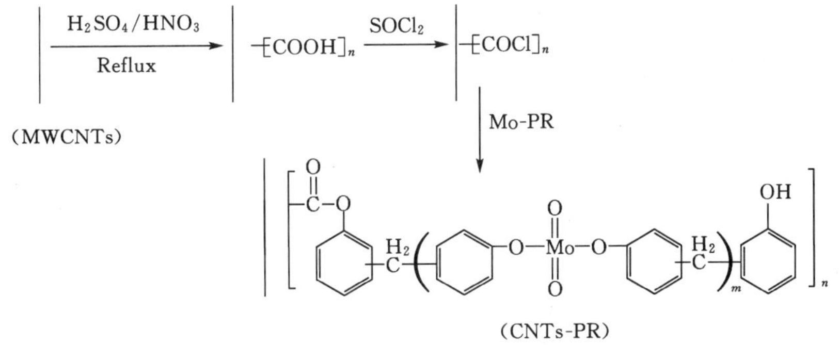

图 2-5　钼酚醛树脂接枝碳纳米管的制备

研究人员制备了碳纳米管/环氧树脂复合材料，并采用超声和机械搅拌法提高碳纳米管的分散性。研究表明，超声处理能够改善碳纳米管在基体中的分散性，但当碳纳米管含量超过 0.3%时，仍会发生团聚。碳纳米管含量为 0.4%时，复合材料热性能最好，玻璃化转变温度提高了 17 ℃，同时，弯曲模量提高了 11.7%[102]。

研究表明，氨基化碳纳米管能够较好地分散在环氧树脂基体中，并能起到传递载荷的作用。不同的氨基基团对复合材料的热性能和力学性能的影响各不相同。随着碳纳米管含量的增加，环氧树脂复合材料体系的黏度也随之增加，这反而会影响碳纳米管的增强作用[103]。

研究人员采用等离子体处理的方法在碳纳米管上接枝羟基和羧基，随后将顺丁烯二酸酐接枝在碳纳米管上，将所得改性碳纳米管与固化剂混合后加入环氧树脂中。在固化过程中，改性的碳纳米管也起到了一定的固化效果。碳纳米管与环氧树脂有了稳定的化学键的结合，能形成很好的聚合物网络，从而提高环氧树脂的力学性能、电学性能和热分解温度[104]。

目前，碳纳米管对环氧树脂的阻燃有一定的效果，然而高成本、高各向异性、缠结导致的高黏度限制了其应用。与碳纳米管相比，石墨烯微片(GNS)具有较少的缠结点、较大的比表面积、各向同性的石墨烯电/热导率平面、低的生产成本等优势，应用前景广泛。同时，它的层状结构可以阻止可燃气体逸出到火焰区，同时可阻止能量回传且促进残炭率提高，有望成为高效低添加量的新型阻燃剂。然而，石墨烯微片具有强烈的聚集倾向和高度惰性的表面，为了充分利用石墨烯微片的潜能，必须改善其在基体中的分散性以及在界面处的应力传递效果。热固性树脂在固化前黏度低，在聚合前经过处理可实现对石墨烯微片的预插层，使石墨烯微片的进一步插层和剥离成为可能。

二、黏土阻燃环氧树脂

(一) 阴离子黏土阻燃环氧树脂

典型的阴离子黏土化学式为 $Mg_6Al_2(OH)_{16}CO_3 \cdot nH_2O$，其结构如图 2-6 所示。这类物质更普遍地被称为层状双金属氢氧化物(LDH)。它是一类典型的阴离子型插层材料，金属氢氧化物构成主体片层，阴离子和水分子等客体嵌入层间，形成独特的层状结构。LDH的主体片层内存在离子键，客体与主体之间通过静电作用、氢键以及范德华力等以有序的方式结合。

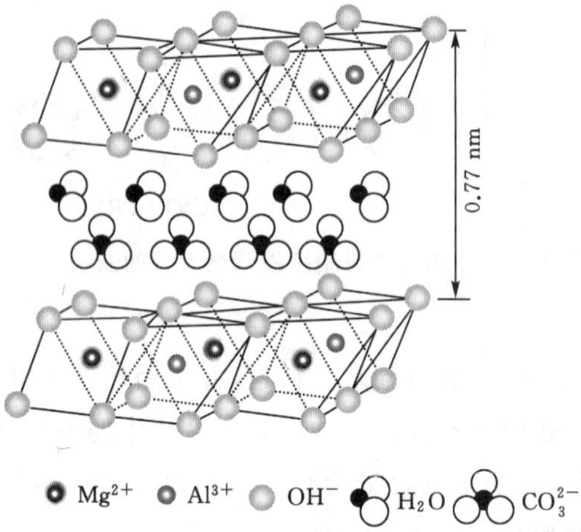

图 2-6 $Mg_6Al_2(OH)_{16}CO_3 \cdot nH_2O$ 的结构

LDH 的层内组成可调变，层间客体阴离子可交换。基于这个特点，一些功能性物质可以克服层间作用力而插入层间空隙，将片层间隙撑开并与片层形成较强的相互作用而成为层柱材料，也称为柱撑材料，通过阴离子交换等插层组装及片层剥离的手段可制备新颖的功能材料。LDH 具有独特的层状结构和优越的物理化学性能，在催化剂、阻燃剂、薄膜材料、功能材料和生物医药等方面具有广泛的用途[105-110]。

LDH 的阴离子交换能力比硅酸盐黏土的阳离子交换能力高 3～4 倍。随着离子交换能力的增加，LDH 的片层与被插入的阴离子间的静电吸附力变大，片层很难剥离开来，LDH 的性能得不到最大限度发挥。因此，LDH 基复合材料的研究没有阳离子黏土广泛。

LDH 分解时能在聚合物表面形成难熔的金属氧化物，同时释放出水蒸气和二氧化碳。在燃烧过程中，LDH 吸收大量的热和产生不燃气体的稀释作用，可降低复合材料体系燃烧时的总热释放量[111]。研究人员合成了氨基月桂酸酯改性的 LDH，并制备出 EP/LDH 纳米复合材料。LDH 在溶胀过程中，其层间距由 2.1 nm 增加到 3 nm 左右[图 2-7(a)]。在预固化与固化过程中，LDH 层间距进一步增大[图 2-7(b)]。固化完成后，LDH 几乎完全剥离。LDH 起到了良好的阻隔作用，提高了环氧树脂的热性能，复合材料的玻璃化转变温度随 LDH 含量的增加而升高，但是残炭率没有增加。同时，材料的拉伸强度和弹性模量都随 LDH 含量的增加而升高，且基本不破坏环氧树脂的透明度[112]。

研究人员[113]将达到纳米级分散的 LDH 的阻燃效果与纳米级分散的蒙脱土及传统阻燃剂相比较，研究其与环氧树脂复合材料的燃烧行为。结果表明，EP/LDH 复合材料的阻燃性能比 EP/蒙脱土、EP/氢氧化铝、EP/LDH-CO_3 更好，在燃烧时表现出自熄行为(图 2-8)。同时，EP/LDH 的最大热释放速率比 EP/蒙脱土的低，燃烧后的残炭更加致密和

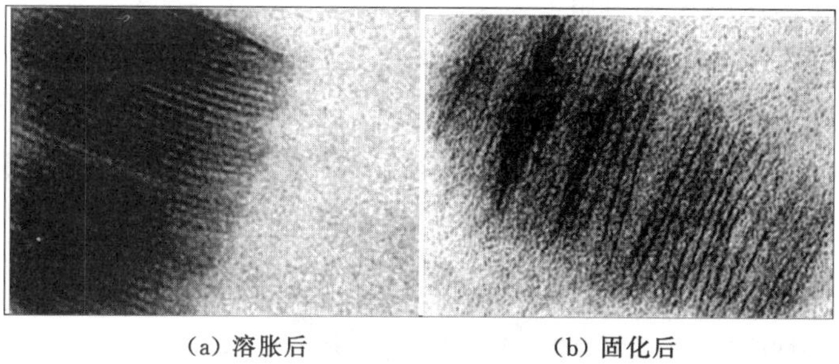

图 2-7　LDH 在溶胀后和固化后的透射电镜图

完整(图 2-9)。EP/LDH 复合材料在降低失重和减少热释放方面,效果比 EP/氢氧化铝差。然而,EP/LDH 复合材料的点燃时间与纯环氧树脂的相当,EP/氢氧化铝的点燃时间大大提前。且 EP/氢氧化铝的力学性能下降,而 EP/LDH 复合材料的拉伸强度、断裂伸长率、弹性模量都有一定的提高(渗透性和热膨胀性下降)。LDH 与氢氧化铝在改善环氧树脂阻燃性能方面存在协同作用。

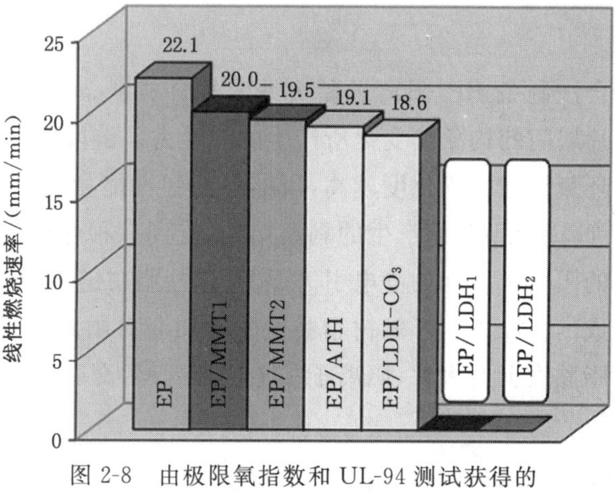

图 2-8　由极限氧指数和 UL-94 测试获得的
EP、EP/LDH、EP/MMT、EP/ATH、EP/LDH-CO_3 的线性燃烧速率的柱状图

图 2-9　由锥形量热法测试获得的残炭

（二）阳离子黏土阻燃环氧树脂

阳离子黏土片层是由四面体和八面体结构单元构成的。如果四面体片层与八面体片层形成层状结构为 1∶1 的物质，则所得阳离子黏土片层厚度约为 0.7 nm。如果四面体片层与八面体片层形成层状结构为 2∶1 的物质，则黏土片层厚度约为 1 nm，最常用于制备纳米复合材料的蒙脱土就属于此类型，其结构如图 2-10 所示[114]。

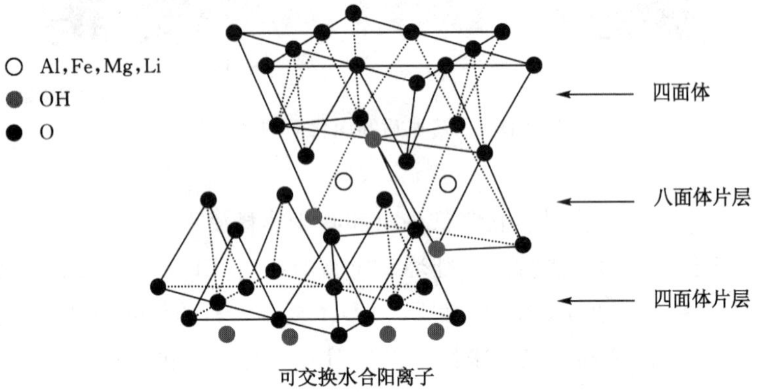

图 2-10 蒙脱土的层状结构

一般采用原位聚合法制备 EP/阳离子黏土纳米复合材料。研究表明[115]，阳离子黏土片层剥离的动力来自片层间的构象熵变化所产生的弹性力。链段储存了足够多的弹性能量后会发生反弹作用。环氧树脂的固化度越高，所储存的弹性能量越大。阳离子黏土片层间交联的环氧树脂的反弹，以及由此而产生的剥离结构，受到三种作用力的限制（图 2-11）：片层上的负电荷与插层的阳离子之间的静电引力、烷基铵盐脂肪链之间的范德华力、片层外高分子聚合物网络所造成的黏滞力。环氧树脂黏度的增加会对阳离子黏土产生很大的影响，如果片层外的环氧树脂黏度上升太快，阳离子黏土很难剥离，交联的环氧树脂大分子将没有足够的时间发生回弹。

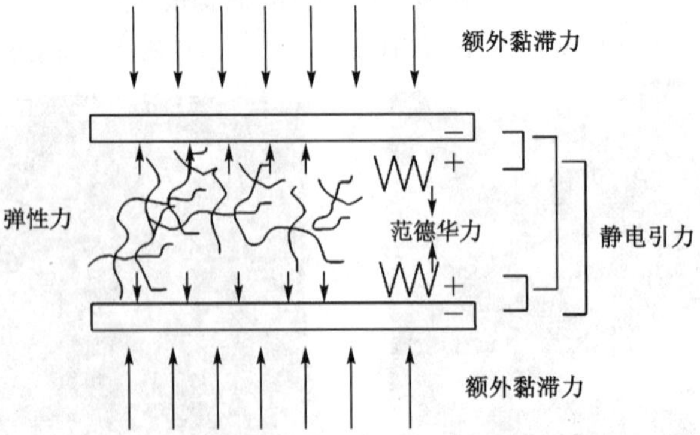

图 2-11 固化过程中作用在黏土层上的力的示意

有机黏土的热稳定性对环氧树脂/层状硅酸盐纳米复合材料的热稳定性起重要作用。

铵盐常被用来处理有机黏土,经过铵盐处理的黏土的热分解分为四个过程:温度较低时,吸附的水与气态物质挥发;200～500 ℃时,凝聚态的有机物挥发;500～700 ℃时,硅铝酸盐脱羟基;700～1 000 ℃时,热降解产物和有机碳残留物挥发。图 2-12 是在氮气下,两种有机黏土与其相应的环氧树脂纳米复合材料的热重曲线图,黏土的添加量都为 20%[116]。这两种黏土分别为用十八烷基甲基铵离子(C18A1M)与十八烷基二甲基铵离子(C18A3M)改性的层状硅酸盐。由于黏土中的季铵盐阳离子发生分解并挥发,C18A3M 环氧树脂纳米复合材料失重的温度较低。C18A1M 环氧树脂纳米复合材料的热稳定性较高。较低温度下,表面活性剂不发生分解,这是因为复合材料中的仲胺离子与环氧乙烷发生反应,成为高聚物结构中的一部分。因此,在 C18A1M 环氧树脂纳米复合材料中,环氧树脂基体的热稳定性不受有机黏土的影响。

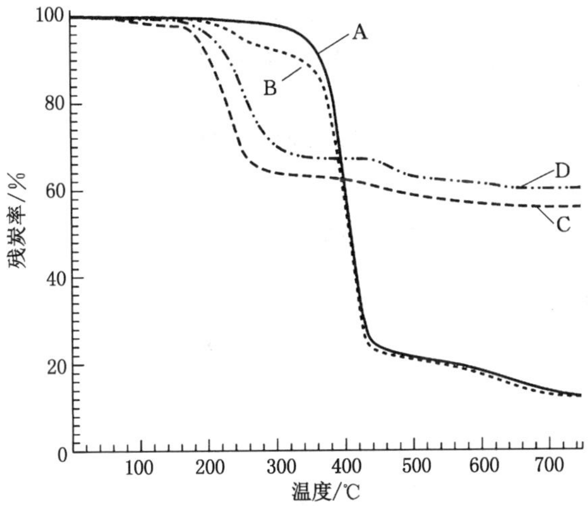

A—环氧树脂/C18A1M 磁赤铁矿;B—环氧树脂/C18A3M 磁赤铁矿;
C—原始 C18A1M 磁赤铁矿;D—原始 C18A3M 磁赤铁矿。

图 2-12 有机黏土及其复合材料的热重曲线

研究人员[117]研究了十八烷基铵蒙脱土和有机磷环氧树脂表面活性剂 9,10-二氢-9-氧杂-10-磷杂菲-10-氧化物(DOPO)对 DGEBA(双酚 A 型环氧树脂)和 TGDDM(4,4-二氨基二苯甲烷四缩水甘油胺)环氧树脂的影响。先将 DGEBA 或 TGDDM 与 DOPO 反应,制备含磷环氧树脂,再与十八烷基铵蒙脱土共混得到复合材料。上述用传统的和改性的环氧树脂制备的纳米复合材料具有插层-剥离的混合结构。结果表明,在空气中,黏土能促进成炭,如图 2-13 所示。

研究人员研究了环氧树脂/黏土纳米复合材料的燃烧机理,且系统研究了二甲基二牛脂基铵蒙脱土对 DGEBA 环氧树脂的影响。结果表明,双(苯氨基)甲烷(MDA)固化或苄基二甲胺(BDMA)固化的环氧树脂/黏土纳米复合材料都具插层结构,其层间距分别为3.5 nm 和 4.3 nm。添加 6%的有机黏土,复合材料的热释放速率峰值显著降低。图 2-14 是 DGEBA/MDA和 DGEBA/MDA/黏土纳米复合材料的热释放速率(HRR)曲线,热释放速

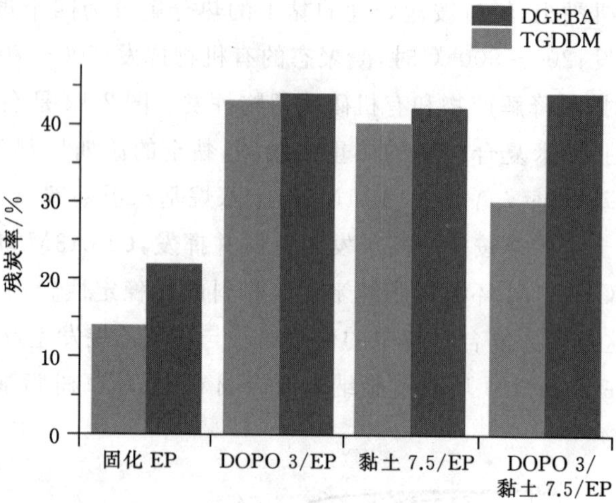

图 2-13　DGEBA 和 TGDDM 黏土纳米复合材料在 600 ℃下的焦炭产率

率峰值、热释放速率和质量损失速率(MLR)降低了约 40%，而燃烧热、烟释放量与 CO 的生成量并没有太大变化。纳米黏土主要在凝聚相中发挥作用。然而纳米复合材料的点燃时间缩短，这可能是由于非活性有机表面活性剂的热稳定性较低。

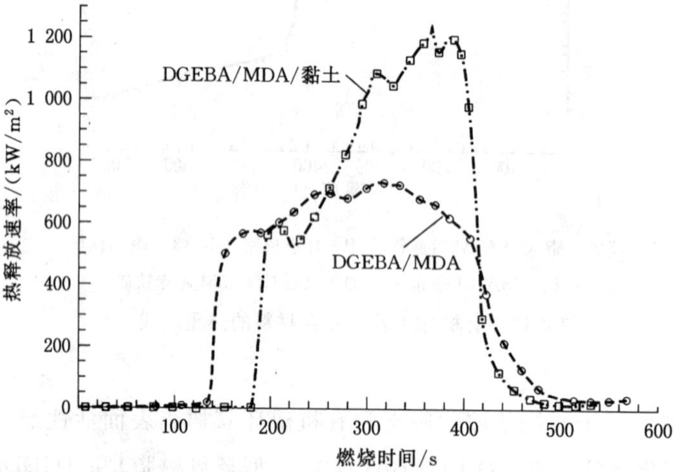

图 2-14　DGEBA/MDA 和 DGEBA/MDA/黏土纳米复合材料的热释放速率曲线

硅酸盐的加入使得可燃有机物减少，因此黏土/环氧树脂纳米复合材料总的热释放量降低了 1%～3%，这种降低幅度远低于添加传统阻燃剂所达到的幅度。为了进一步提高环氧树脂的阻燃性，研究重点转到黏土与传统阻燃剂的复配，希望它们能够产生协同效应，把黏土纳米复合材料较低的燃烧速率与传统阻燃剂较低的热释放量相结合，得到添加量少、阻燃效率高的环氧树脂复合材料。研究表明，添加磷系阻燃剂(如聚磷酸铵)和黏土在膨胀型热塑性体系中有很好的效果。研究人员利用磷系有机物将 DGEBA 环氧树脂和四官能度 TGDDA环氧树脂进行改性，在纯环氧树脂与磷改性后的环氧树脂材料中添加一定量的黏土。结果表明，含磷的环氧树脂与黏土表现出对抗效应。例如，与纯环氧树脂相比，DGEBA/黏土纳米复合材料、P-DGEBA、P-DGEBA/黏土纳米复合材料的热释放速率峰值分别降低了 40%、50%和 38%(图 2-14)。在 TGDDM 环氧树脂中，有机磷与黏土在阻燃方面也表现出对抗效应。

第二节　碳纳米材料简介

碳纳米材料常被用来制备低填料添加量的高性能复合材料。基于其结构和性质，碳纳米材料有望同时提高环氧树脂的阻燃性和力学性能。然而研究表明，石墨烯、碳纳米管和富勒烯等碳纳米材料在环氧树脂基体中的分散性不佳，而且它们与环氧树脂基体的界面黏结性差，限制了其阻燃和增韧作用。碳纳米材料的分散性及其与基体间的界面相容性是其发挥作用的关键因素。选择适当的分散方法和界面改性方法可以同时提高碳纳米材料/环氧树脂复合材料的强度、韧性、阻燃和耐热性能。

图 2-15 显示了各种碳纳米材料的结构及命名。石墨烯可被视为所有石墨形式的碳(如碳纳米管和富勒烯)的基本组成部分，由 sp^2 杂化碳原子的单原子层组成，排列成蜂窝结构[118]。需要注意的是，碳纳米管和富勒烯并不是单一的结构，而是一个种类。例如，富勒烯可能是中空球形、椭圆形、管状或其他形状。球形富勒烯，也称为“巴基球”，结构类似于足球。圆柱形富勒烯也称为碳纳米管，根据其结构中石墨烯圆柱的数量，碳纳米管可以分为两种：单壁碳纳米管和多壁碳纳米管。常用的双壁碳纳米管是多壁碳纳米管中的一种。多壁碳纳米管是刚性的棒状结构，而单壁碳纳米管是柔性的。这些碳纳米材料的结构和性能引起了人们广泛的关注。表 2-2 列出了典型的碳纳米材料在室温下的拉伸强度、弹性模量、断裂伸长率、密度、电导率、热导率，在空气中的热稳定性，典型的尺寸和比表面积等的特征数据。

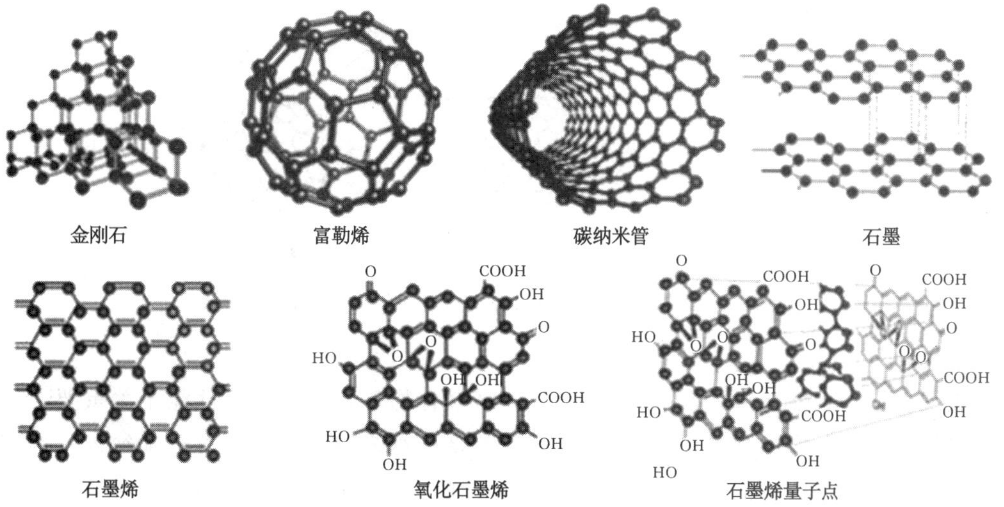

图 2-15　不同碳纳米材料的结构及命名

表 2-2 室温下典型碳纳米材料的性质及特征数据

性质	C_{60}	SWCNTs	DWCNTs	MWCNTs	GNS	CNTs
拉伸强度/GPa	—	50～500	23～63	10～60	130	3～7
弹性模量/TPa	—	1.0	—	0.3～1.0	1.0	0.5
断裂伸长率/%	—	5.8	28.0	—	20.0	0.5～2.5
密度/(g/cm^3)	1.7	1.3～1.5	1.5	1.8～2.0	—	2.25
电导率/(s/m)	10^3	10^6	10^6	10^6	6×10^5	10^3
热导率/[W/(m·K)]	0.4	6 000	3 000	2 000	5 000	1 900
直径/nm	0.7	1	5	20	—	50～500
比表面积/(m^2/g)	42～85	10～20	10～20	10～20	2 675	50

碳纳米管是大分子，呈圆柱状。碳纳米管的壁由碳原子网络组成，该碳原子网络类似于石墨(图 2-15)的原子平面。在碳纳米管中，存在由碳原子组成的六边形结构层。碳纳米管的末端排列一半的分子状富勒烯[119]。

单壁碳纳米管的直径为 0.4～3 nm，且几何形状简单。它们可以通过将石墨烯片卷起而形成(图 2-16)。多壁碳纳米管由直径约 100 nm 的多个圆柱的同心阵列组成，双壁碳纳米管是由两个同心圆柱组成的特殊类型的多壁碳纳米管，如图 2-17 所示。

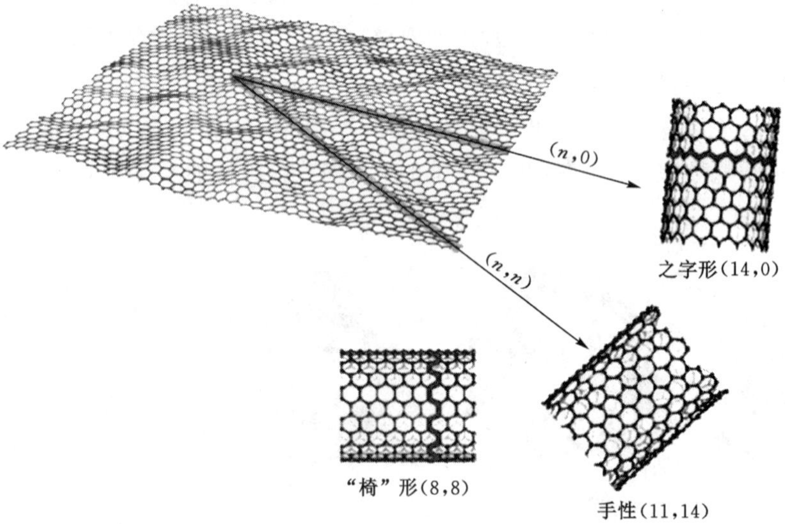

图 2-16 将石墨烯片卷起形成的三种不同类型的碳纳米管

碳纳米管的功能化对其发挥阻燃作用，提高聚合物复合材料综合性能至关重要[120-125]。碳纳米管的功能化有多种途径，一个主要途径就是碳纳米管的氧化。单壁碳纳米管的氧化主要是在浓硝酸和硫酸的混合物中进行超声处理的。由于严重的氧化作用可能会在碳纳米管的侧壁上形成缺陷和孔状开口，氧化过程会释放出二氧化碳，最终的碳纳米管产品的长度为 100～300 nm。在硝酸中回流，可以最大限度地缩短碳纳米管的长度。据报道，在碳纳米

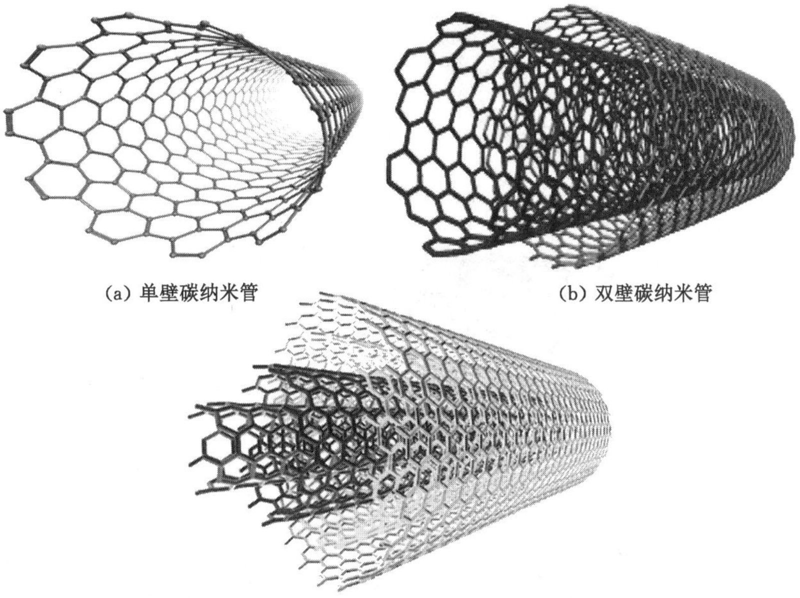

(a) 单壁碳纳米管　(b) 双壁碳纳米管　(c) 多壁碳纳米管

图 2-17 三种碳纳米管的结构

管功能化之后，碳纳米管原始的电子和机械性能得以保留。为了进一步功能化修饰碳纳米管，有用的反应位点是将羧基氧化。将羧基氧化后会产生酰胺和酯键，这可能使分子共价偶联(图 2-18)。氧化方法为碳纳米管提供了更多的反应性官能团，羧基极大地促进了纳米管束向单个管的分离。由于存在改性的羧基，碳纳米管之间的范德华力减小。在氧化过程中，电子和机械性能相对以前的碳纳米管会减弱。

通过加成反应可以将官能团直接偶联至碳纳米管的 π-共轭碳网络上。研究表明，小直径的碳纳米管显示出比大直径的碳纳米管更高的化学反应性。图 2-19 列出了碳纳米管侧壁功能化可能发生的各种加成反应。由于反应能垒很高，在碳纳米管上添加氟元素需要升高温度($T>150$ ℃)，亲核取代反应可以进一步取代氟化碳纳米管中的氟原子(图 2-20)，从而为制备具有各种类型官能团的碳纳米管提供了一种灵活的方法。用于亲核取代反应的催化剂是醇、胺、格氏试剂和烷基锂化合物等。催化剂可以导致碳纳米管侧壁上的含碳官能团数量占比高达 15%。

富勒烯是仅次于金刚石和石墨的碳元素的第三种同素异形体，富勒烯是由至少 60 个碳原子组成的碳纳米材料，是一个大类，包括 C_{60}、C_{70}、C_{78}、C_{82}、C_{84}、C_{90} 和 C_{96} 等，形状类似于足球，是碳元素中极重要的成员之一。克罗托(H.W.Kroto)、柯尔(R.Curl)和斯莫利(R.E.Smalley)于 1985 年发现了富勒烯，并以此获得了诺贝尔化学奖。1990 年，研究者利用石墨的电弧蒸发技术大规模合成了富勒烯。

自从发现富勒烯以来，研究人员对富勒烯进行了广泛的研究。典型的富勒烯 C_{60} 是具有 12 个五边形和 20 个六边形的球体。C_{60} 中的每个碳原子通过 sp^2 杂化与其他原子连接。C_{60} 也被称为巴基球，以向建筑师富勒(R.B.Fuller)致敬。

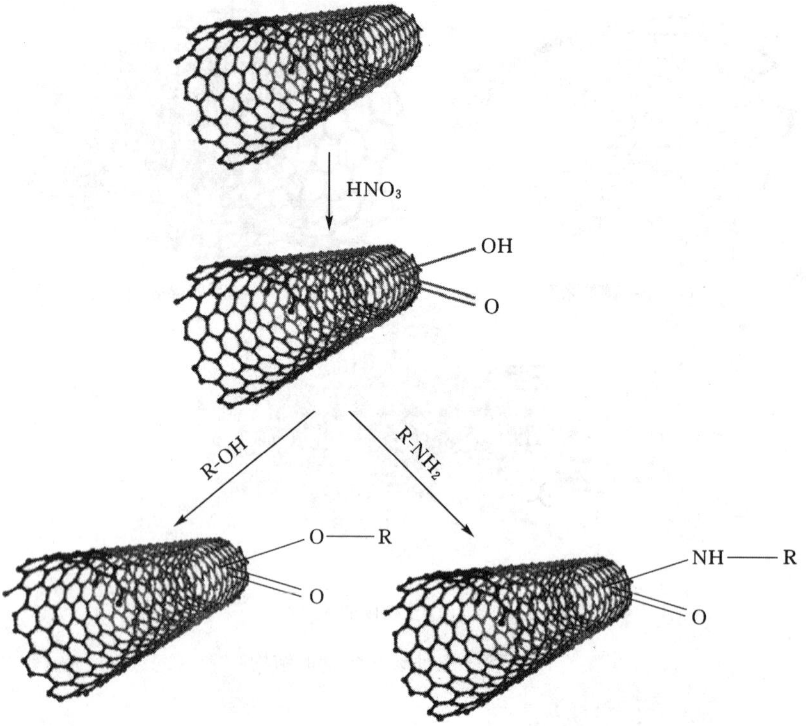

图 2-18 通过热氧化和羧基酯化或酰胺化对碳纳米管进行的化学修饰示意

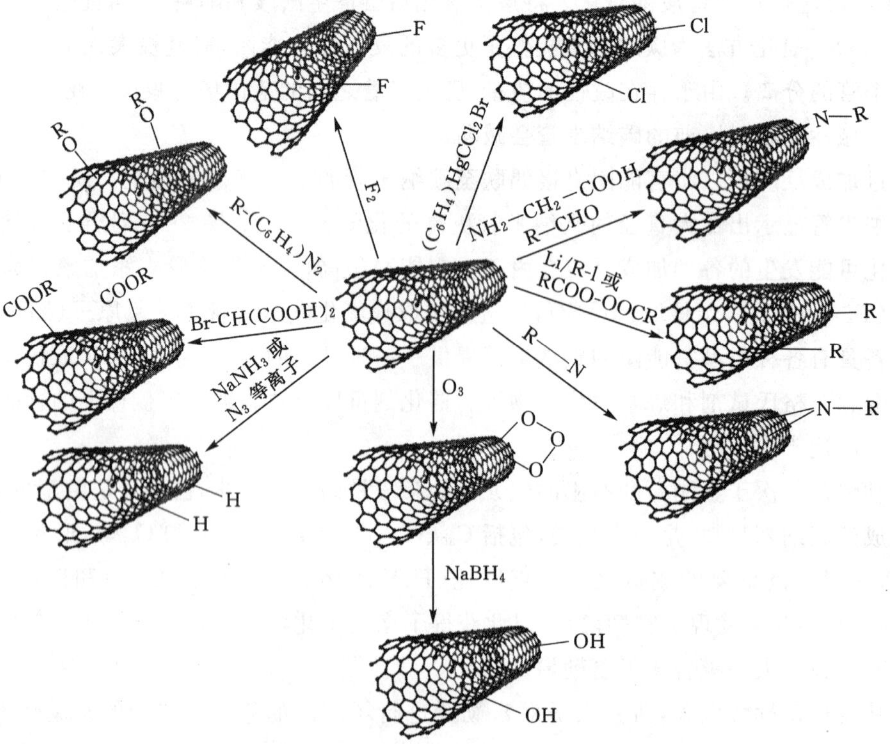

图 2-19 碳纳米管侧壁功能化可能发生的加成反应示意

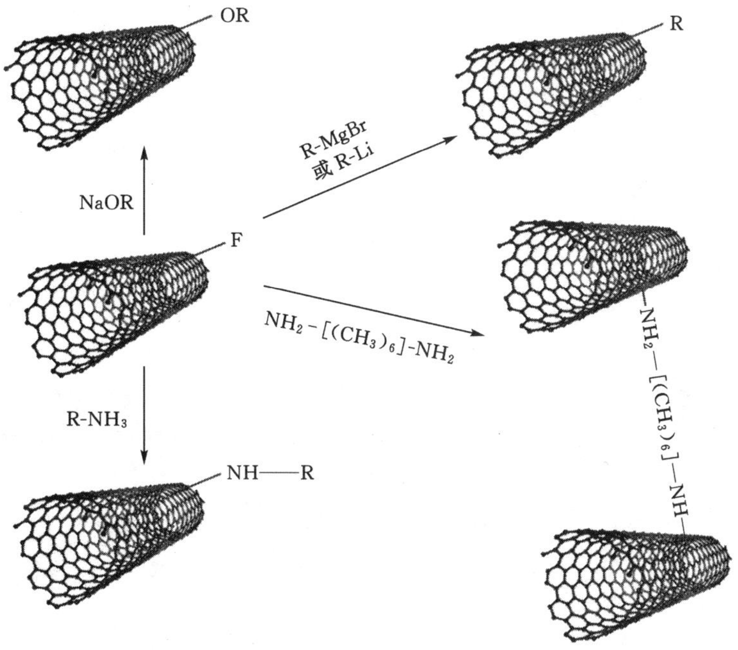

图 2-20 氟化碳纳米管通过亲核取代反应实现侧壁功能化的示意

富勒烯具有特殊的几何形状，表面充满 π 电子，这使其具有许多优异的性能，如特殊的光学特性、润滑性能、催化性能、超导性、生物相容性、抗氧化性、高能量存储性能、阻燃性，以及在聚合物和聚合物织物中的增强作用。富勒烯具有很大的研究和应用价值，已被用于催化剂、储气、超导材料、生物医学和化妆品等领域中。

C_{60}分子具有 30 个 C—C 键，可以捕捉 34 个以上的自由基，因此它也被称为自由基海绵，具有作为阻燃剂的潜力。

一、石墨烯的阻燃作用

石墨烯和氧化石墨烯(由化学方法或通过酸处理制得)表现出很好的阻燃效果。这是因为它们具有强的阻隔作用、高的热稳定性和大的比表面吸附能力，有利于在聚合物复合材料燃烧过程中有效地减少热量和氧气的传递[126-129]。

聚合材料的燃烧涉及四个关键因素：热量、氧气、燃料和自由基反应。可以通过抑制或破坏这四个关键因素中的一种或几种，来实现聚合物复合材料的阻燃[130]。石墨烯阻燃剂通过抑制热量和燃料这两个因素来改善聚合物的阻燃性(图 2-21)。

更具体地说，石墨烯和氧化石墨烯可以在三个方面起阻燃作用。图 2-22 是典型的石墨烯阻燃剂作用机理示意。首先，石墨烯和氧化石墨烯具有独特的二维层状结构，它们可以在分解过程中促进聚合物基体形成连续而致密的炭层，该炭层可以作为物理屏障，以延缓热量从热源的传递，以及聚合物基体热解产物的逸出。石墨烯和氧化石墨烯的碳骨架具有很高的热稳定性，可以充当炭的模板，并通过“迷宫效应”促进形成重叠的炭层，从而导致“曲折路

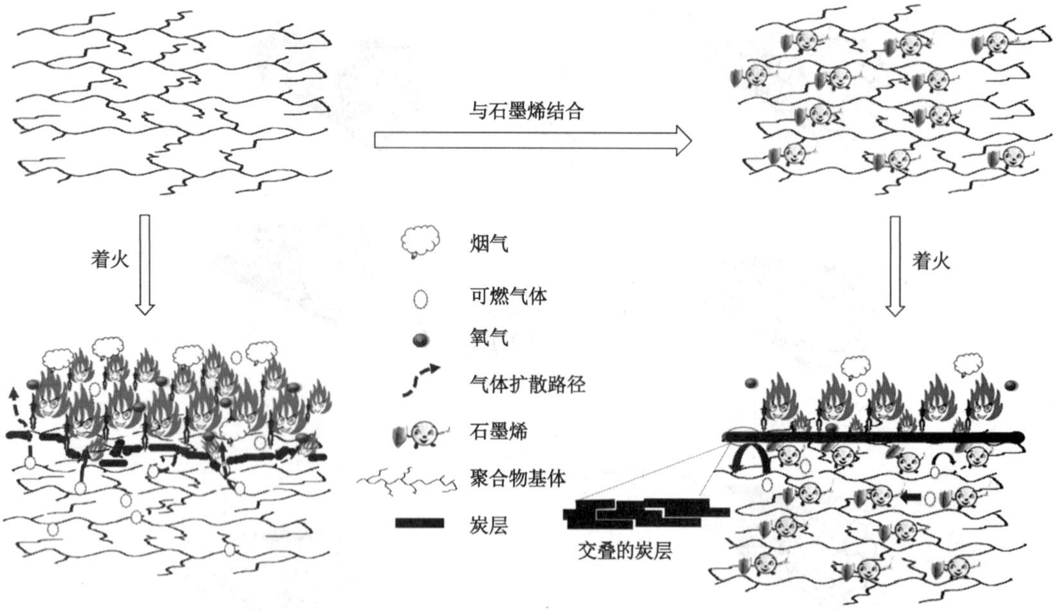

图 2-21　石墨烯阻燃剂在理想条件下的阻燃机理示意

径”效应的出现，延长了气相和凝聚相之间的交换路径。其次，石墨烯和氧化石墨烯的比表面积大，可以有效吸收易燃的有机挥发物，从而阻碍其在燃烧过程中的释放和扩散。它们也能为其他材料如金属氧化物提供一个催化和炭化的平台。再次，石墨烯和氧化石墨烯含有丰富的活性含氧基团（边缘的羧基以及基面上的环氧基和羟基），在工程领域具有广泛的应用[131-134]。

改性后的石墨烯和氧化石墨烯与聚合物分子具有良好的相容性和很强的相互作用，以及良好的导热性，它们可以在聚合物基体中形成三维网络结构。这种三维网络结构有利于增加聚合物的黏度，改变聚合物的流变行为，并阻碍聚合物在燃烧过程中的熔融滴落，从而通过“迷宫效应”阻碍挥发性分解产物的释放和扩散，提高复合材料的阻燃性（例如，提高 UL-94 测试等级、极限氧指数和延长点燃时间）。

纯石墨烯很稳定[图 2-23(a)]。当还原氧化石墨烯膜暴露在天然气火焰中几秒钟时，加热的部分会变红变热，但火焰不会向上传播蔓延。然而，如图 2-23(b)所示，在存在 KOH 盐污染物的情况下，火焰立即触发还原氧化石墨烯膜的自蔓延燃烧。KOH 显著降低了还原氧化石墨烯膜的热稳定性。

石墨烯作为一种潜在的阻燃剂，具有突出的热性能和机械性能，以及良好的阻燃性。然而，开发基于石墨烯的阻燃剂仍然存在许多挑战[135-136]。第一，表面未经处理的石墨烯在聚合物基体中的分散性较差，并且由于其强大的 π—π 键作用力和较弱的范德华力而易于团聚。第二，石墨烯和聚合物基体之间的相互作用太弱，以致不能将应力有效地传递给石墨烯，从而导致机械性能的下降。第三，研究表明，一般需要 5%以上的石墨烯填充剂，才能使聚合物复合材料具有较好的阻燃性能，但是在该剂量下的石墨烯倾向于出现团聚现象。另

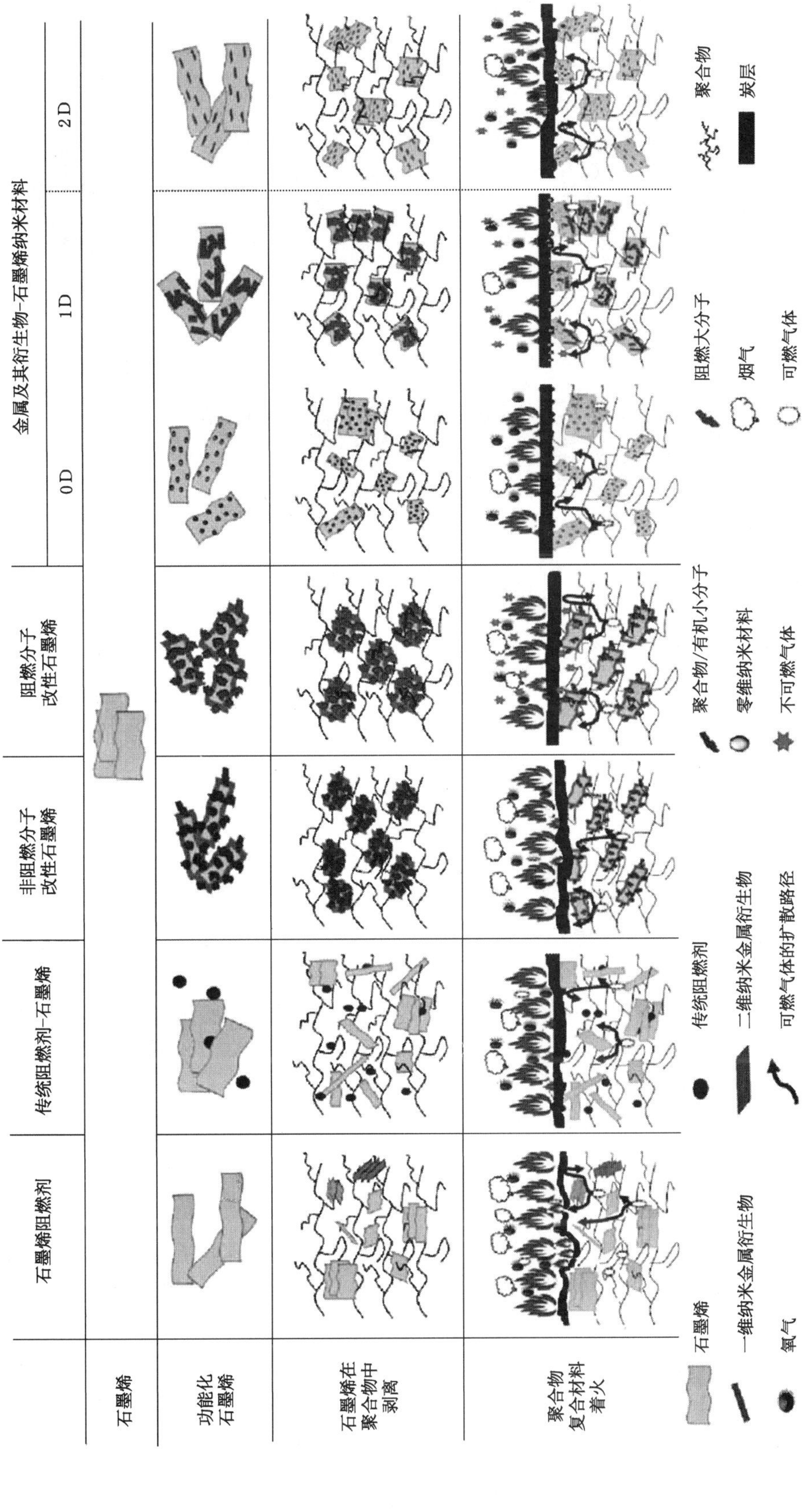

图 2-22 典型的石墨烯阻燃剂作用机理示意

外,石墨烯填充的聚合物的炭层不够稳定,不足以发挥其隔离作用。这些挑战使石墨烯或氧化石墨烯阻燃剂单独使用时效率低下。

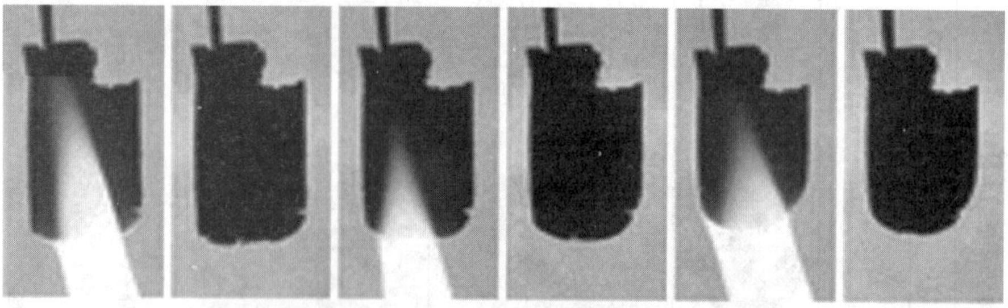

(a) 间隔 3～4 s 的还原氧化石墨烯膜火焰的处理快照

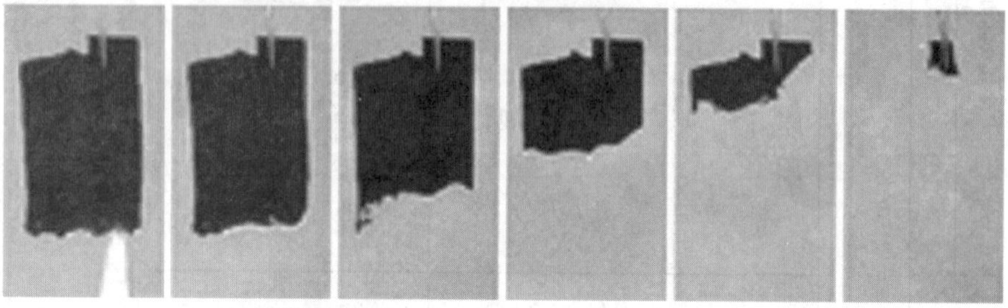

(b) 被 KOH 盐(1%)污染的还原氧化石墨烯膜火焰的处理快照

图 2-23 还原氧化石墨烯膜火焰的处理快照

二、碳纳米管的阻燃作用

研究表明,碳纳米管能改善聚合物的阻燃性能,与一些常规阻燃剂起协同阻燃作用[137-143]。研究者用 4,4-二氨基-3,3-二叔丁基-二苯甲烷(MBTBA)和间苯二胺(PDA)对多壁碳纳米管进行改性,得到改性碳纳米管,与 9,10-二氢-9-氧杂-10-磷杂菲-10-氧化物(DOPO)阻燃剂一起阻燃环氧树脂。

4,4-二氨基-3,3-二叔丁基-二苯甲烷改性碳纳米管的合成:将 4,4-二氨基-3,3-二叔丁基-二苯甲烷和适量多壁碳纳米管混合,并用无水乙醇溶解,搅拌均匀,室温下超声 1 h 后,80 ℃搅拌 1 h,随后在 60 ℃下真空干燥 8 h,即可得到 4,4-二氨基-3,3-二叔丁基-二苯甲烷改性碳纳米管。

间苯二胺改性碳纳米管的合成:将间苯二胺和适量多壁碳纳米管混合,并用无水乙醇溶解,搅拌均匀,室温下超声 1 h 后,80 ℃搅拌 1 h,随后在 60 ℃下真空干燥 8 h,即可得到间苯二胺改性碳纳米管。

环氧树脂的制备:将环氧树脂单体在 80 ℃时与固化剂间苯二胺混合均匀,60 ℃时抽真空排气 20 min,然后在模具中继续抽真空排气 1 h;随后在 80 ℃下预固化 2 h,在 150 ℃下固化 165 min,即可得到环氧树脂。

环氧树脂/多壁碳纳米管复合材料的制备:将适量多壁碳纳米管(或者改性碳纳米管)用无水乙醇溶解,加入环氧树脂单体中,搅拌均匀,常温下超声 30 min,80 ℃下搅拌 1 h,随后在 60 ℃下真空干燥 2 h。80 ℃下加入固化剂间苯二胺混合均匀,60 ℃下抽真空 20 min,然后在模具中继续抽真空排气 1 h。之后在 80 ℃下预固化 2 h，在 150 ℃下固化 165 min，即可得到环氧树脂/多壁碳纳米管复合材料。

9，10-二氢-9-氧杂-10-磷杂菲-10-氧化物/环氧树脂复合材料的制备：将适量 9，10-二氢-9-氧杂-10-磷杂菲-10-氧化物加入环氧树脂单体中，加热至 130 ℃，搅拌均匀，然后降温至 80 ℃，加入间苯二胺固化剂，混合均匀。将混合物在 60 ℃下抽真空20 min，然后在模具中继续抽真空 1 h。随后在 80 ℃下预固化 2 h，在 150 ℃下固化 165 min，即可得到 9，10-二氢-9-氧杂-10-磷杂菲-10-氧化物/环氧树脂复合材料。

9，10-二氢-9-氧杂-10-磷杂菲-10-氧化物/改性碳纳米管/环氧树脂复合材料的制备：将适量改性碳纳米管（或多壁碳纳米管）用无水乙醇稀释，加入环氧树脂单体，搅拌均匀。常温下超声 30 min，80 ℃下搅拌 1 h，60 ℃下抽真空 2 h。130 ℃时加入适量 9，10-二氢-9-氧杂-10-磷杂菲-10-氧化物并混合均匀，然后降温至 80 ℃，加入间苯二胺固化剂，混合均匀。将混合物在 60 ℃下抽真空 20 min，然后在模具中继续抽真空 1 h。随后在80 ℃下预固化 2 h，在 150 ℃下固化 165 min，即可得到 9，10-二氢-9-氧杂-10-磷杂菲-10-氧化物/改性碳纳米管/环氧树脂复合材料。

制备得到环氧树脂/碳纳米管复合材料、DOPO/环氧树脂复合材料、DOPO/环氧树脂/碳纳米管复合材料。环氧树脂/碳纳米管复合材料包括环氧树脂/碳纳米管、环氧树脂/4，4-二氨基-3，3-二叔丁基-二苯甲烷-碳纳米管、环氧树脂/间苯二胺-碳纳米管体系；DOPO/环氧树脂/碳纳米管复合材料包括 DOPO/环氧树脂/碳纳米管、DOPO/环氧树脂/4，4-二氨基-3，3-二叔丁基-二苯甲烷-碳纳米管、DOPO/环氧树脂/间苯二胺-碳纳米管。

图 2-24 是 CNTs、CNTs-raw、CNTs-4，4-二氨基-3，3-二叔丁基-二苯甲烷和 CNTs-间苯二胺样品的红外光谱图。从图中可以看出，与未处理过的 CNTs-raw 的红外光谱相比，混酸处理的碳纳米管在 1 700 cm^{-1}处出现新的峰，这是—COOH 引起的 C＝O 伸缩振动峰，表明混酸处理过的碳纳米管表面成功接枝羧基。在强氧化剂的环境下，碳纳米管会破损和断裂，增加了碳纳米管表面含有不饱和悬空键（π 键）的碳原子数目，所以增加了碳纳米管表面碳原子的反应活性。另外，强酸可以释放出氧自由基，这些氧自由基很容易与碳纳米管表面

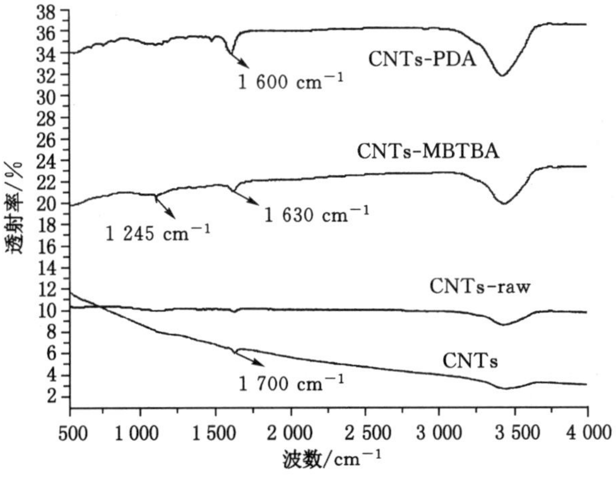

图 2-24 CNTs、CNTs-raw、CNTs-MBTBA 和 CNTs-PDA 的红外光谱图

反应活性高的碳原子结合形成羰基，这些羰基也可以与水中的氢和—OH 等结合形成羧基。

间苯二胺改性的碳纳米管在 1 600 cm^{-1} 处有强峰出现，这是伯胺类 N—H 的弯曲振动峰，表明间苯二胺改性的碳纳米管的表面存在氨基。4,4-二氨基-3,3-二叔丁基-二苯甲烷改性的碳纳米管在 1 630 cm^{-1}、1 245 cm^{-1} 处有吸收峰，这是伯胺—NH_2、—$C(CH_3)$的特征吸收峰，且间苯二胺改性的碳纳米管和 4,4-二氨基-3,3-二叔丁基-二苯甲烷改性的碳纳米管在 3 300 cm^{-1} 处的吸收峰比未改性的碳纳米管要宽和强，这说明了胺基的存在，碳纳米管的表面改性成功。

图 2-25 为间苯二胺改性的碳纳米管和 4,4-二氨基-3,3-二叔丁基-二苯甲烷改性的碳纳米管的 EDS 能谱图。改性的碳纳米管样品中都含有碳、氮、氧三种元素，其中氧元素的存在

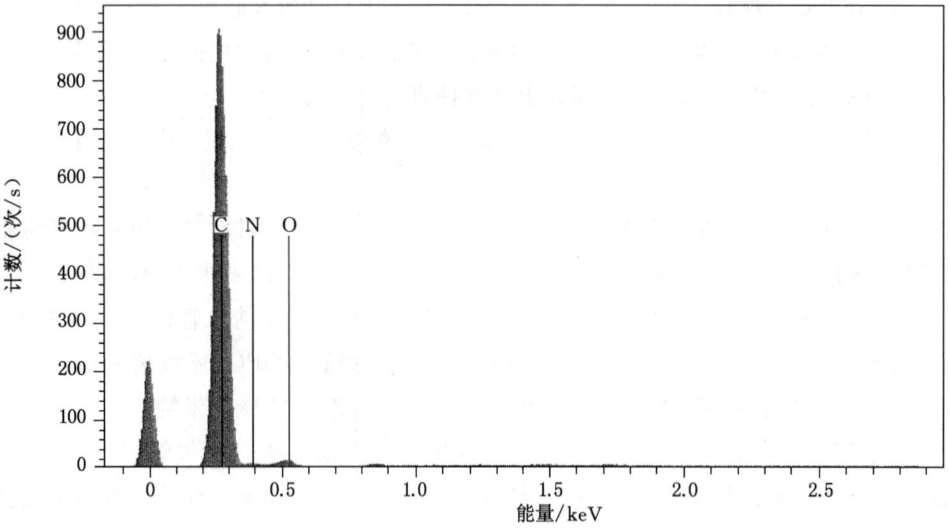

(a) CNTs-PDA

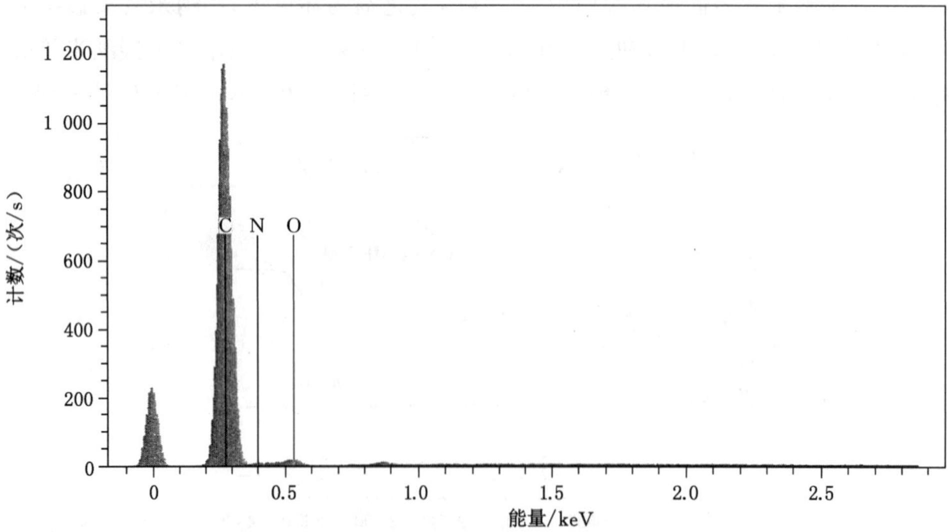

(b) CNTs-MBTBA

图 2-25 间苯二胺改性的碳纳米管和 MBTBA 改性的碳纳米管的 EDS 能谱图

说明碳纳米管被酸化处理后生成了羧基，氮元素表明—NH_2的存在，与红外光谱分析结果相符。

图 2-26 为碳纳米管(即原始碳纳米管)、羧基碳纳米管、间苯二胺改性碳纳米管和 4，

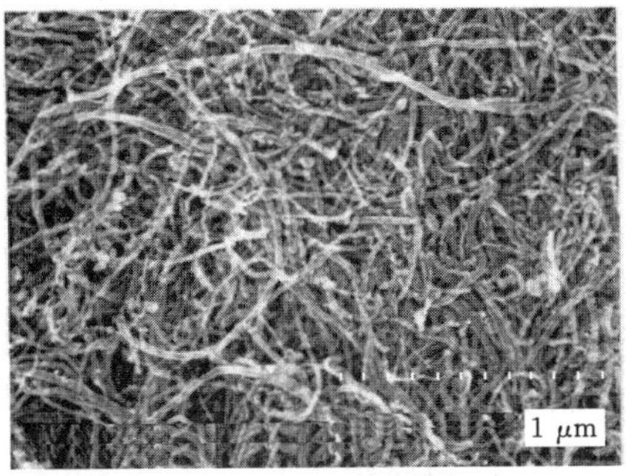

(a) CNTs-raw

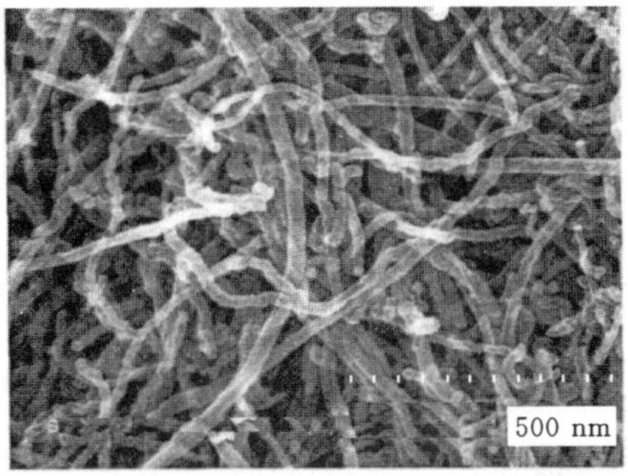

(b) CNTs-raw

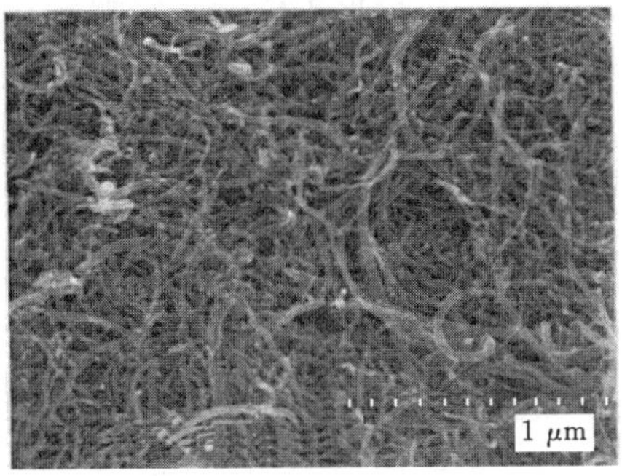

(c) CNTs

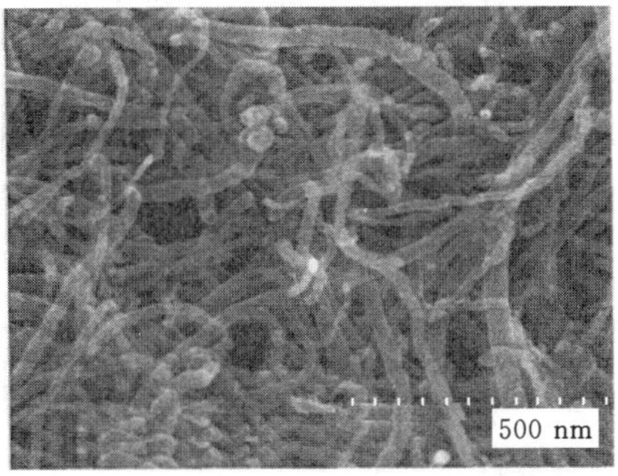

(d) CNTs

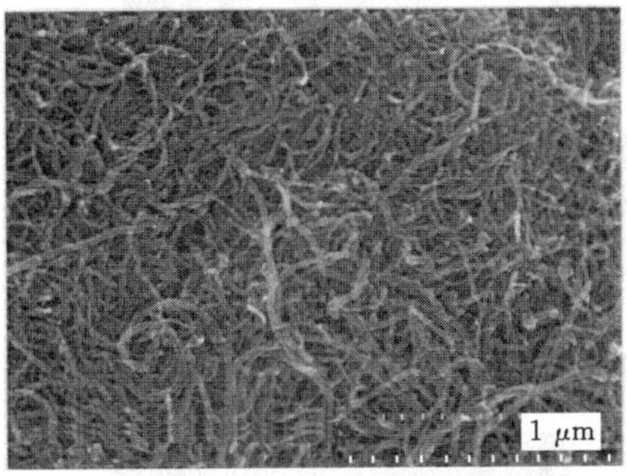

(e) CNTs-间苯二胺

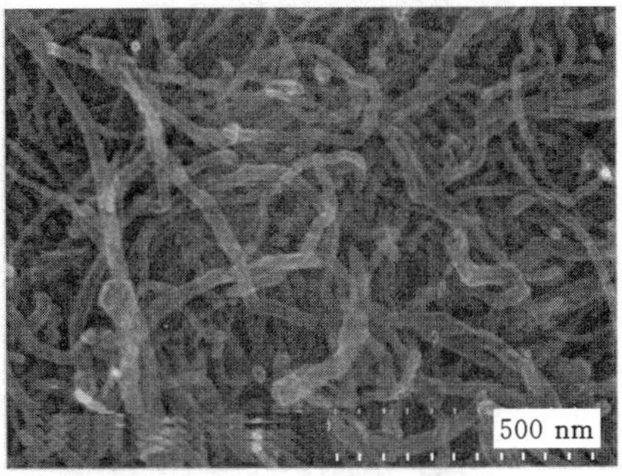

(f) CNTs-间苯二胺

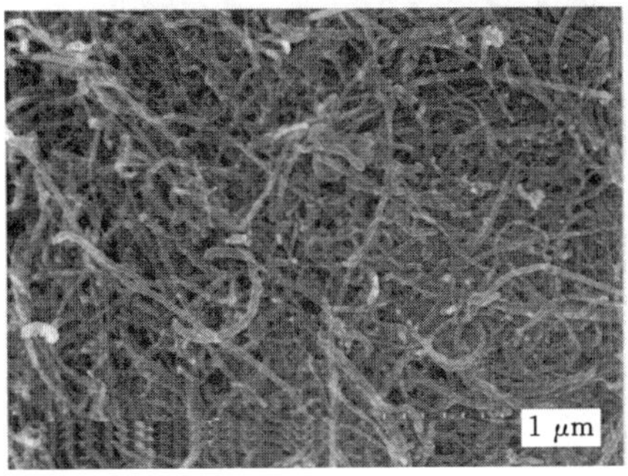

(g) CNTs-4,4-二氨基-3,3-二叔丁基-二苯甲烷

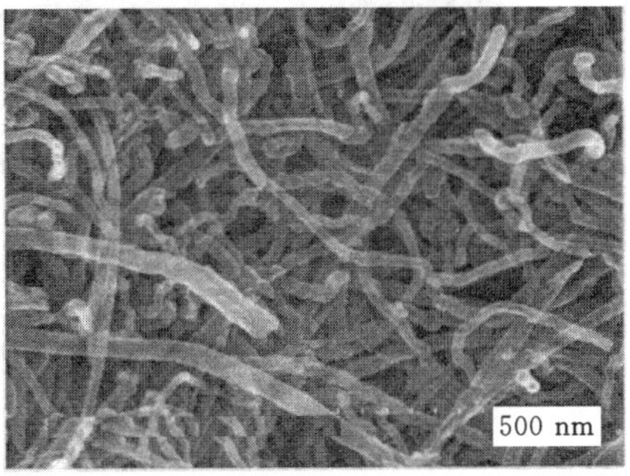

(h) CNTs-4,4-二氨基-3,3-二叔丁基-二苯甲烷

图 2-26　碳纳米管及其复合材料的扫描电镜图

4-二氨基-3,3-二叔丁基-二苯甲烷改性碳纳米管的扫描电镜图。原始碳纳米管分散性差,互相缠绕成团,而且原始碳纳米管中可能存在一些杂质如无定形炭和金属催化剂等。经过酸化处理后的碳纳米管的分散性也很差,碳纳米管仍然保持着原来的结构。酸化后的碳纳米管表面存在一些羟基、羧基等活性基团,可以克服碳纳米管间的范德华力的作用,进而改善碳纳米管的团聚现象。与原始碳纳米管相比,间苯二胺改性碳纳米管更蓬松,但基本结构仍然完整,碳纳米管的分散性得到了提高。4,4-二氨基-3,3-二叔丁基-二苯甲烷改性碳纳米管分散性最好。

碳纳米管的管壁上有很多五边形、六边形、七边形的碳环,与六边形碳环相比,五边形碳环和七边形碳环较不稳定,处于亚稳态。碳环上的碳原子能量较高,容易被氧化。在经过混合酸处理后,强酸会分解出自由氧原子,这些自由氧原子先从五边形碳环和七边形碳环聚集的部位进行氧化。当氧化到一定程度时,这些部位被打断,碳纳米管变成短管,且表面生成羧基和羟基等活性基团,而这些活性基团之间也可能成键,拉近了碳管与碳纳米管的距离,从而使碳纳米管的分散性变差。

图 2-27 为 EP-DOPO 复合材料的扫描电镜图,图中的白色纤维状物质即碳纳米管,灰色区域为环氧树脂基体。碳纳米管被环氧树脂包裹,没有出现碳纳米管的团簇。这是因为 DOPO 加入环氧树脂中,扩大了基体环氧树脂链段之间的空隙,碳纳米管易于分散。碳纳米管良好的分散可以减小应力集中,使应力分散更均匀,可提高复合材料的强度。另外,从图中可以看出碳纳米管从环氧树脂中拔出和断裂的现象,这表明碳纳米管和环氧树脂基体之间的界面结合力不好。

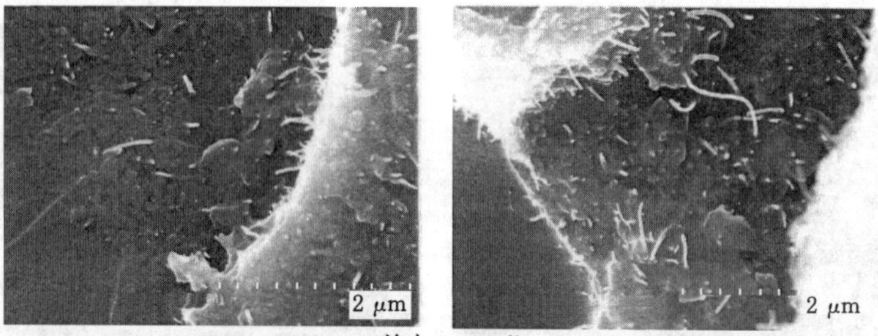

(a) 放大20 000 倍

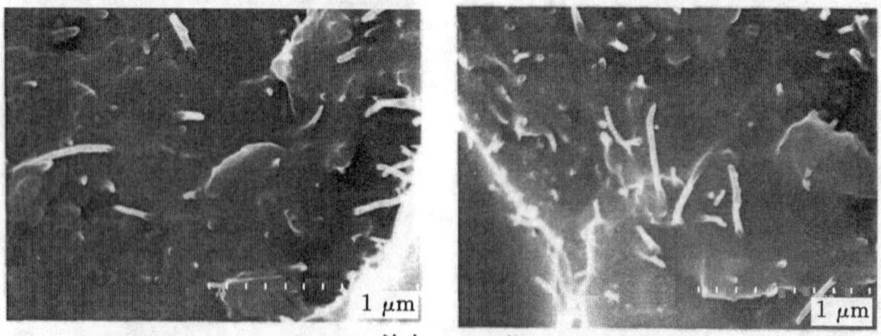

(b) 放大40 000 倍

图 2-27　EP-DOPO 复合材料的扫描电镜图

图 2-28 为 EP/DOPO/CNTs-4,4-二氨基-3,3-二叔丁基-二苯甲烷复合材料的扫描电镜图。从图中可以看出,改性后的碳纳米管的分散性得到了改善,材料的断裂面较粗糙。改性

后的碳纳米管表面含有一些羧基和胺基，增强了碳纳米管与树脂基体的界面结合力，因此碳纳米管从树脂基体中的拔出现象得到了改善。

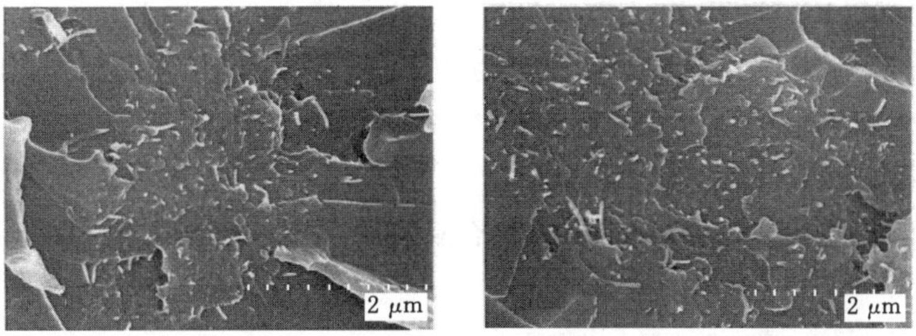

(a) 放大20 000倍

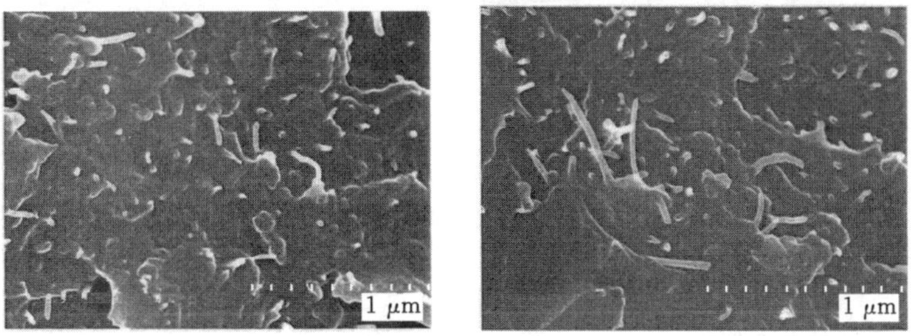

(b) 放大40 000倍

图 2-28　EP/DOPO/CNTs-4,4-二氨基-3,3-二叔丁基-二苯甲烷的扫描电镜图

图 2-29 为间苯二胺改性碳纳米管在聚合物基体中的分布情况。改性碳纳米管的断裂面较光滑，说明碳纳米管和环氧树脂基体之间相互作用较弱。

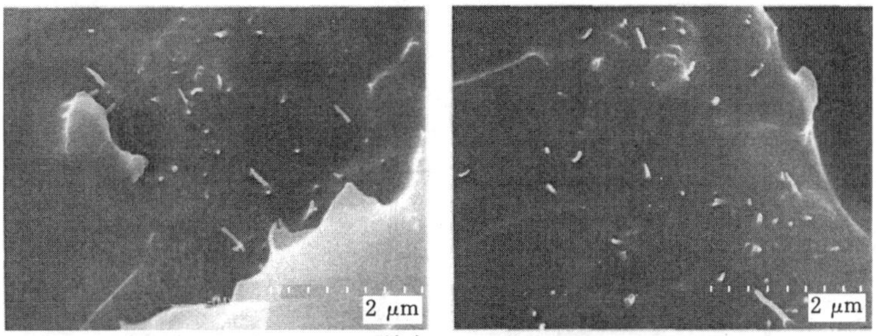

(a) 放大20 000倍

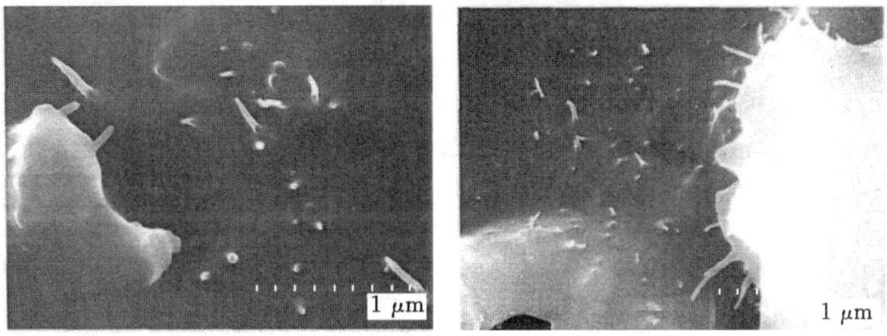

(b) 放大40 000倍

图 2-29　间苯二胺-CNTs 的扫描电镜图

下文中，为便于表述，MBTBA x 表示在实验过程中添加了质量分数为 x 的 MBTBA,%;DOPO y 表示在实验过程中添加了质量分数为 y 的 DOPO,%。

图 2-30 为 EP,EP-CNTs 和 EP/CNTs/4,4-二氨基-3,3-二叔丁基-二苯甲烷复合材料的热重曲线。纯环氧树脂的初始分解温度为 366.6 ℃,与纯环氧树脂相比,环氧树脂/碳纳米管复合材料的初始分解温度变化不大。纯环氧树脂在 372 ℃达到最大热失重速率,在 700 ℃时的最终残炭率为 13.8%。环氧树脂的热分解过程首先是脱水,然后是键能较弱的 C—O 键断裂,随着温度的升高,其他结构也会断裂,最终形成残炭。

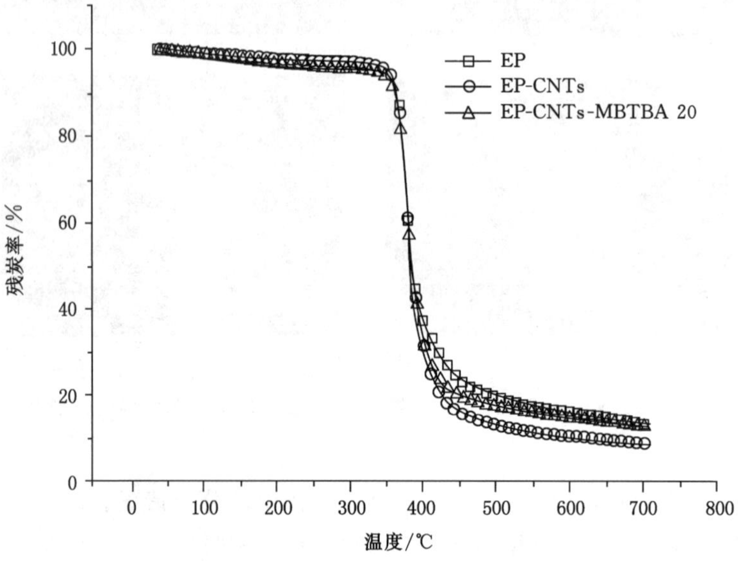

(a)

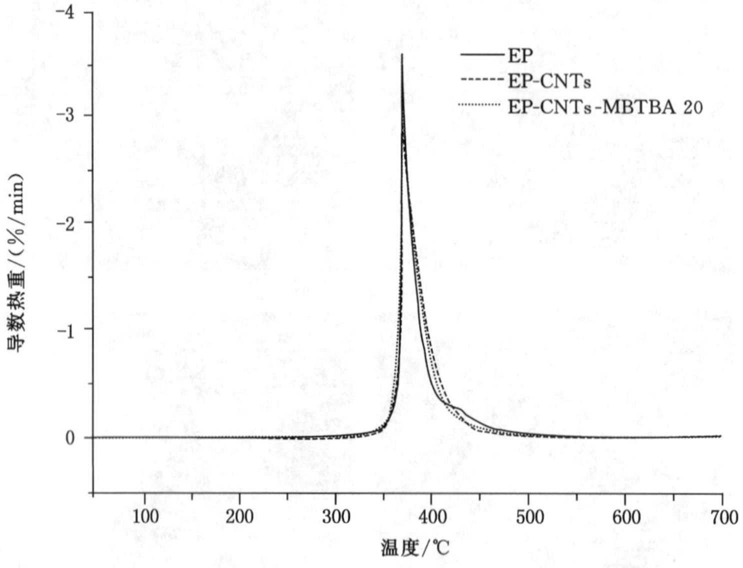

(b)

图 2-30 EP、EP-CNTs 和 EP-CNTs-MBTBA 的热重曲线

EP,EP-CNTs 和 EP/CNTs/4,4-二氨基-3,3-二叔丁基-二苯甲烷复合材料出现最大热分解速率时的温度相近。加入 CNTs/4,4-二氨基-3,3-二叔丁基-二苯甲烷之后,700 ℃时复合材料的残炭率与纯环氧树脂的基本相同,这可能是由于 4,4-二氨基-3,3-二叔丁基-二苯甲烷中的氨基抵消了碳纳米管上羧基的酸性催化作用。

图 2-31 是 EP-DOPO 复合材料的热重曲线。从图中可以看出,随 DOPO 含量的增加,材料的初始分解温度降低,样品的失重增加。纯环氧树脂的初始分解温度为 365 ℃;加入 5%的 DOPO 后,复合材料的初始分解温度为 355.2 ℃;加入 9%的 DOPO 后,复合材料的初始分解温度为 352.5 ℃。这是因为含磷阻燃剂 DOPO 的分解温度较低,为 254 ℃,且在

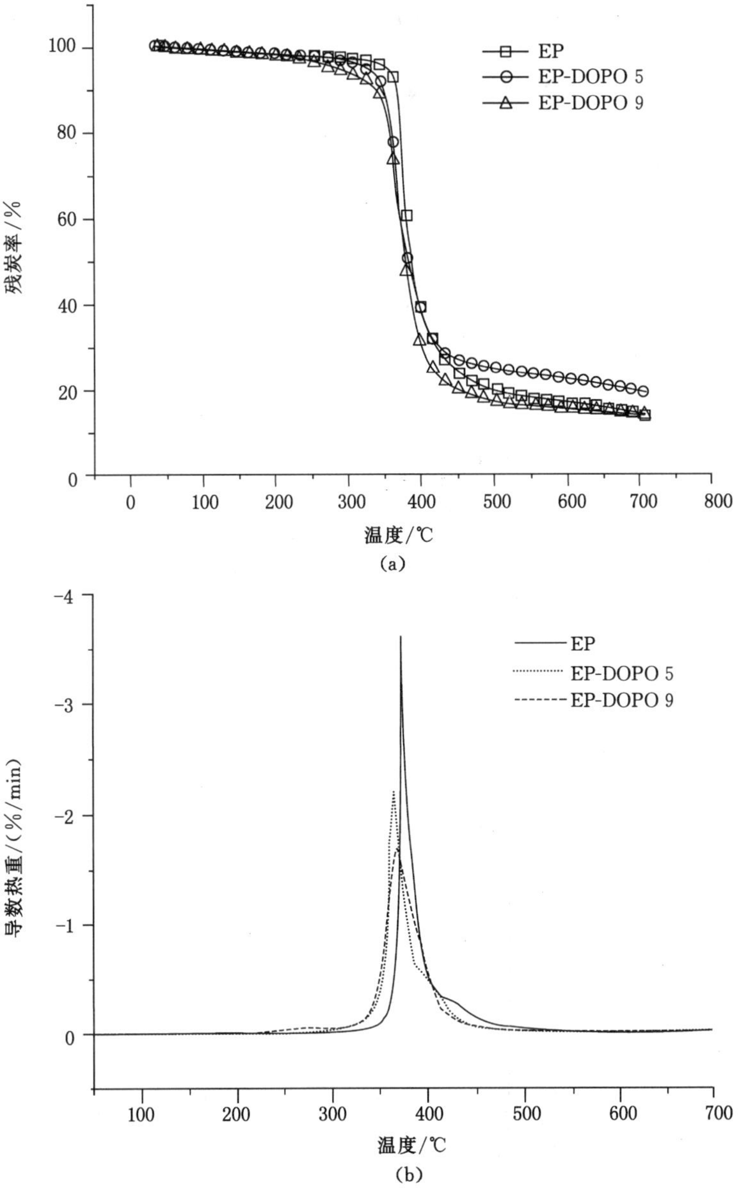

图 2-31　EP-DOPO 复合材料的热重曲线

400 ℃时可完全分解，在分解过程中，DOPO 可以起到抑制聚合物材料分解的作用。在热分解过程中，当温度较低时，DOPO 先分解，形成的富磷炭化残渣覆盖在聚合物表面，隔绝了氧气，阻止了热量和质量的传递。随着 DOPO 含量的增加，样品在 700 ℃时的残炭率减小。最终，纯环氧树脂样品的残炭率为 13.8%；加入 5%的 DOPO 后，复合材料的残炭率为 19.5%；加入 9%的 DOPO 后，复合材料的残炭率为 14.1%。

图 2-32 是 EP-DOPO-CNTs 复合材料的热重曲线。EP-DOPO-CNTs 复合材料的热分解过程与不加碳纳米管的 EP-DOPO 体系的基本相同。从图中可以看出，随着复合材料中 DOPO 含量的逐渐增加，复合材料在 250～350 ℃时开始缓慢分解，这表明材料在燃烧初期的热稳定性不断下降。随着 DOPO 含量的增加，材料在最大分解速率时的质量损失峰值不

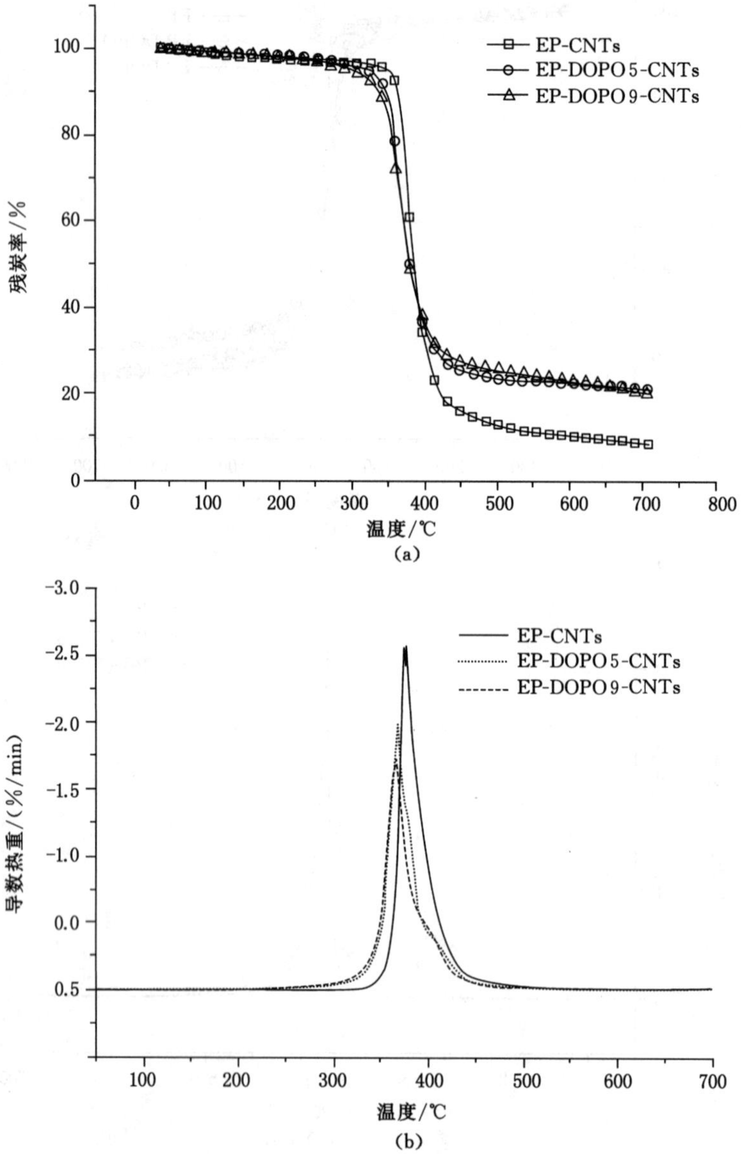

图 2-32 EP-DOPO-CNTs 复合材料的热重曲线

断减小，这说明 DOPO 可以抑制聚合物材料的热分解。另外，随着 DOPO 含量的增加，复合材料在 700 ℃下的最终残炭率并没有减小，这说明 DOPO 的加入可以有效促进炭层的形成。加入羧基碳纳米管后，样品的热分解行为与纯环氧树脂样品的基本相同，初始分解温度略有降低。

图 2-33 为 EP/DOPO/CNTs-4,4-二氨基-3,3-二叔丁基-二苯甲烷复合材料的热重曲线。从图中可以看出，在 400 ℃之前，EP-DOPO 5-CNTs 和 EP/DOPO 5/CNTs-4,4-二氨基-3,3-二叔丁基-二苯甲烷复合材料的热分解过程基本相同，此阶段主要发生阻燃剂 DOPO 的分解以及环氧树脂结构中键能较弱键的断裂。在 700 ℃时，EP-DOPO 5-CNTs 的残炭率为21.7%，加入 4,4-二氨基-3,3-二叔丁基-二苯甲烷-碳纳米管后，残炭率略有下降。

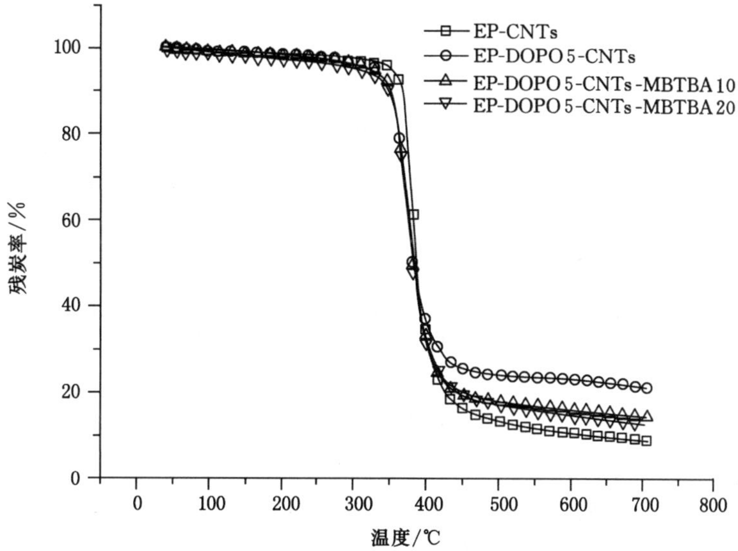

(a)

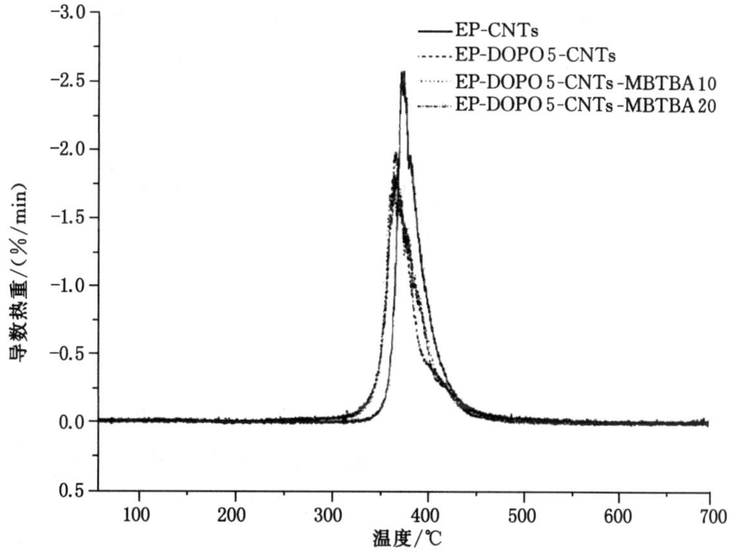

(b)

图 2-33 EP-DOPO-CNTs-MBTBA 复合材料的热重曲线

图 2-34 是 EP-DOPO 复合材料的热释放速率曲线。从图中可以看出，EP-DOPO 复合材料的热释放速率曲线在点燃初期基本平稳。当样品吸收了足够的热量时，体系温度迅速升高，使样品表面分解产生的可燃气体燃烧，并释放出较大的热量，同时曲线的斜率变大，并快速增加，达最大热释放速率后逐渐下降。当样品充分燃烧后，复合材料表面会形成致密的炭层，阻止热量的释放，所以热释放速率曲线迅速下滑，然后趋于平缓，直到火焰熄灭。

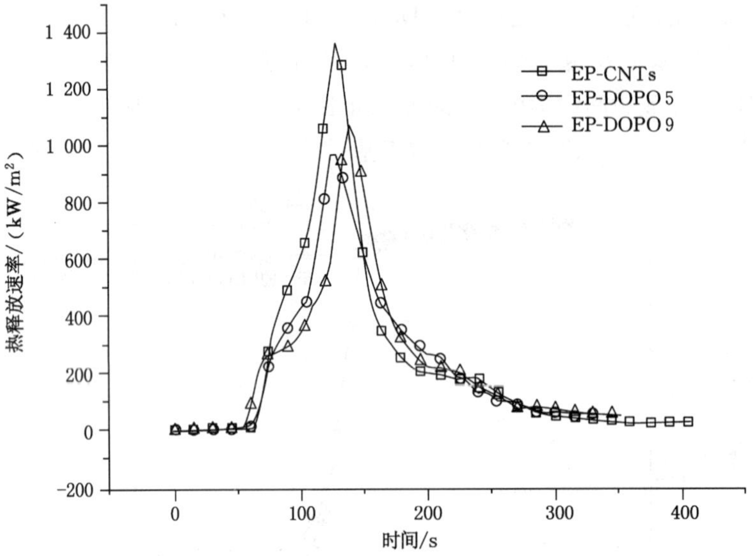

图 2-34 EP-DOPO 复合材料的热释放速率曲线

与 EP-CNTs 相比，EP-DOPO 5 复合材料的热释放速率峰值从 1 365 kW/m^2 降至 971.18 kW/m^2，降幅为 28.9%。DOPO 对抑制环氧树脂的热释放有很好的效果，因为 DOPO 阻燃剂在燃烧过程中会形成黏稠状的薄膜，并促进成炭，从而隔绝了氧气，阻止了热量的传递和交换，降低了材料的分解速率，使燃烧变得缓慢。但当 DOPO 含量大于 5%时，继续增加 DOPO 用量对环氧树脂热释放速率峰值的降低作用并不明显。

图 2-35 为 EP-DOPO 复合材料的总热释放量曲线。材料的总热释放量曲线上升趋势最大的是环氧树脂。加入 DOPO 后，复合材料总热释放量曲线从 110 ℃开始增长变慢，这使曲线变得稍平缓。添加 5%的 DOPO 后，复合材料的总热释放量为 82.8 MJ/m^2，与环氧树脂的相比下降了 12.9%。

图 2-36 为 EP-DOPO-CNTs 复合材料的热释放速率曲线。结合图 2-34 可以看出，环氧树脂复合材料热释放速率峰值的大小顺序为：EP＞EP-CNTs＞EP-DOPO 9＞EP-DOPO 5＞EP-DOPO 5-CNTs-MBTBA 20＞EP-DOPO 5-CNTs＞EP-DOPO 9-CNTs。碳纳米管的加入对环氧树脂复合材料有一定的阻燃效果，这是由于碳纳米管在环氧树脂中形成网状结构，并在燃烧时在复合材料表面形成保护层。4,4-二氨基-3,3-二叔丁基-二苯甲烷改性碳纳米管/环氧树脂复合材料的热释放速率峰值比 EP-DOPO 5-CNTs 体系的稍有增加。热释放速率峰值最小的是 EP-DOPO 9-CNTs 体系，与 EP 相比降低了 33.6%。这说明当 CNTs 和 DOPO 同时加入环氧树脂中时，阻燃效果更明显。

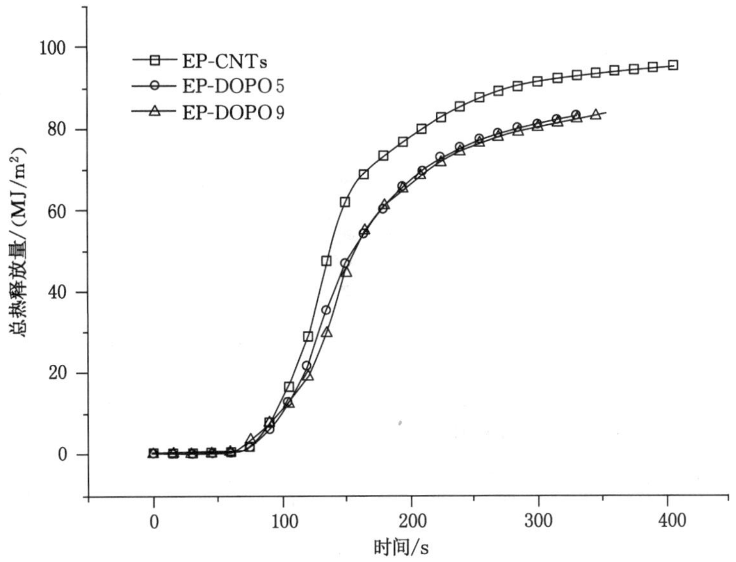

图 2-35 EP-DOPO 复合材料的总热释放量曲线

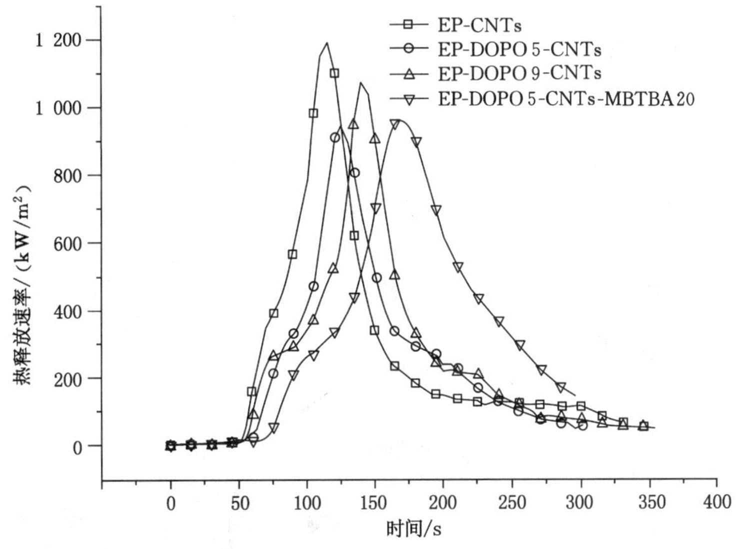

图 2-36 EP-DOPO-CNTs 复合材料的热释放速率曲线

图 2-37 为 EP-DOPO-CNTs 复合材料的总热释放量曲线。结合图 2-35 可以看出，环氧树脂复合材料总热释放量的大小顺序为：EP-DOPO 9-CNTs＞EP-DOPO 5-CNTs-MBTBA 20＞EP＞EP-CNTs＞EP-DOPO 9＞EP-DOPO 5＞EP-DOPO 5-CNTs。总热释放量最小的是 EP-DOPO 5-CNTs 体系，与 EP 相比下降了 22.1%。

另外，加入碳纳米管和 DOPO 后，环氧树脂复合材料的质量损失速率略有增加，有效燃烧热(EHC)变化明显。EP 的质量损失速率为 22.5 MJ/mg，EP-DOPO 5 体系样品的质量

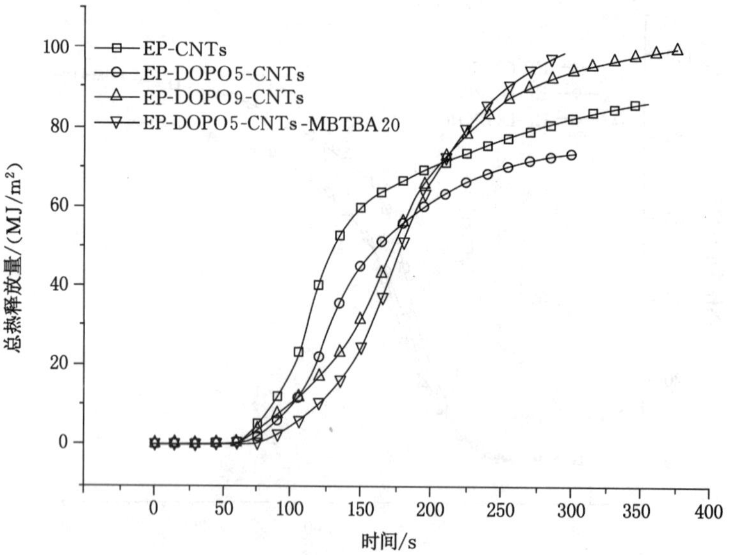

图 2-37 EP-DOPO-CNTs 复合材料的总热释放量曲线

损失速率为 40.0 MJ/mg，这说明 DOPO 主要在气相中起阻燃作用。

三、富勒烯的阻燃作用

图 2-38 是典型的富勒烯的结构示意[144]。富勒烯不仅可以提高聚合物基体的强度，还可以提高其阻燃性。在聚合物材料中添加富勒烯可以为汽车工业、室内装饰工业、建筑工业和聚合物复合材料等领域的许多产品带来更好的综合性能。

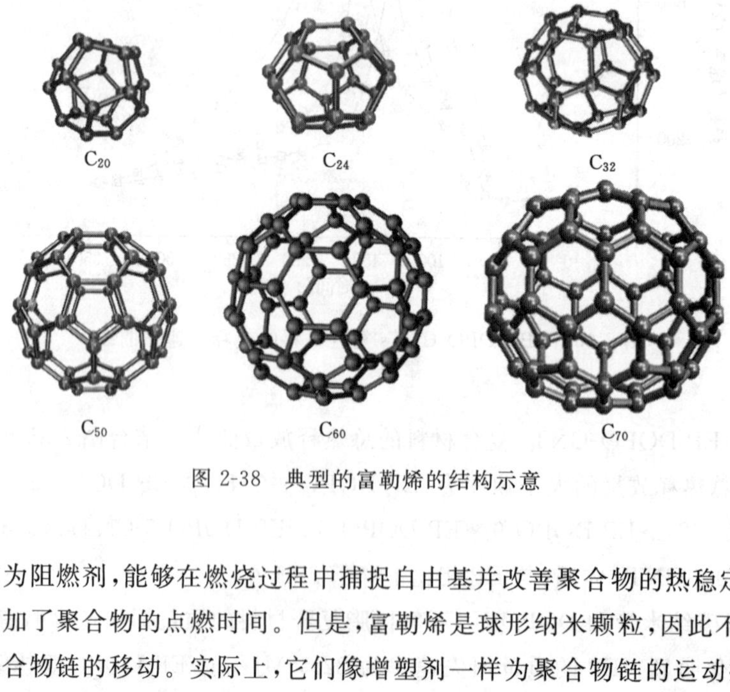

图 2-38 典型的富勒烯的结构示意

富勒烯作为阻燃剂，能够在燃烧过程中捕捉自由基并改善聚合物的热稳定性。同时，富勒烯的加入增加了聚合物的点燃时间。但是，富勒烯是球形纳米颗粒，因此不会形成网络，也不会阻止聚合物链的移动。实际上，它们像增塑剂一样为聚合物链的运动提供了更多可能性。富勒烯对自由基具有很高的亲和力，并在燃烧过程中会捕捉自由基。富勒烯和自由基会形成凝胶球交联网络，这些凝胶球交联网络可防止燃烧过程中热量的流动以及氧气从外表面到内部的传递。富勒烯除具有阻燃作用外，还具有在 600～1 000 ℃温度范围内的冷却消融作用[145-149]。

C_{60}分子的直径为 0.71 nm，其晶体尺寸随制造方法的不同而不同，在 50～120 nm 范围内。研究者将 0.5%、1.0%和 2.0%的 C_{60}加入聚丙烯中，通过熔融法制备了聚丙烯/C_{60}纳米复合材料。图 2-39 为 C_{60}（即原始的 C_{60}）和加入 1.0%C_{60}的聚丙烯（记为 C_{60}1/PP）复合材料的透射电镜图。与聚丙烯共混后，大多数富勒烯在熔融剪切过程中会变成球形、椭圆形和棒状等不同的形状，原因是剪切力会破坏富勒烯晶体的堆叠状态。但总体而言，富勒烯在聚丙烯基体中的分散是均匀的。

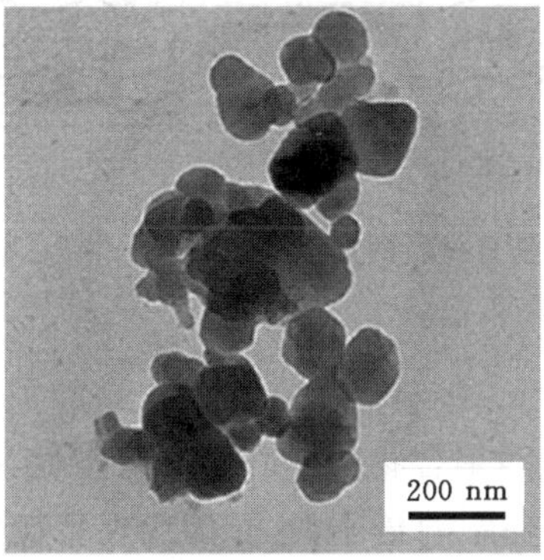

(a) C_{60}

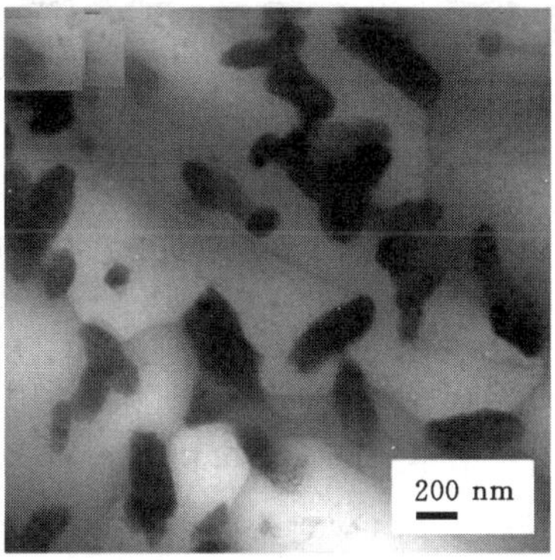

(b) C_{60}1/PP

图 2-39　C_{60}及其复合材料的透射电镜图

研究表明，富勒烯可以捕捉大分子自由基，在聚合物降解期间与聚合物形成交联网络。图 2-40 为高密度聚乙烯（HDPE）和 C_{60}/高密度聚乙烯复合材料的热降解示意。在温度较低时，复合材料产生烷基接枝的 C_{60}，使高密度聚乙烯基体的断链被抑制，因此高密度聚乙烯复合材料的热稳定性和着火温度提高。随着温度的升高，烷基接枝的 C_{60}和 C—C 键的结构被破坏，产生更多的挥发物和造成更大的质量损失[148,150-151]。

图 2-41 为 C_{60}/高密度聚乙烯复合材料的热氧化降解机理示意。高密度聚乙烯复合材料的热氧化降解主要是自由基断链的过程：烷基自由基和烷基过氧化物自由基可以引发一系列大分子自由基的产生，这些自由基相互结合形成交联网络。C_{60}可以捕捉聚合物在热氧化降解过程中产生的烷基过氧化物自由基，但是这种自由基捕捉作用对温度非常敏感，C_{60}/高密度聚乙烯复合材料在高于 240 ℃的温度下会产生自由基捕捉效应。聚合物降解产生的烷基自由基和烷基过氧化物自由基与 C_{60}反应形成非自由基，这个过程导致了氢的夺取和断链。当温度达到最大分解温度时，体系中由于聚合物链断裂而产生更多的自由基，此时 C_{60}不能有效地抑制断链。

研究者研究了 C_{60}在高密度聚乙烯、聚丙烯、聚甲基丙烯酸甲酯（PMMA）和聚碳酸酯中的阻燃性能。图 2-42 是高密度聚乙烯/C_{60}、聚丙烯/C_{60}、聚甲基丙烯酸甲酯/C_{60}和聚碳酸

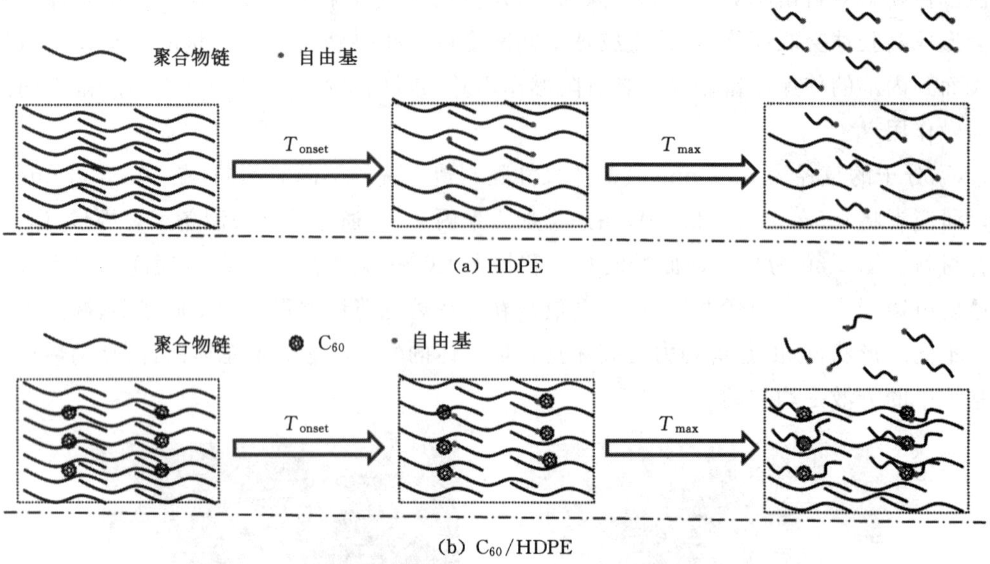

图 2-40　HDPE 和 C_{60}/HDPE 复合材料的热降解示意

酯/C_{60}复合材料在空气中的热重曲线[其中，HDPE/C_{60} x 表示在实验中添加了质量分数为 x(%)的 C_{60}]。结果表明，C_{60}可以捕捉自由基，减弱聚合物的热降解和可燃性，提高聚合物的热氧化稳定性。而 C_{60}对聚碳酸酯的热降解过程影响最小，这是因为在聚碳酸酯的热降解过程中，非自由基过程的水解/醇解和碳酸盐的重排起主要作用。

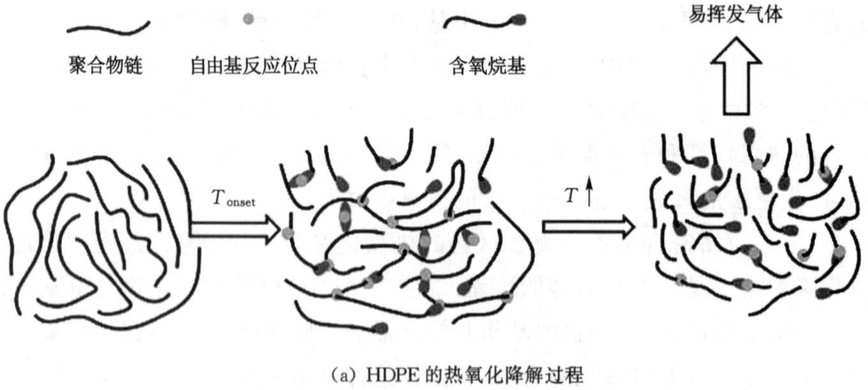

图 2-41　C_{60}/HDPE 复合材料热氧化降解机理示意

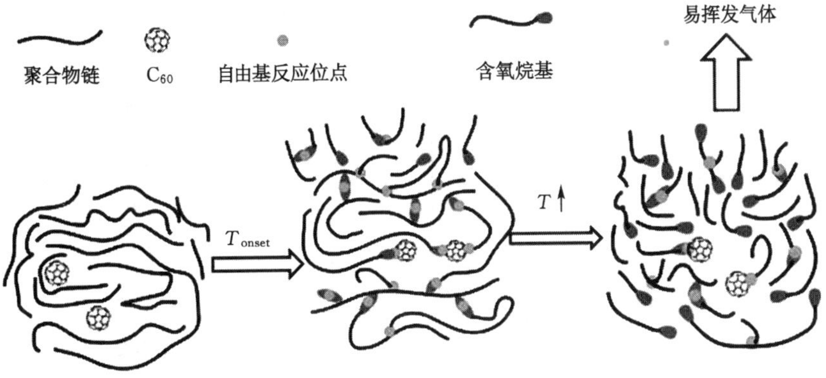

(b) 低 C_{60}浓度 HDPE 的热氧化降解过程

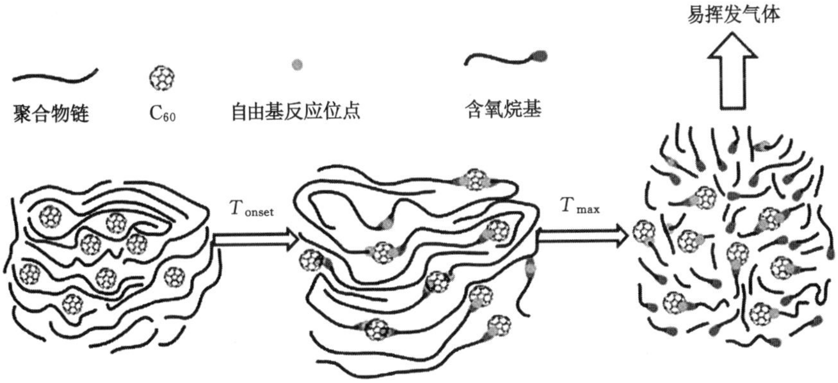

(c) 高 C_{60}浓度 HDPE 的热氧化降解过程

图 2-41(续)

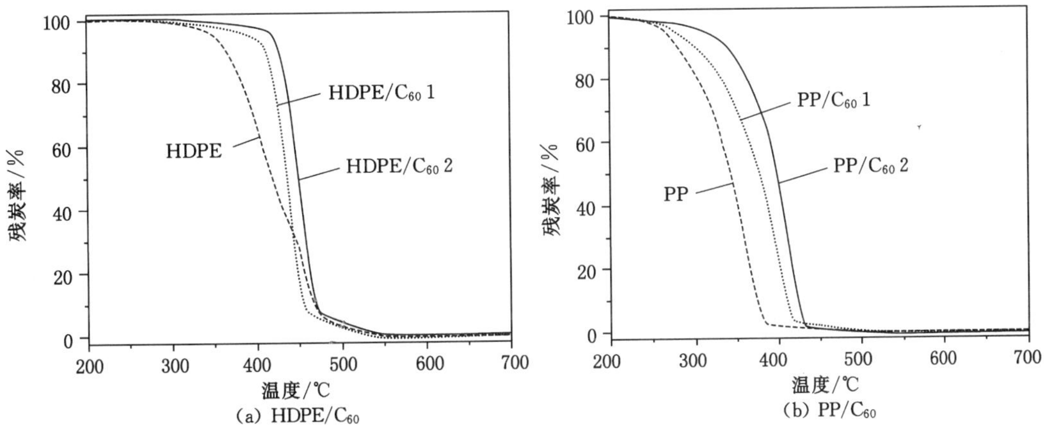

图 2-42　含 C_{60}的复合材料在空气中的热重曲线

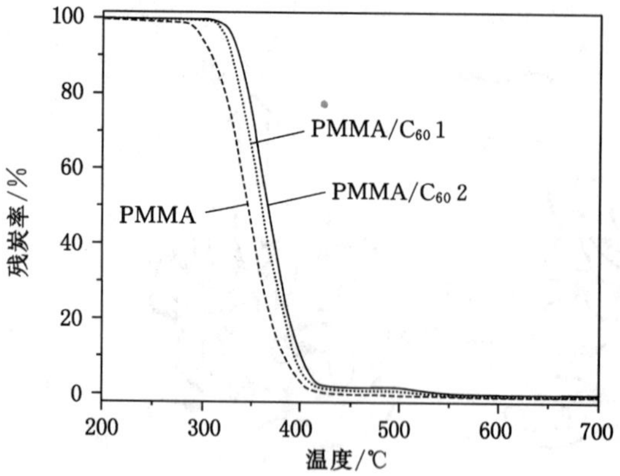

(c) PMMA/C_{60}

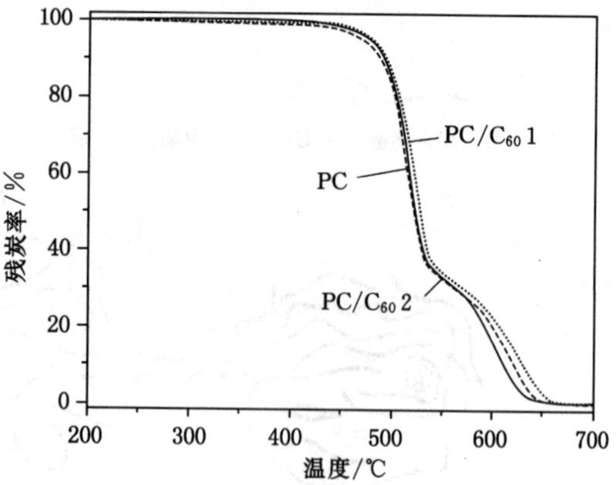

(d) PC/C_{60}

图 2-42(续)

第三章　石墨烯对环氧树脂的阻燃作用

在近 20 年中，碳元素引起了世界各国研究人员的极大兴趣，其中，石墨具有特殊的片层结构，一直以来都是研究的热点。石墨及其改性产物以良好的导电性、导热性、耐腐蚀性、润滑性等受到人们越来越多的关注，被广泛应用于化工、机械、电力、轻纺和医药等诸多领域。今后人们的研究将主要集中在继续开发石墨改性产物新品种，进一步探索石墨改性产物独特的性能并不断拓展其新的应用领域。石墨资源丰富，价格便宜，用途广泛，是由自然界中含碳化合物经长时间气成作用和深度变质作用而形成的矿产资源。曾有专家预言：20 世纪是硅的世纪，21 世纪将是碳的世纪[152-156]。

石墨的微观结构决定其具有两个特征：(1) 有一些可以水平方向无限发展的大分子平面层。处在平面层内部的碳原子，彼此间有很大的化学结合力。处在平面层边缘的碳原子，存在未配对电子，具有不饱和场力，活性较大，所以石墨的边缘区域是化学反应比较活泼的区域。(2) 石墨层与层之间存在较大的空隙、较自由的 π 电子以及较弱的结合力，这给其他物质的原子、分子或离子侵入层隙形成新的化合物创造了良好条件。因此，石墨分子的层隙也是化学反应活泼的区域。石墨存在的以上两个反应活性区域，使得石墨可以发生一系列化学反应，这构成了对石墨进行化学改造的基础[73,157-159]。

二维石墨烯结构可以看作所有 sp^2 杂化碳纳米材料的基本组成单元(图 3-1)。事实上，石墨烯(GNS)普遍存在于其他碳材料中，并可以看作其他维度碳材料的组成单元。例如，石墨可看作由石墨烯单片经过堆砌而形成；碳纳米管可以看作卷成圆筒状的石墨烯；当石墨烯的晶格中存在五元环时，石墨烯片层会发生翘曲，富勒烯可以看成多个六元环和五元环按照适当顺序排列得到的特殊结构。

目前已有一些研究探讨了石墨类填料对聚合物热性能和阻燃性能的影响。国外有学者模拟了一系列石墨片层间距不同的聚丙烯(PP)/石墨纳米复合材料的热降解分子动力学。当层间距为 3 nm 时，材料的稳定性得以显著改善。当层间距低于 2.5 nm 时，石墨片层间产生大量的狭窄通道，原子间的范德华力增大，从而降低了聚合物的热稳定性。当层间距较大时，体系无法提供足够的阻力阻止降解产物从层间快速挥发。

F.W. Uhl 等[160-161]研究了聚苯乙烯(PS)/氧化石墨(GO)纳米复合材料的热稳定性和阻燃性。氧化石墨先以三种不同的表面活性剂(GO-C14、GO-10A 和 GO-VB16)处理。当添加量为 PS 的 1%时，三种改性的氧化石墨均已发生剥离；当添加量为 PS 的 3%时，有两种发生剥离；当添加量为 PS 的 5%时，均不发生剥离，但是层间距比未改性的氧化石墨的

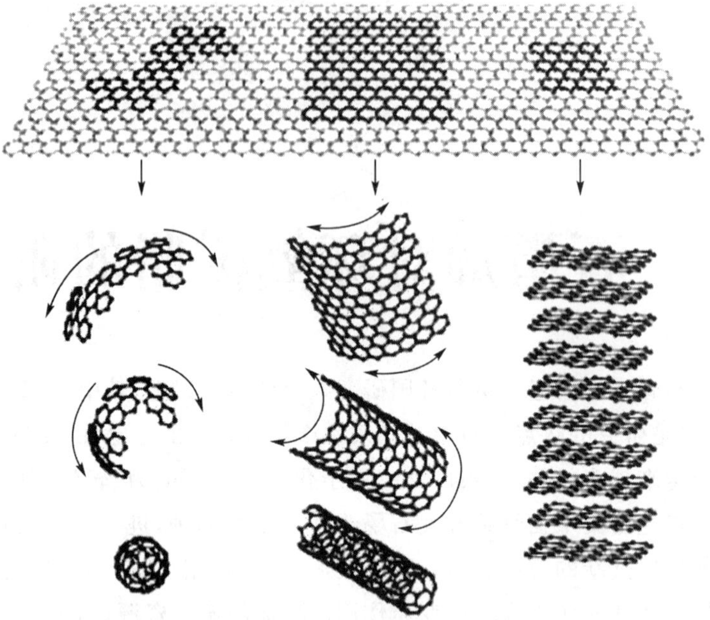

图 3-1　石墨烯和石墨烯裁剪的碳纳米材料示意

大。氧化石墨和改性氧化石墨都能降低 PS 的热释放速率峰值。复合材料的热释放速率峰值随氧化石墨添加量的增加而降低。但是，原位聚合法和熔融共混法制得的 PS-GO 纳米复合材料，它们的点燃时间(TTI)与纯 PS 相比均大幅降低，其中原位聚合法所得聚合物的点燃时间降幅更大(图 3-2)。

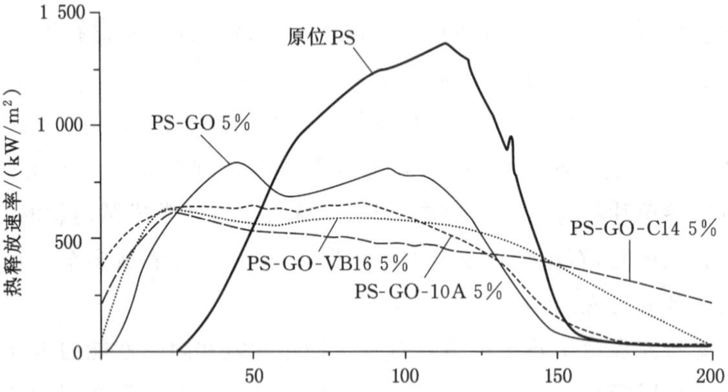

图 3-2　原位聚合 PS-GO 纳米复合材料的热释放速率曲线

J.Y. Xu 等[162]和 A. Yasmin 等[163]研究表明，环氧树脂/氧化石墨复合材料和聚乙烯醇/氧化石墨复合材料的热稳定性比纯环氧树脂的均有很大提高。将酚醛树脂/石墨复合材料和环氧树脂/石墨复合材料与对应的玻纤增强材料及芳纶增强材料的综合阻燃性能进行对比，结果表明，未增强的酚醛树脂/石墨复合材料的阻燃性最好，未增强的环氧树脂/石墨复合材料的阻燃性最差。原文献中并没有研究石墨在基体中的分散状况及其影响。

天然石墨经过插层、脱插、膨化、压制等物理化学作用得到膨胀石墨，将膨胀石墨置于超声场中，超声空化作用使膨胀石墨上的石墨微片完全脱离，从而形成完全游离的石墨烯微片[6]。实际上，只要能将膨胀石墨粉碎，就有可能制得石墨烯微片。石墨烯微片是指碳层数多于10层、厚度在5～100 nm范围内的超薄石墨烯层状堆积体。石墨烯微片保持了石墨原有的平面型碳六元环共轭晶体结构，具有优异的机械强度、导电和导热性能，以及良好的润滑、耐高温和抗腐蚀特性。相对普通石墨，石墨烯微片的厚度处在纳米尺度范围内，而其径向宽度可以达到数十微米，具有超大的形状比(直径和厚度的比值)，在塑料中更易形成导电网络，因此它所制备的导电塑料的导电渗滤阈值远低于普通导电填料的，从而在导电塑料、电极板、导电橡胶、抗静电塑料、电磁屏蔽材料和高级导电油墨领域具有应用优势。石墨烯微片本身具有导热、润滑、高强度、耐腐蚀、耐高温等特性，因此在高性能复合材料领域具有潜在的应用价值。石墨烯微片研究刚刚兴起，众多大学和研究机构开始着手这一富有挑战性课题的研究。

第一节 石墨烯阻燃环氧树脂

一、EP/GNS 纳米复合材料的制备

所用的实验原料为：环氧树脂(JY-256，密度1.13～1.15 g/cm^3，环氧值0.54～0.56 mol/100 g)，购于常熟佳发化学有限责任公司；聚氧化丙烯二胺(Jeffamine D230，环氧当量60)，购于亨斯迈公司(美国得克萨斯州休斯顿)；石墨烯微片(JCGNP-1，平均密度2.25 g/cm^3，纯度大于99.5%)，以下简称“GNS”，购于南京吉仓纳米科技有限公司。

环氧树脂固化时，理论上当一个环氧当量的树脂与含有一个活泼氢的固化剂等当量反应时，所得聚合物交联密度最大，交联后物理机械性能最佳。固化剂的用量必须适宜，用量过少会使得交联密度降低，固化不完全，进而影响其性能；用量过多会使固化物中残留未反应的低分子胺类，同样会降低产品性能。胺类固化剂理论用量为：

$$X = MK/H \tag{3-1}$$

式中，X为固化100 g环氧树脂所需的胺的量，g；M为胺类固化剂的分子量；K为环氧树脂的环氧值；H为胺类固化剂分子中活泼氢原子总数。

由式(3-1)可知，在每100份的JY-256环氧树脂中加入33份的固化剂Jeffamine D230即可完全固化。

在环氧树脂中加入适量固化剂，高速搅拌0.5 h，抽真空1 h排气泡。再用注射器将混合物小心地注入硅橡胶模具中，将模具在烘箱中50 ℃下预固化5 h，110 ℃下固化2 h。最终所得样品即环氧树脂固化物。

为了提高石墨烯微片在环氧树脂中的分散性，采用溶液共混法制备EP/GNS复合材料。将石墨烯微片分散在丙酮中(0.01 g的GNS/100 mL丙酮)，冰浴超声条件下机械搅拌1.5 h。然后在混合液中加入一定量的环氧树脂单体，冰浴超声条件下机械搅拌1.5 h。再将所得石墨烯微片、环氧树脂和丙酮混合液放入油浴中，70 ℃下搅拌5 h以去除丙酮。随后

70 ℃下抽真空 1 h 以去除残留丙酮。接着在所得石墨烯微片、环氧树脂混合物冷却至25 ℃后加入固化剂高速搅拌 0.5 h，抽真空 1 h 排气泡。之后用注射器小心地将混合物注入硅橡胶模具中，将模具在烘箱中 50 ℃下预固化 5 h，110 ℃下固化 2 h。最终所得样品即 EP/GNS 纳米复合材料。为了方便表述，将样品编号为 EP/GNS x（其中 x 为石墨烯微片与环氧树脂的质量比，%）。

二、EP/GNS 的结构及形貌

纳米复合材料各项性能与填料在基体中的分散性息息相关。本部分主要利用拉曼(Raman)光谱、X 射线衍射(XRD)、扫描电镜(SEM)、透射电镜(TEM)对石墨烯微片的结构及其在环氧树脂中的分散性和形貌进行探讨。

拉曼光谱：采用 HR800(Horiba Jobin Yvon，France)激光拉曼光谱仪，在室温环境中于 457.9 nm 激光器下测试。

X 射线衍射：采用 Rigaku D/MAX 2550/PC X 射线衍射仪在室温下测试，使用 Cu-Ka 辐射靶(波长 λ 为 0.154 nm)，从 5°扫描到 30°。

扫描电镜：采用 S4800(Hitachi，Japan)场发射扫描电镜测试。测试前对被测样品进行表面喷金处理(喷层厚度约 10 nm)，以改善其导电性。

透射电镜：采用 JEM-1200EX(JEM，Japan)透射电镜测试。测试前对被测样品进行超薄切片处理，测试时加速电压为 120 kV。

石墨烯的拉曼光谱图通常有两大特征峰：(1) G 峰出现在 1 580 cm^{-1}附近，是由 sp2 碳原子的面内振动引起的。该峰对应力的影响十分敏感，能有效反映石墨烯的层数。此外，G 峰易受掺杂影响，其峰位和峰宽常常被用来分析掺杂水平。D 峰出现在 1 270～1 450 cm^{-1}附近，它是由远离布里渊区中心的晶格运动引起的，可用来表征石墨烯样品的缺陷。(2) 另一个明显的特征峰称为 2D 峰或者 G′峰，是双声子共振拉曼峰。对于 514 nm 的激发波长，2D 峰通常出现在 2 700 cm^{-1}附近。2D 峰也可用来判断石墨烯的层数，但是方法较为复杂。

图 3-3 是本实验所用到的 JCGNP-1 石墨烯微片的拉曼光谱图。从图中可看出：尖锐的

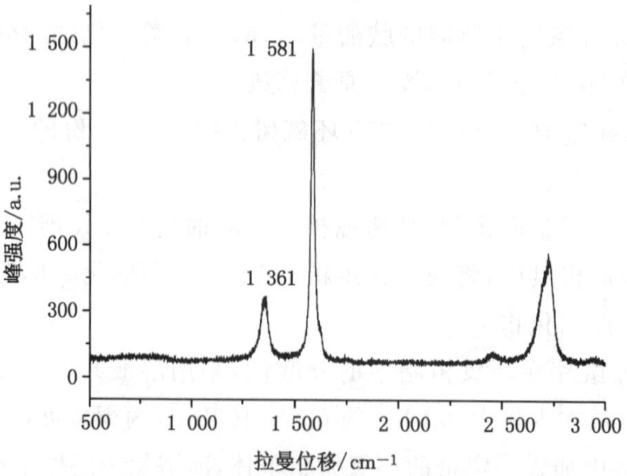

图 3-3 JCGNP-1 石墨烯微片的拉曼光谱图

D 峰和 G 峰分别出现在拉曼位移为 1 361 cm^{-1}和 1 581 cm^{-1}的位置。D 峰和 G 峰的面积比为 0.36，表明石墨烯微片的规整度很高，缺陷相对较少。

图 3-4 是 JCGNP-1 石墨烯微片在冰浴超声前后的扫描电镜图。由图 3-4 可以看出，未经处理的石墨烯微片聚集度高，片层倾向于堆积在一起；经过冰浴超声处理后，石墨烯微片的分散性得到很大改善。

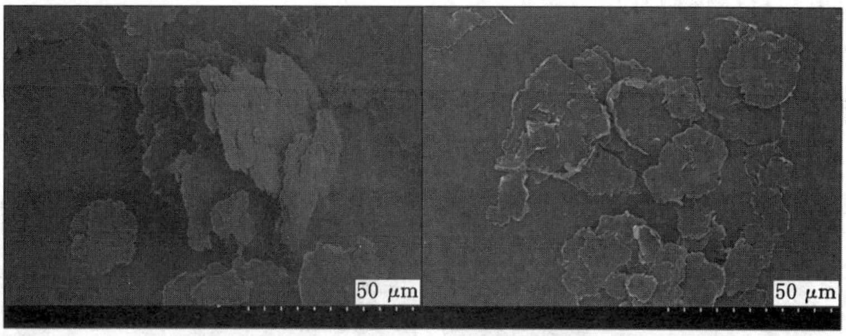

(a) 冰浴超声前　　(b) 冰浴超声后

图 3-4　JCGNP-1 石墨烯微片在冰浴超声前后的扫描电镜图

图 3-5 为 GNS 和 EP/GNS 复合材料的 X 射线衍射曲线。从图中可以看出，在纯的石墨烯微片中，2θ 为 26.5°时出现尖锐的衍射峰，此峰为石墨烯微片的 001 晶面的衍射峰，对

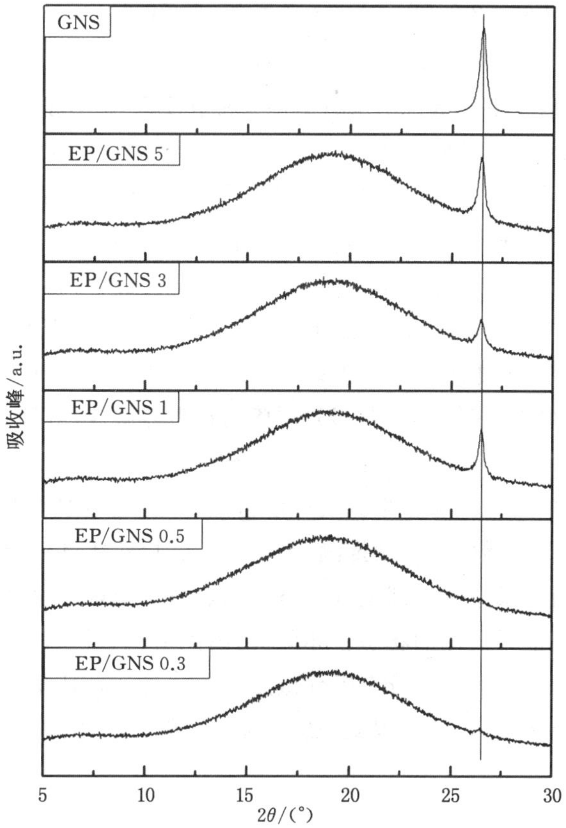

图 3-5　GNS 和 EP/GNS 复合材料的 X 射线衍射曲线

应石墨烯微片中高度规整的晶体结构。根据布拉格方程式[3]：$Zd\sin\theta=n\lambda$（式中，n 值取 1；λ 为由铜靶产生的 X 射线的波长，0.154 nm），可以推算出石墨烯微片的片层间距为 0.34 nm。在 EP/GNS 中，复合材料的衍射峰位置并不随石墨烯微片的含量变化而变化。但是随着石墨烯微片含量的增加，复合材料中石墨烯微片的衍射峰强度逐渐增大。由此可知，超声处理后的石墨烯微片在 EP/GNS 复合材料中出现二次团聚现象，即 EP/GNS 复合材料中仍然存在聚集的石墨烯微片。

图 3-6 为 EP 和 EP/GNS 5 复合材料在液氮中淬断后的断面扫描电镜图。将两图进行对比可以看出，石墨烯微片在环氧树脂中的分布和分散很均匀，许多石墨烯微片都以纳米尺寸存在。由断面可以看出大片剥离的石墨烯微片存在于复合材料中。

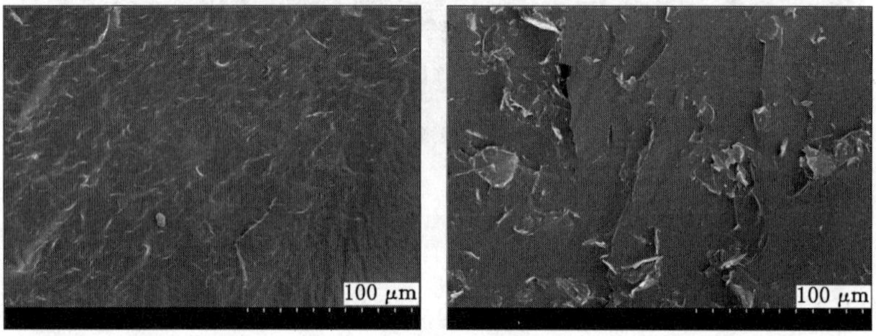

(a) EP　　(b) EP/GNS 5

图 3-6　EP 和 EP/GNS 5 在液氮中淬断后的断面扫描电镜图

X 射线衍射和扫描电镜测试说明了石墨烯微片在 EP/GNS 复合材料中的分散性，使用透射电镜进一步观察石墨烯微片在 EP/GNS 复合材料中的微观形貌。图 3-7 是 5 种 EP/GNS复合材料在不同放大倍数下的透射电镜图。在低放大倍数下，可以直观观察到石墨烯微片在EP/GNS复合材料中的分布情况；在高放大倍数下，可以观察到石墨烯微片在 EP/GNS 复合材料中的具体形貌。

含有不同石墨烯微片的 EP/GNS 复合材料的形貌很相似。从低倍图中可以看出：一部分石墨烯微片在 EP/GNS 复合材料中剥离，另一部分石墨烯微片形成一些小的团聚体。从高倍图中可以看出：这些团聚体中存在部分剥离的石墨烯微片，可见一些大而平整的石墨烯微片片层。需要说明的是，EP/GNS 复合材料为纳米复合材料。

将以上三种测试的结果结合起来分析可以得出，EP/GNS 复合材料中同时存在团聚的石墨烯微片和剥离的石墨烯微片。据推测，当石墨烯微片和环氧树脂分散在丙酮中，经过两次冰浴超声处理后，石墨烯微片全部呈剥离态。在热力学变化过程中，石墨烯微片的位形熵倾向于使之团聚，达到能量更低的状态。亦即，当丙酮溶剂被除去时，一部分石墨烯微片在环氧树脂中发生二次团聚，另一部分石墨烯微片的运动受到高黏度环氧树脂单体的限制，来不及发生团聚，继续保持剥离态。因此，团聚的石墨烯微片和剥离的石墨烯微片在 EP/GNS 体系中共存。

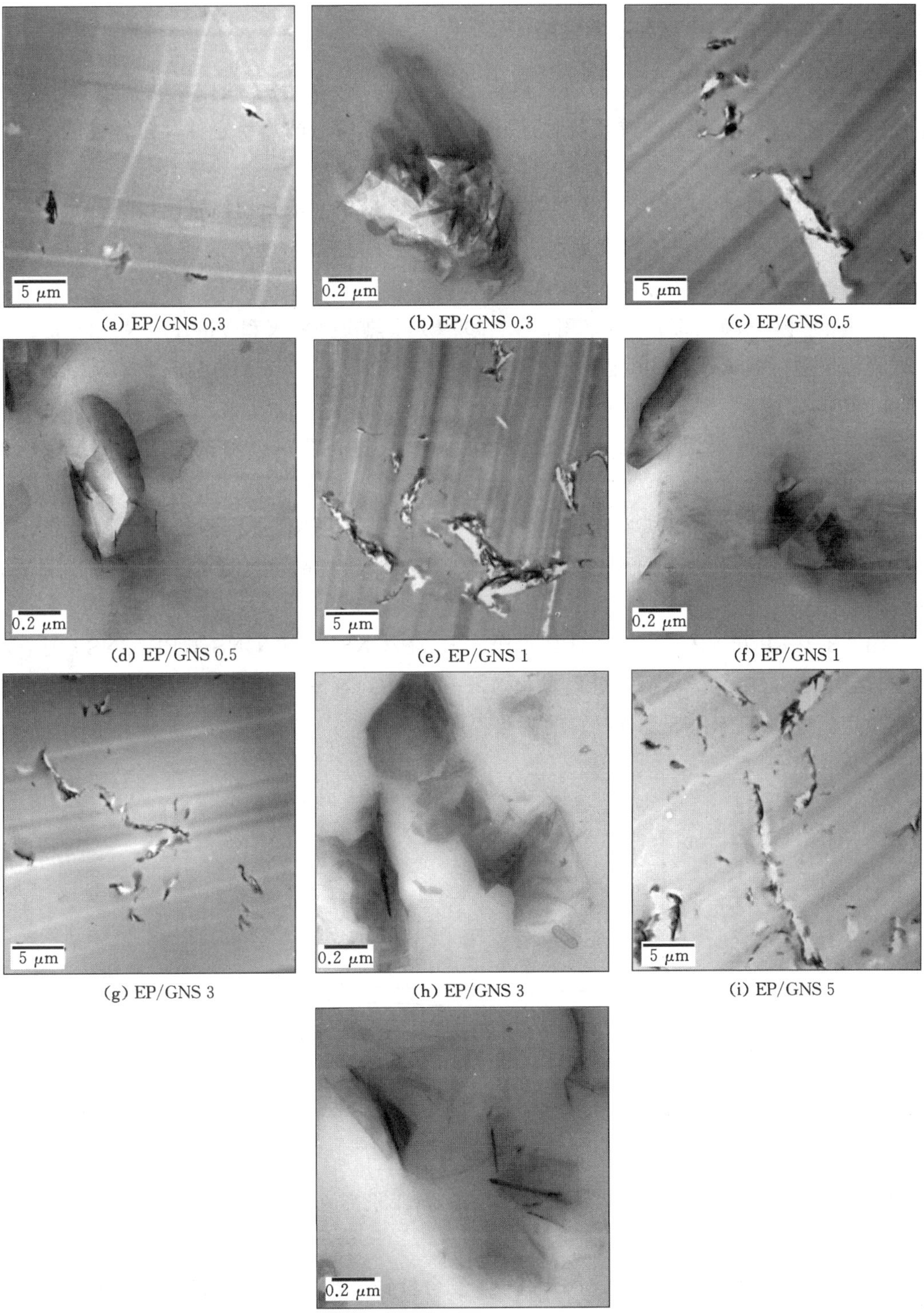

(a) EP/GNS 0.3　(b) EP/GNS 0.3　(c) EP/GNS 0.5

(d) EP/GNS 0.5　(e) EP/GNS 1　(f) EP/GNS 1

(g) EP/GNS 3　(h) EP/GNS 3　(i) EP/GNS 5

(j) EP/GNS 5

图 3-7　不同 EP/GNS 复合材料在不同放大倍数下的透射电镜图

三、EP/GNS 的热性能和阻燃性能

下面利用示差扫描量热法(DSC)、热重-红外(TG-IR)联用法、极限氧指数(LOI)法、微型锥形量热仪(MCC)等方法或仪器对石墨烯微片/环氧树脂的热稳定性及阻燃性能进行实验研究。

示差扫描量热法:采用 NETZSCH DSC 200 PC unit 型示差扫描量热仪进行示差扫描量热分析。取适量样品置于铝坩埚内进行测试。测试过程中,氮气流速为 60 mL/min,并以 10 ℃/min 的升温速率测试至 300 ℃。

热重-红外(TG-IR)联用法:采用 TGA 209 F1 型热重分析仪和 Thermo Nicolet iS10 型红外光谱仪进行测试。测试过程中,在氮气或空气下以 20 ℃/min 的升温速率从室温升温至 700 ℃。

极限氧指数法:采用 HC-2 型极限氧指数测试仪进行测试。测试方法参照国家标准(GB/T 2406)。

微型锥形量热仪:采用 Govmark MCC-2 型微型锥形量热仪进行测试。要求:氮气流速为80 mL/min,以 1 ℃/s 的升温速率升温至 700 ℃。每个样品重复测试 3 次,取 3 次测试的平均值。

图 3-8 为 EP 和 EP/GNS 0.3,EP/GNS 0.5,EP/GNS 1,EP/GNS 3,EP/GNS 5 复合材料固化后的 DSC 曲线。从图中可以看出,EP 和 EP/GNS 复合材料已经完全固化,不同石墨烯微片含量的 EP/GNS 复合材料的固化程度相当。

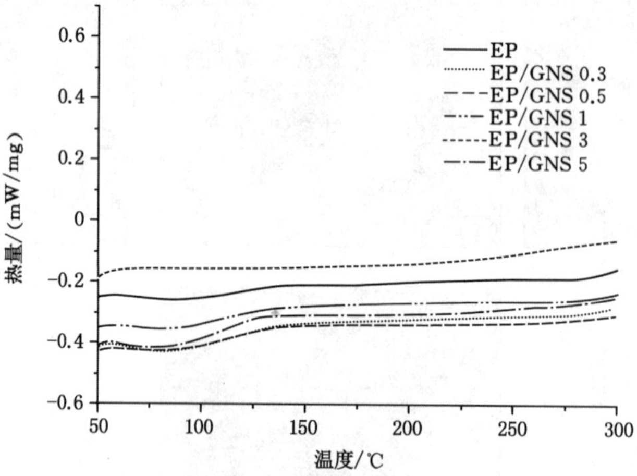

图 3-8 EP 和 EP/GNS 复合材料固化后的 DSC 曲线

为了研究石墨烯微片的加入对 EP/GNS 复合材料热性能的影响,我们首先研究石墨烯微片和环氧树脂各自的热降解过程和机理,以便于对比。采用 TG-IR 联用法可以实时监测聚合物降解过程中的气体产物,有助于理解降解机理。

图 3-9 为环氧树脂和石墨烯微片分别在氮气和空气下降解的热重曲线。由图 3-9 可以看出,环氧树脂在氮气下发生一步降解。图 3-10 为环氧树脂和石墨烯微片分别在氮气和空

气下降解的气体产物的三维红外光谱图。结合图 3-10 分析，环氧树脂的热分解首先是主链的降解，包括仲醇基脱水形成不饱和结构，以及形成交联的聚芳香族残炭。当温度进一步升高时，炭层和小分子气体物质发生进一步降解，在 700 ℃下只存在少量残炭(残炭率约2.1%)。环氧树脂降解的主要气体产物包含—OH(如 H_2O、酚，3 500～4 000 cm^{-1})、烃($CH/CH_2/CH_3$ 伸缩振动，2 800～3 100 cm^{-1})、CO_2(2 360 cm^{-1})、CO(2 180，2 117 cm^{-1})、羰基(1 680～1 800 cm^{-1})、芳香环(1 300～1 600 cm^{-1})和芳香醚(C—O—C 键的非对称伸缩振动，1 240 cm^{-1})等。环氧树脂在空气下发生两步降解，均为热氧化降解，300 ℃左右分解出大量芳香结构。在较高的温度下，原料完全降解，在 700 ℃时无残炭。

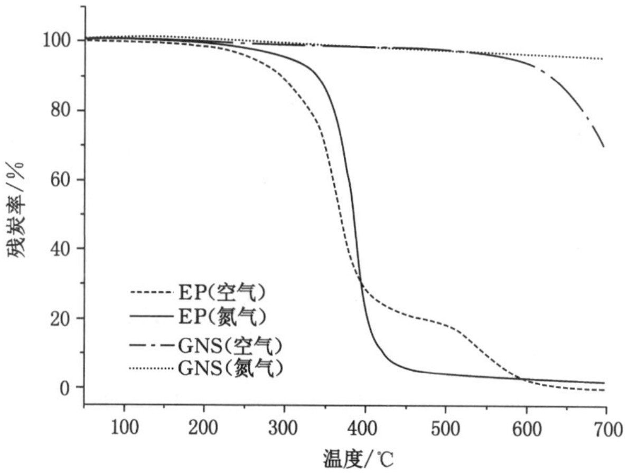

图 3-9 EP 和 GNS 在空气和氮气下降解的热重曲线

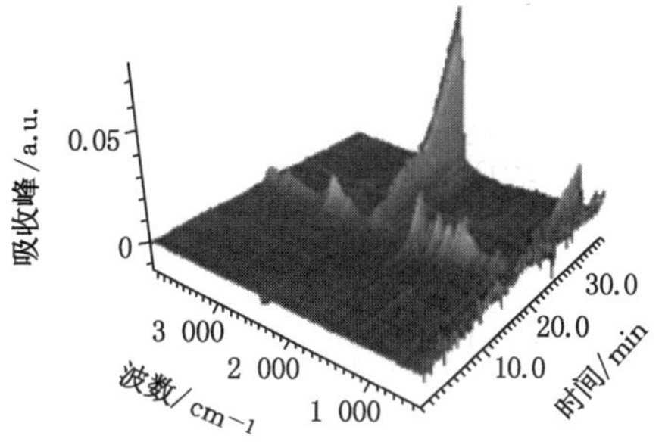

(a) EP 在氮气中

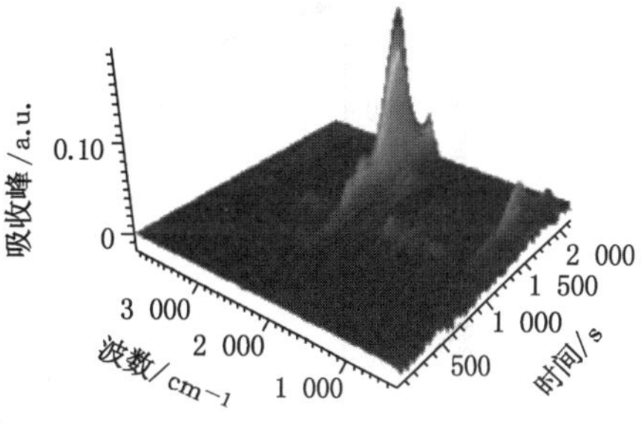

(b) GNS 在氮气中

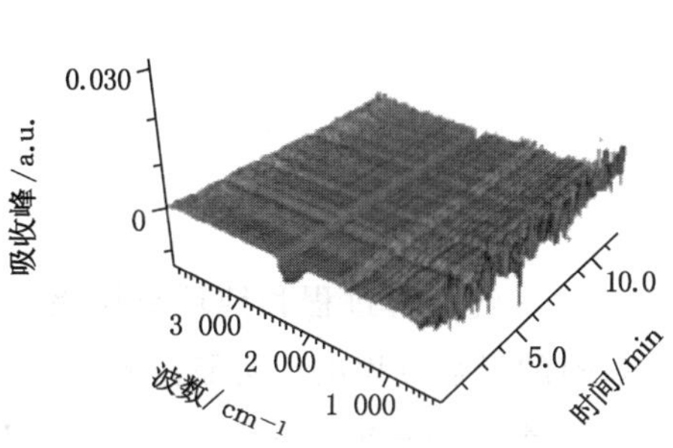

(c) EP 在空气中

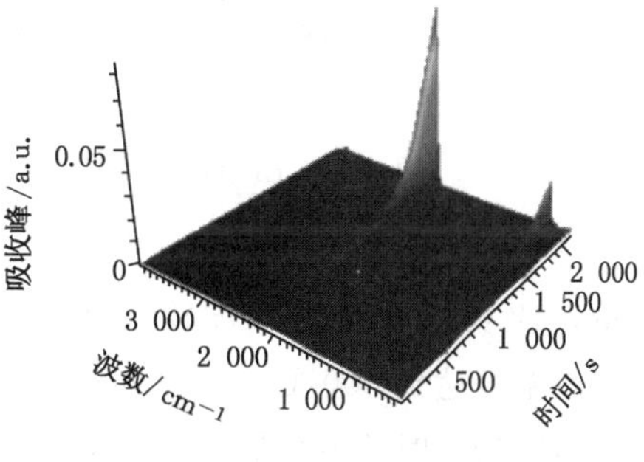

(d) GNS 在空气中

图 3-10 EP 和 GNS 在热降解过程中气相的三维红外光谱图

石墨烯微片在氮气下只有少量降解，残炭率为94.6%，比一些文献中提到的残炭率高，且与文献不同的是，在环氧树脂降解前，石墨烯微片不发生降解[3]。其原因是本实验所使用的石墨烯微片规整度高、缺陷少（Raman光谱可证明），且石墨烯微片表面的含氧官能团相对较少，从而导致降解量少。石墨烯微片在空气下的主要降解产物为CO_2(2 360 cm^{-1})，在650 ℃时降解速率达到最大值。

图3-11为EP、GNS和EP/GNS复合材料在氮气下的热重曲线。图3-12为EP、GNS和EP/GNS复合材料在氮气下热降解气体产物的三维红外光谱图。

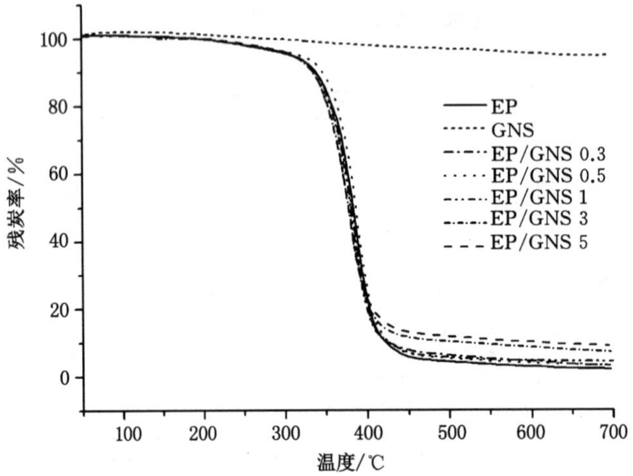

(a)

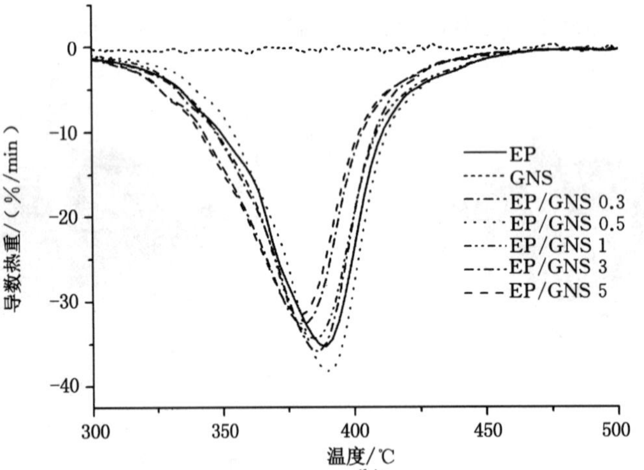

(b)

图3-11 EP、GNS和EP/GNS复合材料在氮气下的热重曲线

由图3-12可以看出，在温度较低时，EP/GNS复合材料的降解过程和纯环氧树脂的基本相同。当温度达到400 ℃后，EP和EP/GNS复合材料的降解过程出现明显差异，石墨烯微片能在温度较高时改变环氧树脂的降解途径。同时，石墨烯微片能促进环氧树脂形成炭层，且石墨烯微片含量越高，EP/GNS复合材料的残炭率越大。从图中可以看出，石墨烯微片在400～430 ℃温度范围内对环氧树脂热稳定性的提高起关键作用。

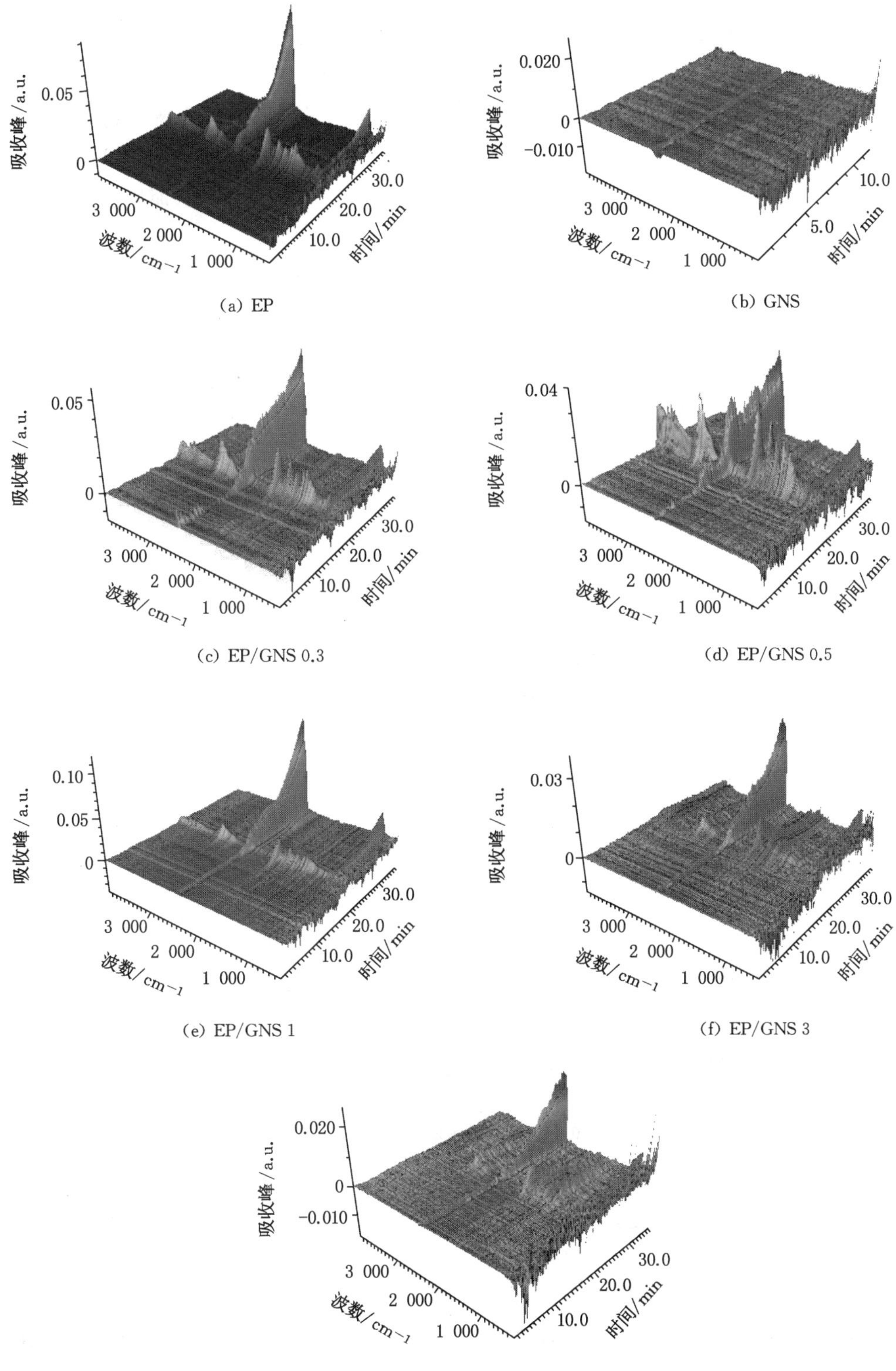

图 3-12　EP、GNS 和 GNS 复合材料在氮气中热降解后气相的三维红外光谱图

图 3-13 为 EP 和 EP/GNS 5 复合材料在 400～430 ℃温度范围内于氮气环境中的降解气体产物的红外光谱图。从图中可以看出，环氧树脂降解的气体产物成分包括含硝基（1 600 cm^{-1}）、环氧基（1 250 cm^{-1}，640～850 cm^{-1}）、脂肪醚（1 173 cm^{-1}）、芳环（1 370 cm^{-1}，1 500 cm^{-1}）等的化合物。与环氧树脂相比，EP/GNS 5 的降解产物中含芳环的化合物大大减少，而含硝基、环氧基和脂肪醚的产物基本消失。这些现象可以说明，石墨烯微片的加入改变了环氧树脂的热分解途径，使得环氧树脂不完全降解，从而增强了环氧树脂的热稳定性。

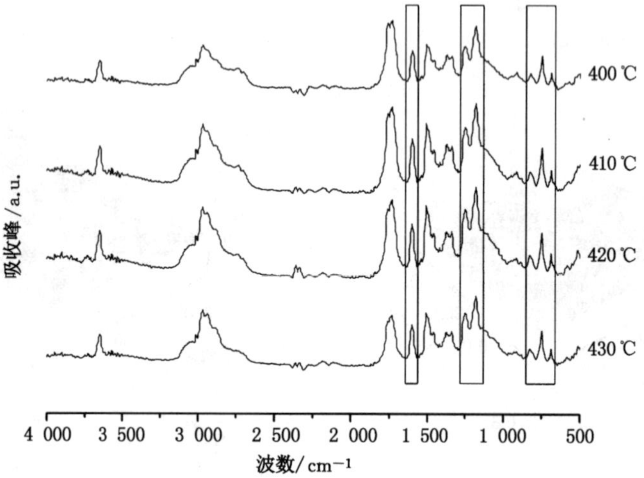

(a) EP

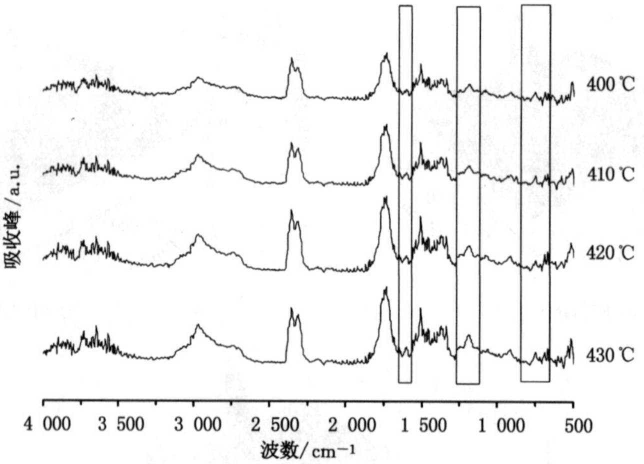

(b) EP/GNS 5

图 3-13　EP 和 EP/GNS 5 复合材料在 400～430 ℃和氮气下降解气体产物的红外光谱图

与热重分析的结果联系起来，可以得出以下结论：在 400～430 ℃内，EP/GNS 大的接触表面积提升了催化残炭率，含石墨烯微片的炭层作为热传输屏障和质量传输屏障，有效减缓了环氧树脂降解产生的气体产物的逸出速度。石墨烯微片的加入改变了 EP/GNS 复合材料的分解途径，导致残炭率增加，这是改善环氧树脂热稳定性的极重要原因。

图 3-14 为 EP 和 EP/GNS 复合材料在热重测试中的降解气体热释放速率最大时的红

外光谱图。由图 3-14 可以看出,EP/GNS 复合材料热性能的提高与石墨烯微片的添加量有关。随着石墨烯微片含量的增加,EP/GNS 复合材料的热降解产物中含硝基(1 600 cm^{-1})、环氧基(1 250 cm^{-1},640~850 cm^{-1})、脂肪醚(1 173 cm^{-1})、芳环(1 370 cm^{-1},1 500 cm^{-1})的化合物的峰强度逐渐下降,这些吸收峰在石墨烯微片含量达到 3%和 5%时几乎消失。因此,在 EP/GNS 复合材料热降解的最大气体释放速率时期,石墨烯微片的添加量越大,EP/GNS复合材料的热稳定性越好。红外光谱的结果与热重曲线中 EP/GNS 复合材料的残炭率结果相符合。

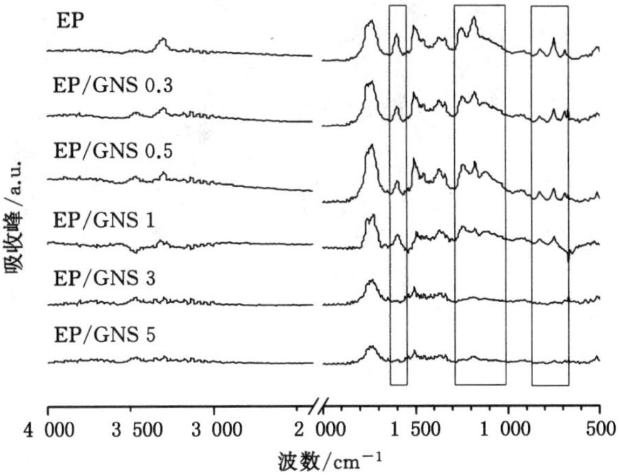

图 3-14 EP 和 EP/GNS 复合材料在降解气体热释放速率最大时的红外光谱图

极限氧指数测试并不代表真实的火灾场景,但它是一个很好的阻燃性评判依据。因为它给出了一个确定的数值,而不是提供一个定性的分类(如垂直燃烧测试中的 V-0、V-1、V-2 等级)。EP 和 EP/GNS 复合材料的极限氧指数如表 3-1 所示。纯环氧树脂的极限氧指数是 15.9%,说明它极易燃烧。对 EP/GNS 体系而言,石墨烯微片的加入能够显著改善其阻燃性能。EP/GNS 复合材料的阻燃性随着石墨烯微片含量的增加而提高。

表 3-1 EP 和 EP/GNS 复合材料的极限氧指数

样品	EP	EP/GNS 0.3	EP/GNS 0.5	EP/GNS 1	EP/GNS 3	EP/GNS 5
极限氧指数/%	15.9	18.0	19.1	19.5	21.0	21.4

图 3-15 为经过极限氧指数测试后的 EP 和 EP/GNS 复合材料样品照片。从图中可以直观地看出,环氧树脂(JY-256)倾向于在燃烧过程中熔融流动,产生的液滴会加速火焰传播。这是由于所选环氧树脂为低黏度产品,其交联密度也较低,燃烧时有一部分熔融流动。这种现象在其他文献中也有报道。同时,固化剂(Jeffamine D230)分子中含有一些柔性的链段,在高温燃烧的情况下比较容易断裂。仅仅添加 0.5%的石墨烯微片,就能有效地阻碍环氧树脂在燃烧过程中的熔融流动,抑制熔滴。这种现象进一步证明,石墨烯微片可以改变环氧树脂的热降解过程和途径。石墨烯微片片层的阻隔作用是抗熔滴的关键因素。事实

上，燃烧时产生的残炭也起物理阻隔作用，它既能延缓燃烧时的热流从火焰处传到聚合物表面，也能阻止可燃气体扩散至火焰处。添加石墨烯微片后，体系中石墨烯微片和环氧树脂间的相互作用、石墨烯微片和石墨烯微片间的相互作用使得聚合物的三维交联网络的运动受限，这导致体系的熔体黏度增加，从而抑制熔滴。因此，燃烧后的残炭率对极限氧指数测试结果也有一定的影响。

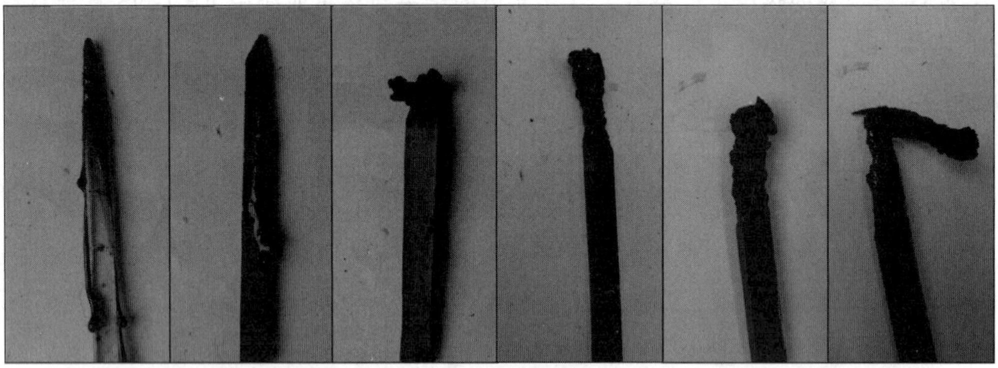

(a) EP　(b) EP/GNS 0.3　(c) EP/GNS 0.5　(d) EP/GNS 1　(e) EP/GNS 3　(f) EP/GNS 5

图 3-15　极限氧指数测试后 EP 和 EP/GNS 复合材料的样品照片

图 3-16 为 EP 和 EP/GNS 复合材料的 MCC 测试曲线(热释放速率曲线)。表 3-2 为 MCC 测试对应的数据。从图 3-16 和表 3-2 中可以看出，EP/GNS 复合材料的总热释放量比纯环氧树脂的小，且随着石墨烯微片含量的增加而逐步减小。当石墨烯微片添加量为 5%时，EP/GNS 的总热释放量最小，比纯环氧树脂的减小了 16.7%。这是由于，石墨烯微片的加入改变了环氧树脂的降解途径，从而导致复合材料体系残炭率增加、黏度增大。石墨烯微片和环氧树脂基体间的相互作用阻碍了 GNS-EP 界面附近的聚合物链段的运动性和环氧树脂链的热运动，因此EP/GNS复合材料的总热释放量减少。据推测，在透射电镜图中观察到的大而平整的剥离态石墨烯微片片层可能会在 EP/GNS 复合材料燃烧过程中起捕捉自由基的作用。

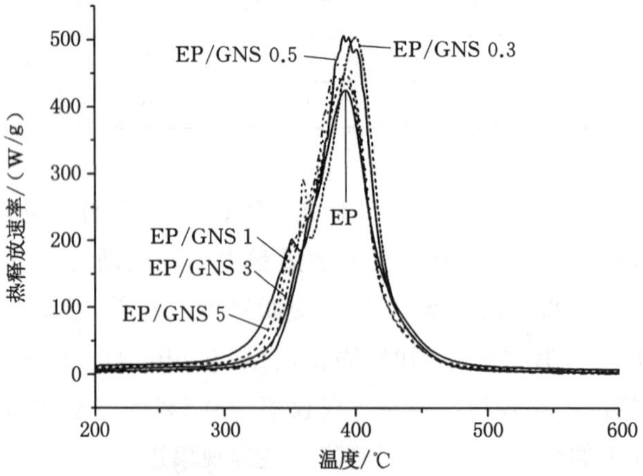

图 3-16　EP 和 EP/GNS 复合材料的 MCC 测试曲线

表 3-2　EP 和 EP/GNS 复合材料的 MCC 测试数据

样品	热释放速率峰值/(W/g)	总热释放量/(kJ/m^2)	最大热释放速率对应温度/ ℃
EP	424.5	33.4	393.2
EP/GNS 0.3	503.8	30.9	400.3
EP/GNS 0.5	506.1	29.7	391.3
EP/GNS 1	465.2	29.2	387.8
EP/GNS 3	446.1	28.2	385.7
EP/GNS 5	456.6	27.8	385.9

随着石墨烯微片含量的增加，EP/GNS 复合材料的热释放速率峰值出现先增大、后减小的趋势。理论上来说，石墨烯微片的片层可以发挥阻碍作用，可有效减少热释放，阻碍可燃气体传递到火焰区及热量回传。但是，石墨烯微片的热导率比环氧树脂高很多，石墨烯微片添加量大时，热量传递快，从而导致最大热释放速率增大。文献资料表明，由于石墨烯微片的存在，环氧树脂的热导率提高。因为石墨烯微片具有比环氧树脂更高的热导率，当石墨烯微片填料加入环氧树脂中后，整个复合材料将具有较高的热导率，且热导率随着石墨烯微片的加入稳步增加。因此，在 EP/GNS 复合材料中，石墨烯微片对环氧树脂基体燃烧时的最大热释放速率的影响取决于石墨烯微片的阻隔性和热导率的影响之间的竞争。当石墨烯微片的添加量为 EP 的 0.3％和 0.5％时，残炭率提高程度不大，石墨烯微片的热导率的影响起主要作用，这导致体系的最大热释放速率增加；当石墨烯微片的添加量高于 EP 的 1％时，残炭率显著增加，石墨烯微片的阻隔作用超过了热导率的影响，从而导致体系的最大热释放速率下降。

图 3-17 为 EP 和 EP/GNS 复合材料在马弗炉里煅烧后的残炭底部的扫描电镜图。通过分析残炭底部，可以看出石墨烯微片对 EP/GNS 复合材料燃烧过程的影响。从图中可以看出，纯环氧树脂的残炭基本完整，但是存在许多宽的裂纹和各种尺寸的洞。在 EP/GNS 复合材料中，残炭的裂纹变窄，连续性和致密性更好。复合材料的致密性随着石墨烯微片含量的增加而提高。

当石墨烯微片的添加量为 EP 的 0.3％、0.5％和 1％时，残炭趋向于形成大量的气泡，部分气泡在表面处破裂。这是由于在燃烧过程中，聚合物被加热至热分解温度，基体中生成了挥发性的热降解产物。另外，气体产物的挥发温度比环氧树脂的热降解温度低得多，而 EP/GNS 体系的黏度很高，会阻碍气体产物逸出。气体产物在复合材料中出现过热现象，进而产生气泡，随后气泡上升到聚合物表面，并释放到气相中。这些气泡在上升过程中可能干扰残炭的形成，在聚合物表面形成热传输屏障。当将石墨烯微片含量增加至 EP 的 0.5％和 1％时，复合材料残炭的裂纹和气泡变小。

当石墨烯微片的添加量提高到 EP 的 3％和 5％时，燃烧后的残炭质量发生显著改善。在低放大倍数下，基本观察不到裂缝、孔洞和气泡，炭层的表面变得平滑。在高放大倍数下，当石墨烯微片的含量为 EP 的 3％时，许多微裂纹均匀地分布在平整的炭层上。当石墨烯微片的含量为 EP 的 5％时，只有少量的微裂纹存在。即当石墨烯微片的添加量较大时，热降

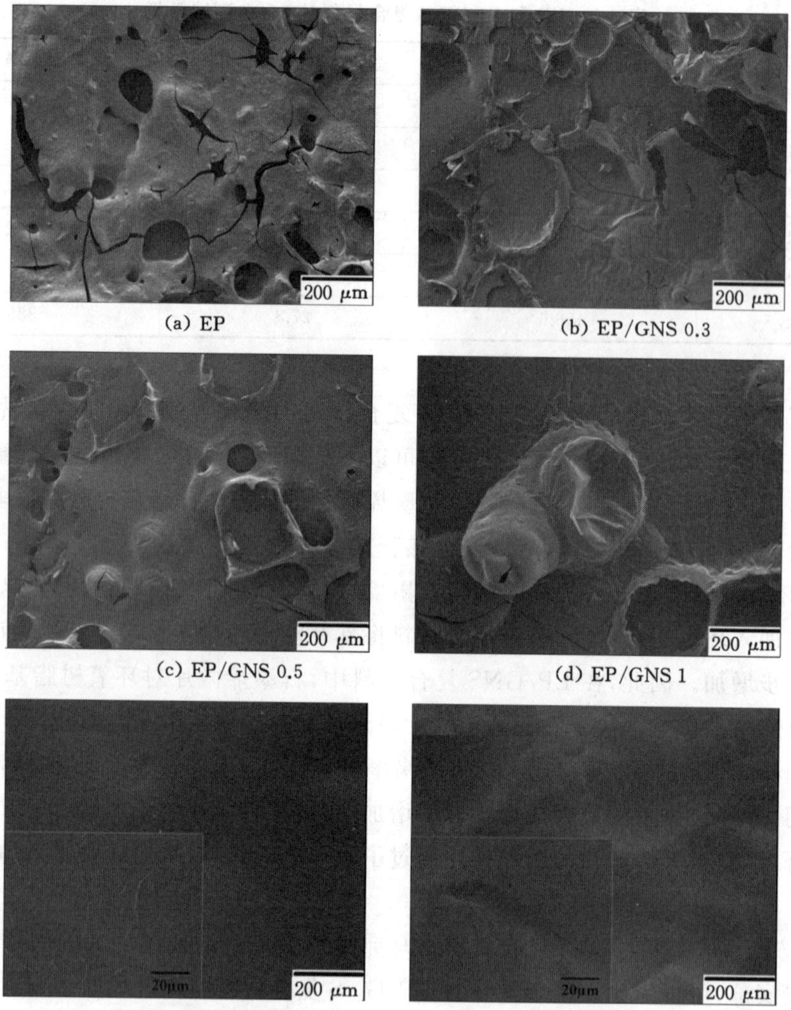

(a) EP (b) EP/GNS 0.3

(c) EP/GNS 0.5 (d) EP/GNS 1

(e) EP/GNS 3 (f) EP/GNS 5

图 3-17 EP 和 EP/GNS 复合材料煅烧后残炭底部的扫描电镜图

解产物从炭层表面的微裂纹处逸出，避免了气体的过热，因而不存在鼓泡现象。

图 3-18 为 EP 和 EP/GNS 复合材料在马弗炉里煅烧后的残炭表面的扫描电镜图。通过分析残炭表面，可以直观地看出石墨烯微片对 EP/GNS 复合材料燃烧后残炭的致密性和阻隔性的影响。纯环氧树脂的残炭表面出现轻微褶皱和一些裂纹。当石墨烯微片的添加量为 EP 的 0.3％和 0.5％时，轻微褶皱的残炭出现一些小洞，但是裂纹较环氧树脂的明显减少。当石墨烯微片的添加量增加到 EP 的 1％时，EP/GNS 复合材料的残炭表面形貌与纯环氧树脂以及石墨烯微片的添加量为 EP 的 0.3％和 0.5％时的差别很大。轻微的褶皱演变成折叠变形，这些褶皱彼此粘连，形成很深的折叠痕迹，但复合材料的残炭形貌明显改善，没有裂纹和孔洞。当石墨烯微片的添加量增加到 EP 的 3％和 5％时，这两种复合材料的形貌基本相同。残炭表面出现褶皱变形，但是这些褶皱彼此并不粘连。不同的是，当石墨烯微片的添加量为 EP 的 3％时，残炭表面出现一些小的微裂纹；而当石墨烯微片的添加量为 EP 的

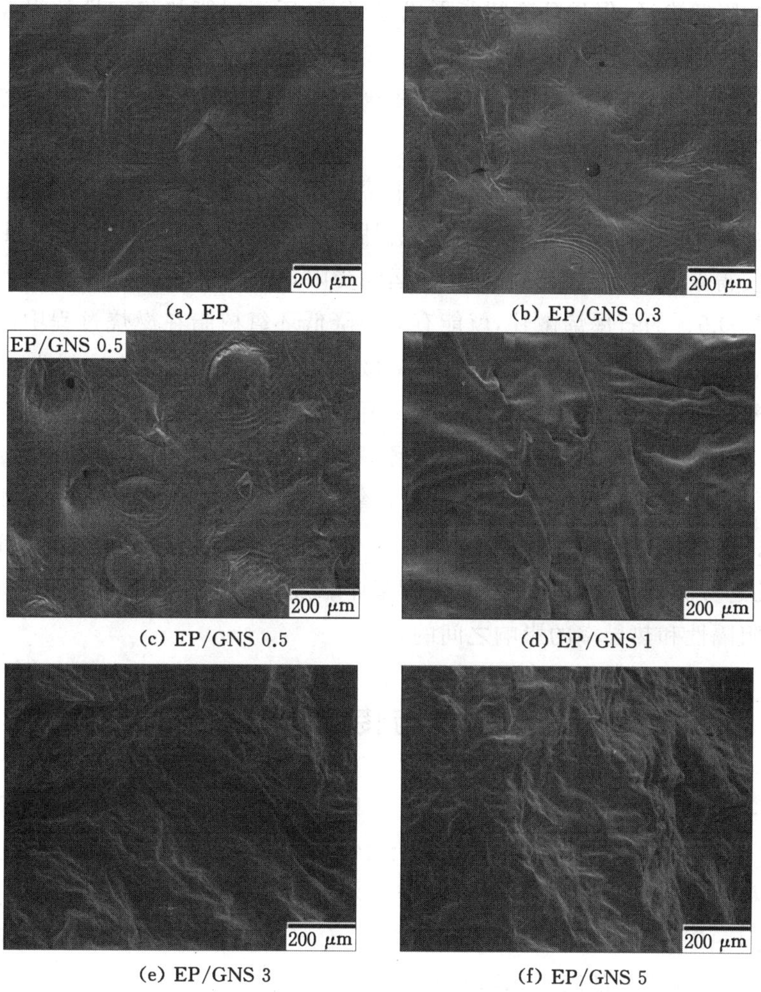

图 3-18　EP 和 EP/GNS 复合材料煅烧后残炭表面的扫描电镜图

5%时,残炭表面致密性好,没有微裂纹。

从图 3-18 中可看出,随着石墨烯微片含量的增加,EP/GNS 复合材料的残炭表面倾向于形成褶皱结构。这是由于石墨烯微片具有很大的比表面积,且在 EP/GNS 复合材料中分散性较好,尽管没有完全剥离。当石墨烯微片的添加量增加到 EP 的 3%和 5%时,复合材料足以形成均一的褶皱炭层。这种炭层结构中含有石墨烯微片,致密性相对较好,能够作为热量和质量传输阻隔物,能延缓可燃气体逸出。这个研究结果与热重分析的是一致的。

石墨烯微片和环氧树脂降解时的相互作用以及降解过程中阻隔层的形成,控制着复合材料的阻燃性能。尽可能形成封闭的表面炭层是发挥阻隔作用的关键因素[1]。残炭的扫描电镜法测试结果与极限氧指数法测试的变化趋势相同。

通过以上研究可以得出:

将石墨烯微片进行二次冰浴超声处理,EP/GNS 复合材料中存在大而平整的剥离态石墨烯微片片层,同时存在团聚的石墨烯微片。在 400～430 ℃温度范围内,石墨烯微片改变了环氧树脂的降解途径，促进环氧树脂形成炭层，对环氧树脂热稳定性的提高起关键作用。石墨烯微片含量越高，EP/GNS 复合材料的残炭率越大，且炭层的完整性和致密性得到显著改善。含石墨烯微片的炭层作为热量和质量传输屏障，有效阻碍了环氧树脂降解产生的气体产物的逸出。

环氧树脂(JY-256)倾向于在燃烧过程中熔融流动，产生易燃的液滴，加速火焰传播。添加石墨烯微片后，体系中石墨烯微片和环氧树脂间的相互作用、石墨烯微片和石墨烯微片间的相互作用使得聚合物的三维交联网络的运动受限，这导致体系的熔体黏度增加，从而抑制熔滴。仅添加 0.5%的石墨烯微片，就能有效地降低环氧树脂在燃烧过程中的熔融流动，抑制熔滴。复合材料的极限氧指数随着石墨烯微片含量的增加而增大。加入 3%的石墨烯微片就能使环氧树脂的极限氧指数从 15.9%上升到 21.0%。

EP/GNS 复合材料的总热释放量比纯环氧树脂的小，且随着石墨烯微片含量的增加而逐步减小。加入 3%的石墨烯微片就能使环氧树脂的总热释放量从 33.4 kJ/m^2 下降到 28.2 kJ/m^2。随着石墨烯微片含量的增加，EP/GNS 复合材料的最大热释放速率出现先增大、后减小的趋势。石墨烯微片对环氧树脂基体燃烧时的最大热释放速率的影响取决于石墨烯微片的阻隔性和热导率的影响之间的竞争。

第二节　石墨烯与传统阻燃剂协同阻燃

近年来，纳米填料改性环氧树脂的研究引起了人们极大的兴趣。以层状双金属氢氧化物(LDH)为代表的环氧树脂/阴离子型层状物纳米复合材料和以碳纳米管、足球烯、石墨为代表的环氧树脂/以层间范德华力结合的碳纳米材料的复合材料日渐成为研究重点。纳米粒子的加入对热固性聚合物材料的影响是多方面的，本书希望协调各种影响因素，制备出阻燃剂添加量少、性能优异的阻燃热固性聚合物。

一、GNS 和 LDH 协同阻燃环氧树脂

石墨烯微片为片层结构，其阻隔性能可对环氧树脂起到一定的阻燃作用，能提高聚合物残炭率，燃烧后得到致密的炭层，从而提高环氧树脂的热稳定性和阻燃性能。如前所述，石墨烯微片在高温时会阻碍环氧树脂的气体释放，提高残炭率。而 LDH 低温时会失去层间水，吸收大量热量。据推断，如果将石墨烯微片、LDH 同时引入环氧树脂聚合物中，调控其微观形貌、分散和分布情况以及添加量，得到的复合材料燃烧时在低温和高温阶段均能起到良好的阻燃效果，且需要的阻燃剂用量少。从理论上讲，这种协效阻燃作用应该是存在的。以下研究石墨烯微片和 LDH 协同阻燃环氧树脂的过程和机理。

实验原料：环氧树脂(JY-256，密度 1.13～1.15 g/cm^3，环氧值 0.54～0.56 mol/100 g)，购于常熟佳发化学有限责任公司；聚氧化丙烯二胺 (Jeffamine D230，环氧当量 60)，购于美国亨斯迈公司；石墨烯微片(JCGNP-1，平均密度 2.25 g/cm^3，纯度大于 99.5%)，购于南京吉仓纳米科技有限公司；$Al(NO_3)_3 \cdot 9H_2O$ 和 $Mg(NO_3)_2 \cdot 6H_2O$(分析纯)，分别购于中国医药集团总公司和新加坡某公司；NaOH(分析纯)，购于上海化学试剂有限公司。

采用共沉淀法合成 LDH[8]。将 $Mg(NO_3)_2 \cdot 6H_2O$(0.1 mol)和 $Al(NO_3)_3 \cdot 9H_2O$(0.05 mol)的混合溶液在氮气保护下慢慢加入 150 mL 去离子水中,同时逐滴加入0.5 mol的 NaOH 水溶液,将混合溶液的 pH 调整为 10.0±0.1。将所制备的溶液倒入带有回流冷凝器的 500 mL 三颈烧瓶中,在氮气保护和 100 ℃下磁力搅拌 12 h。将所得的悬浮液保持在 95 ℃下再加热 12 h(不搅拌)。后过滤、洗涤,并真空干燥,最终产物即Mg/Al-LDH复合材料。

EP/LDH 和 EP/GNS/LDH 纳米复合材料的制备:

将 LDH 分散在 DMF(二甲基甲酰胺)(0.1 g LDH/100 mL DMF)中进行超声处理,同时机械搅拌 1.5 h。在混合液中加入一定量的环氧树脂单体,超声下机械搅拌 1.5 h。将所得 LDH、EP 和 DMF 混合液放入油浴中,160 ℃下搅拌 5 h 以去除 DMF。随后 160 ℃下抽真空 1 h 以去除残留 DMF。将所得 LDH 和 EP 的混合物冷却至 25 ℃后加入固化剂高速搅拌 0.5 h,然后抽真空 1 h 排气泡。用注射器将混合物小心地注入硅橡胶模具中,再将模具在烘箱中 50 ℃下预固化5 h、110 ℃下固化 2 h。所得样品即 EP/LDH 纳米复合材料。为了方便表述,将样品编号为 EP/LDH y(表示 EP 与 LDH 的质量比例为 100∶y)。

EP/GNS/LDH 复合材料的制备方法和 EP/LDH 的类似。将适量的石墨烯微片和 LDH 分别分散在丙酮和 DMF 中冰浴超声,同时机械搅拌 1.5 h。将所得溶液进行混合,加入一定量的环氧树脂单体,冰浴超声,同时机械搅拌 1.5 h。将所得溶液在 160 ℃油浴中搅拌 5 h 以去除丙酮和 DMF。随后在 160 ℃下抽真空 1 h 以去除残留 DMF。将混合物冷却至25 ℃后加入固化剂高速搅拌 0.5 h,再抽真空 1 h 排气泡。用注射器将混合物小心地注入硅橡胶模具中,将模具在烘箱中 50 ℃下预固化 5 h、110 ℃下固化 2 h。所得样品即 EP/GNS/LDH 纳米复合材料。为了方便表述,将样品编号为 EP/GNS x/LDH y(表示 EP、GNS、LDH 的质量比例为 100∶x∶y)。

本节的分析测试方法与第一节"EP/GNS 的热性能和阻燃性能"部分的分析测试方法相同。

根据定义,如果在聚合物中添加两种或多种组分后,其性能比分别添加相同浓度单组分的性能更好,则称这些组分具有协同作用。要验证石墨烯微片和 LDH 对环氧树脂的热性能和阻燃性能是否具有协同作用,选择了 EP/GNS 1,EP/LDH 1,EP/GNS 0.5/LDH 0.5;EP/GNS 5,EP/LDH 5,EP/GNS 2.5/LDH 2.5 两组复合材料进行比较。

石墨烯微片和 LDH 均为片层结构,为了区分石墨烯微片和 LDH 在 EP/GNS/LDH 复合材料中的形貌,需要先弄清两种填料各自的特征。图 3-19 为石墨烯微片和 LDH 的扫描电镜形貌对比图。从图中可以看出,石墨烯微片和 LDH 片层的厚度都在纳米尺度内。LDH 片层的尺寸较为均一,片层宽度约为 50～70 nm,比石墨烯微片的片层宽度小很多。根据此图中石墨烯微片和 LDH 片层的特征,在以后的 EP/GNS/LDH 复合材料中,我们可以准确辨别这两种填料。

图 3-20 和图 3-21 为石墨烯微片、LDH、EP/GNS、EP/LDH 和 EP/GNS/LDH 的两组 X 射线衍射图。在纯的石墨烯微片中,2θ 为 26.5°处尖锐的衍射峰表明其片层间距为 0.34 nm。这个峰在 EP/GNS 中仍然存在,表明石墨烯微片在 EP/GNS 中出现团聚和二次

图 3-19　GNS 和 LDH 的扫描电镜形貌对比图

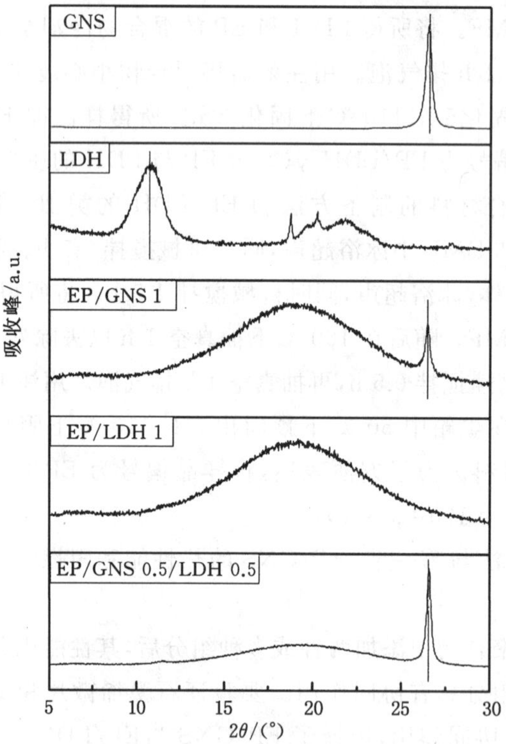

图 3-20　GNS、LDH、EP/GNS 1、EP/LDH 1 和 EP/GNS 0.5/LDH 0.5 的 X 射线衍射图

堆积现象。在纯的 LDH 中，2θ 为 10.9°处的衍射峰表明其片层间距为 0.81 nm，比石墨烯微片大很多，因此剥离较为容易。LDH 的衍射峰在 EP/LDH 中基本消失，表明 EP/LDH 中的 LDH 几乎都处于剥离状态。在 EP/GNS/LDH 复合材料中，石墨烯微片在 2θ 为 26.5°处的衍射峰仍然存在，而 LDH 的衍射峰消失。这说明石墨烯微片在 EP/GNS/LDH 中有一些团聚，而 LDH 则完全剥离。对比两图可知，石墨烯微片和 LDH 的添加量对其在 EP/GNS/LDH复合材料中的分散性并没有太大影响。

图 3-22 为 EP/GNS 5、EP/LDH 5 和 EP/GNS 2.5/LDH 2.5 复合材料的透射电镜图。图 3-22(a)和图 3-22(b)分别为 EP/GNS 5 和 EP/LDH 5 的透射电镜图，图中右上角的小图

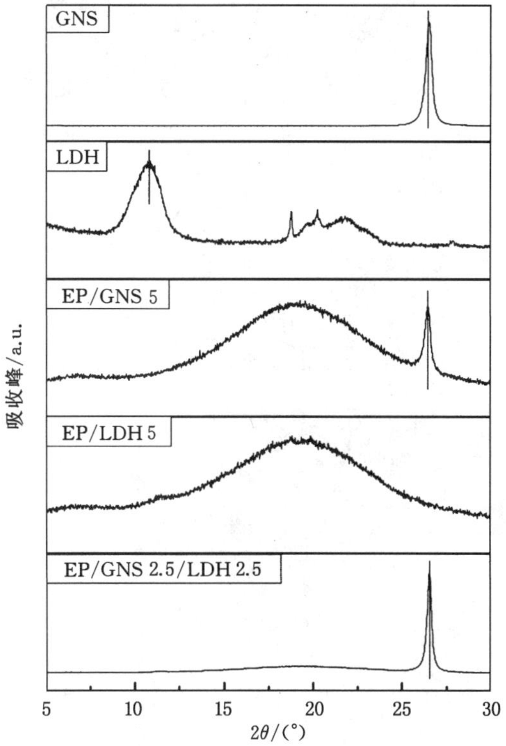

图 3-21 GNS、LDH、EP/GNS 5、EP/LDH 5 和 EP/GNS 2.5/LDH 2.5 的 X 射线衍射图

为对应的组分在高放大倍数下的透射电镜图。图 3-22(c)和图 3-22(d)分别为EP/GNS 2.5/LDH 2.5 复合材料在不同的放大倍数下的透射电镜图。

在 EP/GNS 5 中,在低放大倍数下可以看到团聚的石墨烯微片,在高放大倍数下可以看到一些大而平整的石墨烯微片剥离片层。石墨烯微片的片层宽度大致在 300～500 nm 之间,形状不规则。在 EP/LDH 5 中,LDH 的分布大致均匀,在高放大倍数下可以看出,LDH 以单片的形式存在于 EP/LDH 5 中,LDH 几乎都为剥离态。LDH 的片层宽度大致在 50～100 nm 之间,大致呈规则的六边形。

在 EP/GNS 2.5/LDH 2.5 中,在低放大倍数下可以看到一些小的团簇(如白色虚线圈所示),这些团簇由石墨烯微片片层堆积而成。在高放大倍数下可以看出,图中其他的小尺寸物体为均匀分散的石墨烯微片和 LDH 混合物。石墨烯微片在 EP/GNS 中的分散情况和 LDH 在 EP/LDH 中的分散情况与它们在 EP/GNS/LDH 中的分散情况相似。LDH 在 EP/GNS/LDH 复合材料中都剥离;石墨烯微片在 EP/GNS/LDH 复合材料中部分剥离、部分团聚。

图 3-23 是纯的 EP、GNS 和 LDH 在氮气下的热重曲线。从图中可以看出它们的降解趋势,以及它们达到最大热释放速率时的温度。

环氧树脂在 700 ℃时存在少量残炭(残炭率约为 2.1%),在 388 ℃时达最大热释放速率。石墨烯微片只有少量降解,残炭率很大。LDH 出现明显的三步降解,整个降解过程吸收大量的热量。在温度较低时,热失重对应 LDH 片层间结晶水的降解,这个过程在

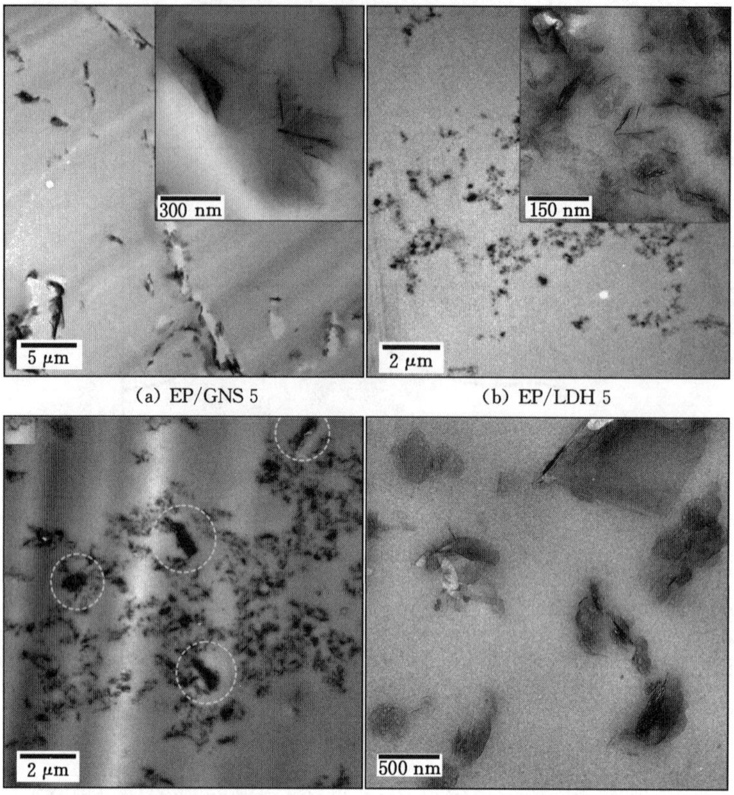

图 3-22 复合材料的透射电镜图

119.3 ℃时达最大热释放速率；当温度进一步升高时，热失重对应 LDH 的八面体结构的片层上的羟基以及片层间 NO_3^- 的降解，这两个过程分别在 359 ℃和 504.9 ℃时达最大热释放速率。LDH 降解后的残炭成分为氧化镁和三氧化二铝，700 ℃时的残炭率为51.2%。值得注意的是，石墨烯微片在环氧树脂达到降解温度之前并没有发生降解，LDH 在环氧树脂达到降解温度之前就已经开始降解，但是释放出的水蒸气和二氧化碳均为阻燃气体。

图 3-24 和表 3-3 是 EP 和 EP/LDH 1、EP/LDH 3、EP/LDH 5、EP/LDH 7、EP/LDH 10复合材料在氮气下的热重曲线及数据。从该图和表中可以看出，LDH 的加入，有助于提高环氧树脂基体的热稳定性，且 LDH 的含量越高，EP/LDH 复合材料的热稳定性越好，残炭率也越大。当 LDH 的添加量为 EP 的 10%时，环氧树脂在 700 ℃下的残炭率由原来的 2.1%提高到10.9%。但是随着 LDH 的加入，EP/LDH 达最大热释放速率时的温度以及初始分解温度都比纯环氧树脂的有所下降。这是由于 LDH 在燃烧时，在低温阶段会释放出水蒸气，从而使得 EP/LDH 复合材料的分解温度降低，但是此过程为吸热过程，对环氧树脂基体热稳定性的提高起正面作用。

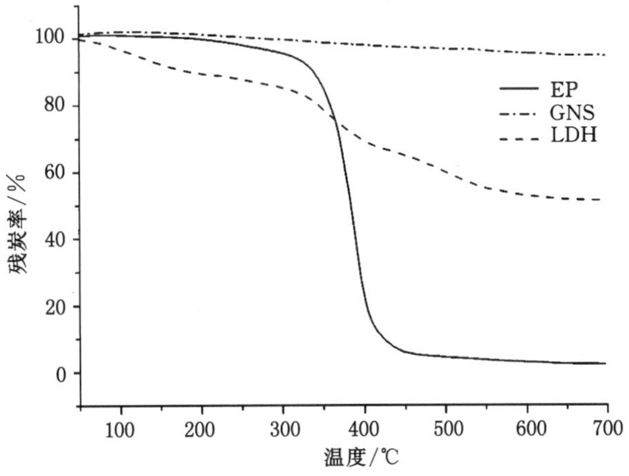

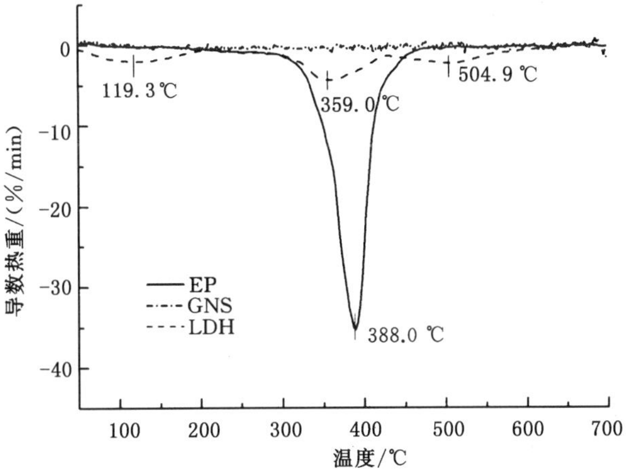

图 3-23 纯的 EP、GNS 和 LDH 在氮气下的热重曲线

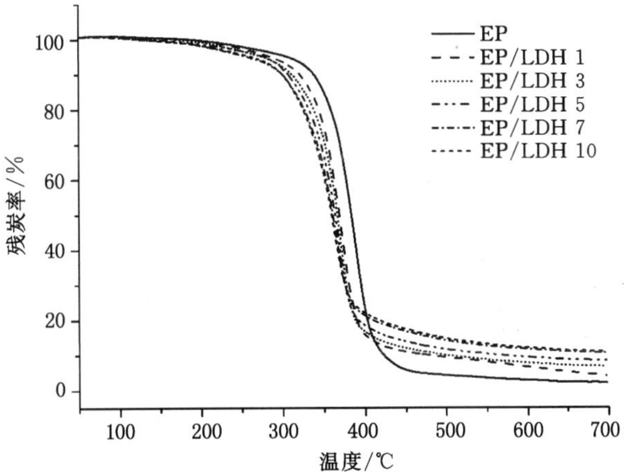

图 3-24 EP 和 EP/LDH 1、EP/LDH 3、EP/LDH 5、EP/LDH 7、EP/LDH 10 复合材料在氮气下的热重曲线

表 3-3 EP 和 EP/LDH 复合材料在氮气下的热重数据

样品	初始分解温度/ ℃	最大热释放速率对应温度/ ℃	残炭率/%
EP	306.8	388.0	2.1
EP/LDH 1	286.0	372.7	4.1
EP/LDH 3	276.3	368.0	6.8
EP/LDH 5	277.9	366.4	8.4
EP/LDH 7	257.5	365.2	10.6
EP/LDH 10	262.5	363.2	10.9

图 3-25 和表 3-4 为 EP 和 EP/GNS 5、EP/LDH 5、EP/GNS 2.5/LDH 2.5 复合材料在氮气下的热重曲线及数据。第二章的研究表明，在 EP/GNS 5 中，石墨烯微片在 400～430 ℃温度范围内改变环氧树脂的降解途径，这使环氧树脂的残炭率增加。与之相比，在 EP/LDH 5 中，LDH 在 350～450 ℃温度范围内对环氧树脂热稳定性的提高起主要作用，且环氧树脂的残炭率随着 LDH 的增加而增加。将 EP/GNS 2.5/LDH 2.5 的数据与 EP/GNS 5和 EP/LDH 5 的进行对比可看出，石墨烯微片和 LDH 在提高环氧树脂残炭率和增加其热稳定性方面没有协同作用。

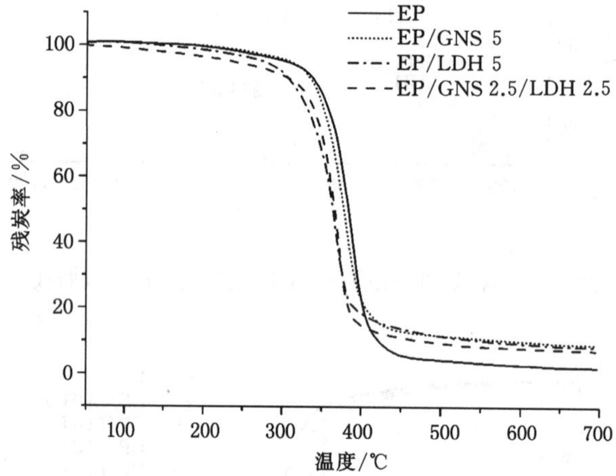

图 3-25 EP 和 EP/GNS 5、EP/LDH 5、EP/GNS 2.5/LDH 2.5 复合材料在氮气下的热重曲线

表 3-4 EP 和 EP/LDH、EP/GNS、EP/LDH/GNS 复合材料在氮气下的热重数据

样品	初始分解温度/ ℃	最大热释放速率对应温度/℃	残炭率/%
EP	306.8	388.0	2.1
EP/GNS 5	311.0	378.9	9.0
EP/LDH 5	276.8	366.9	8.4
EP/GNS 2.5/LDH 2.5	240.3	371.0	7.3

图 3-26 为 EP 和 EP/GNS 5、EP/LDH 5、EP/GNS 2.5/LDH 2.5 复合材料在氮气下热

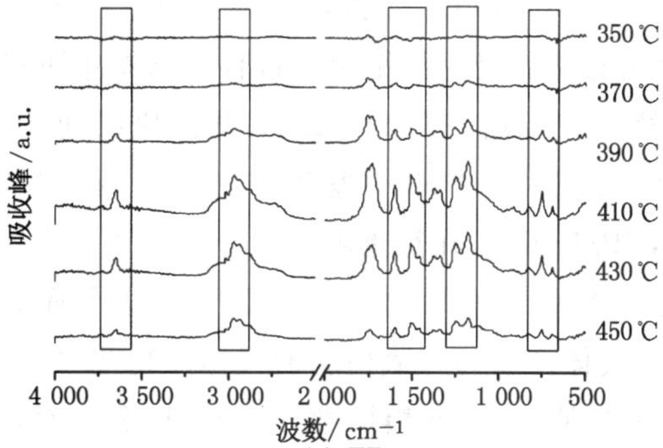

(a) EP

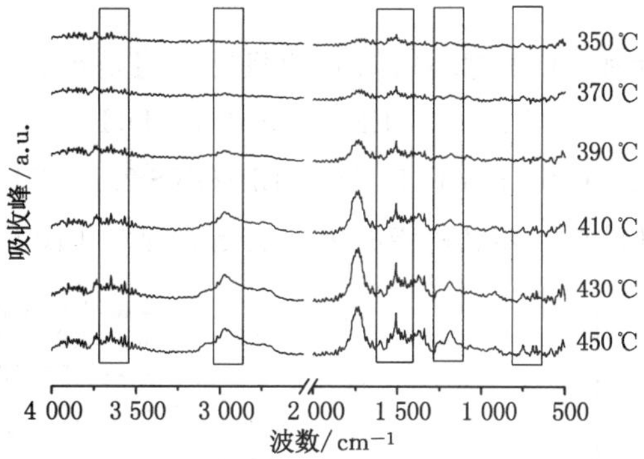

(b) EP/GNS 5

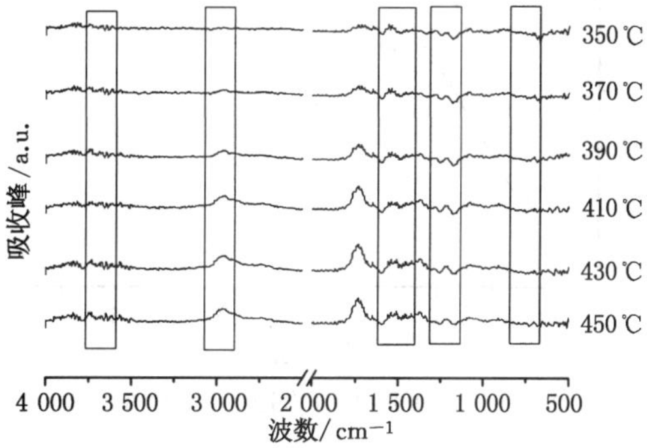

(c) EP/LDH 5

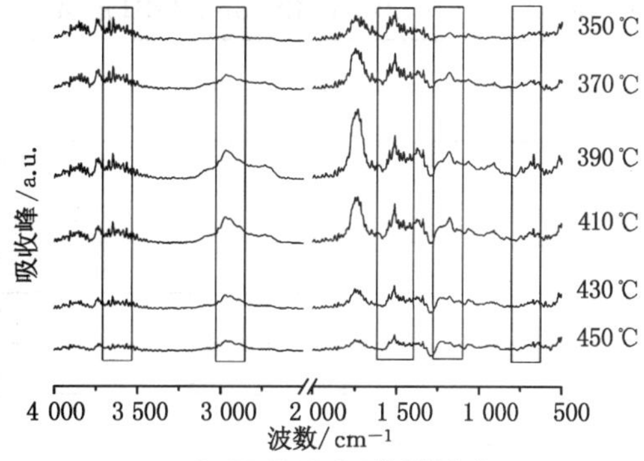

(d) EP/GNS 2.5/LDH 2.5

图 3-26　EP 和 EP/GNS 5、EP/LDH 5、EP/GNS 2.5/LDH 2.5 复合材料在氮气下热重测试中降解的气体产物在 350～450 ℃下的红外光谱图

重测试中降解的气体产物在350～450 ℃下的红外光谱图。在此温度范围内，可以看到石墨烯微片和LDH对环氧树脂的热稳定性起作用的过程。从图中可以看出，LDH在两方面改善了环氧树脂的降解途径。在温度较低时，LDH失去片层间的结晶水；在温度较高时，LDH的片层上的羟基以及片层间的NO_3^-发生降解。这两个过程都吸收大量的热。在390～450 ℃温度范围内，EP/LDH 5在热重测试中分解的气体产物与环氧树脂的气体产物基本相同，但是含芳环的产物几乎消失，这说明LDH改变了环氧树脂的降解过程。EP/GNS 2.5/LDH 2.5分解的气体产物与环氧树脂的气体产物几乎完全相同，这说明当石墨烯微片和LDH同时加入环氧树脂中时，石墨烯微片和LDH各自对环氧树脂热稳定性的改善作用反而消失。

为了考察石墨烯微片和LDH对环氧树脂的阻燃性能是否具有协同作用，我们选择了三组复合材料（EP/GNS 1、EP/LDH 1、EP/GNS 0.5/LDH 0.5；EP/GNS 3、EP/LDH 3、EP/GNS 1.5/LDH 1.5；EP/GNS 5、EP/LDH 5、EP/GNS 2.5/LDH 2.5）进行比较。图3-27和表3-5为这三组复合材料与纯环氧树脂的极限氧指数的对比图及数据。

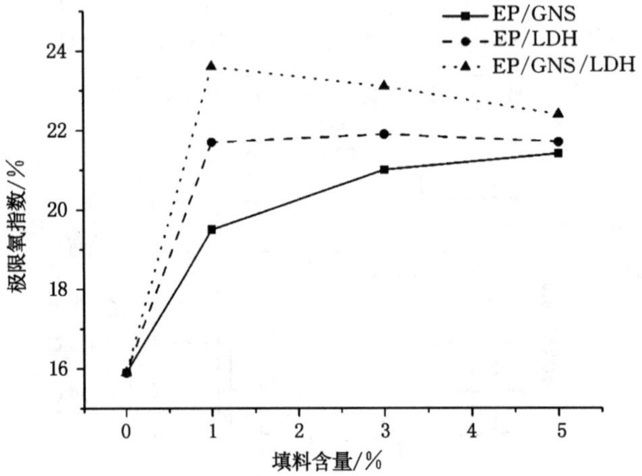

图3-27　EP、EP/GNS、EP/LDH和EP/GNS/LDH的极限氧指数的对比图

表3-5　EP、EP/GNS、EP/LDH和EP/GNS/LDH的极限氧指数

样品	极限氧指数/%
EP	15.9
EP/GNS 1	19.5
EP/GNS 3	21.0
EP/GNS 5	21.4
EP/LDH 1	21.7
EP/LDH 3	21.9
EP/LDH 5	21.7
EP/GNS 0.5/LDH 0.5	23.6
EP/GNS 1.5/LDH 1.5	23.1
EP/GNS 2.5/LDH 2.5	22.4

纯环氧树脂的极限氧指数为15.9%，极易燃烧。EP/GNS复合材料体系的极限氧指数随着石墨烯微片含量的增加而提高，但是当石墨烯微片的含量大于3%时，体系极限氧指数的增长速度明显减缓。对EP/LDH体系而言，添加1%的LDH就可以显著提高环氧树脂的极限氧指数，但是随着LDH含量的增加，体系极限氧指数并没有得到进一步改善。在EP/GNS/LDH体系中，石墨烯微片和LDH的同时加入对环氧树脂的极限氧指数的提高起协同作用。EP/GNS 1、EP/LDH 1的极限氧指数分别为19.5%和21.7%，而EP/GNS 0.5/LDH 0.5的极限氧指数为23.6%；EP/GNS 3、EP/LDH 3的极限氧指数分别为21.0%和21.9%，而EP/GNS 1.5/LDH 1.5的极限氧指数为23.1%；EP/GNS 5、EP/LDH 5的极限氧指数分别为21.4%和21.7%，而EP/GNS 2.5/LDH 2.5的极限氧指数为22.4%。

图3-28为经过极限氧指数测试后的EP、EP/GNS、EP/LDH和EP/GNS/LDH样品照片。从图中可以看出，环氧树脂在燃烧过程中出现熔滴，而EP/GNS、EP/LDH和EP/GNS/LDH均没有熔滴现象。熔滴加速了火焰从火焰处的扩散，这导致了环氧树脂的极限氧指数偏低。石墨烯微片为层状材料，能够在复合材料中起阻隔作用，可有效增加聚合物黏度，从而减少其熔融流动。

(a) EP　(b) EP/GNS 1　(c) EP/LDH 1

(d) EP/GNS 0.5/LDH 0.5　(e) EP/GNS 5　(f) EP/LDH 5　(g) EP/GNS 2.5/LDH 2.5

图3-28　极限氧指数测试后的EP、EP/GNS、EP/LDH和EP/GNS/LDH样品照片

添加LDH能够限制聚合物链的相对运动，形成LDH和基体之间的牵制。在EP/GNS和EP/LDH体系中，纳米填料和基体之间的界面作用力(EP/GNS中的GNS-EP界面，EP/LDH中的LDH-EP界面)在一定程度上阻止了环氧树脂燃烧时的链段运动，因此抑制

了环氧树脂的熔融流动及熔滴的产生。在环氧树脂中同时加入石墨烯微片和 LDH 后，复合材料体系与 EP/GNS 和 EP/LDH 体系相比，多出了 GNS-LDH 相互作用力，该作用力进一步增加了体系的熔融黏度，并通过阻止熔滴的产生而延缓了火焰传播。这是石墨烯微片和 LDH 同时加入对环氧树脂极限氧指数的提高起协同作用的主要原因。

图 3-29 为 MCC 测试中提取的材料的总热释放量。图 3-30 为 EP 和 EP/GNS、EP/LDH、EP/GNS/LDH 复合材料的热释放速率曲线。在环氧树脂中加入石墨烯微片和 LDH 后，复合材料的总热释放量均比纯环氧树脂的大幅下降。当在环氧树脂中同时加入 2.5%的石墨烯微片和 2.5%的 LDH 后，体系总热释放量从33.4 kJ/m^{2}下降到 24.6 kJ/m^2，这比单独加 5%石墨烯微片（总热释放量为 27.8 kJ/m^2）和单独加 5%LDH（总热释放量为 25.7 kJ/m^2）的更低。在环氧树脂中添加石墨烯微片时，复合材料燃烧时的热释放速率峰值的规律在上一章已经讨论过。EP/LDH 和 EP/GNS/LDH 体系的热释放速率峰值比纯环氧树脂的高，达最大热释放速率时的温度（T_{max}）比纯环氧树脂的降低，这是由于 LDH 的加入，会使体系释放出大量水蒸气，从而使热降解提前。

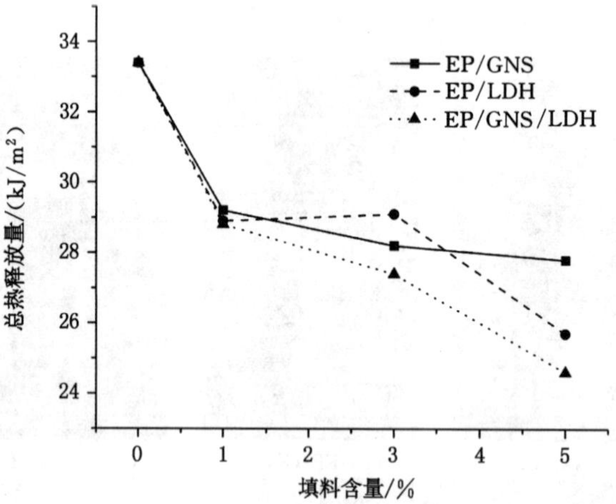

图 3-29　EP 和 EP/GNS、EP/LDH、EP/GNS/LDH 复合材料的总热释放量曲线

图 3-31 为 EP 和 EP/GNS 5、EP/LDH 5、EP/GNS 2.5/LDH 2.5 复合材料在马弗炉里煅烧后残炭表面的扫描电镜图。环氧树脂的残炭表面出现褶皱和一些裂纹。EP/GNS 5 的残炭表面出现轻微折叠变形，炭层致密性比环氧树脂的显著提高。EP/LDH 5 的残炭表面有一些小孔洞，炭层致密性较环氧树脂的有一定改善。EP/GNS 2.5/LDH 2.5 的残炭表面与环氧树脂的很相似，残炭表面出现褶皱、裂纹，同时存在一些小孔洞。EP/GNS/LDH 的残炭表面的炭层致密性比 EP/GNS 和 EP/LDH 的差。这个结果与热重分析得出的结果一致。这说明当石墨烯微片和 LDH 同时加入环氧树脂中时，石墨烯微片和 LDH 各自对环氧树脂的残炭致密性的改善作用抵消。

为了说明 EP/GNS/LDH 的残炭表面炭层致密性比 EP/GNS 和 EP/LDH 的差的原因，研究了 EP/GNS/LDH 在不同温度和时段下燃烧后残炭的形貌，通过分析残炭在燃烧过程中形貌的改变来说明其作用机理。图 3-32 是 EP/GNS 2.5/LDH 2.5 复合材料在不同条

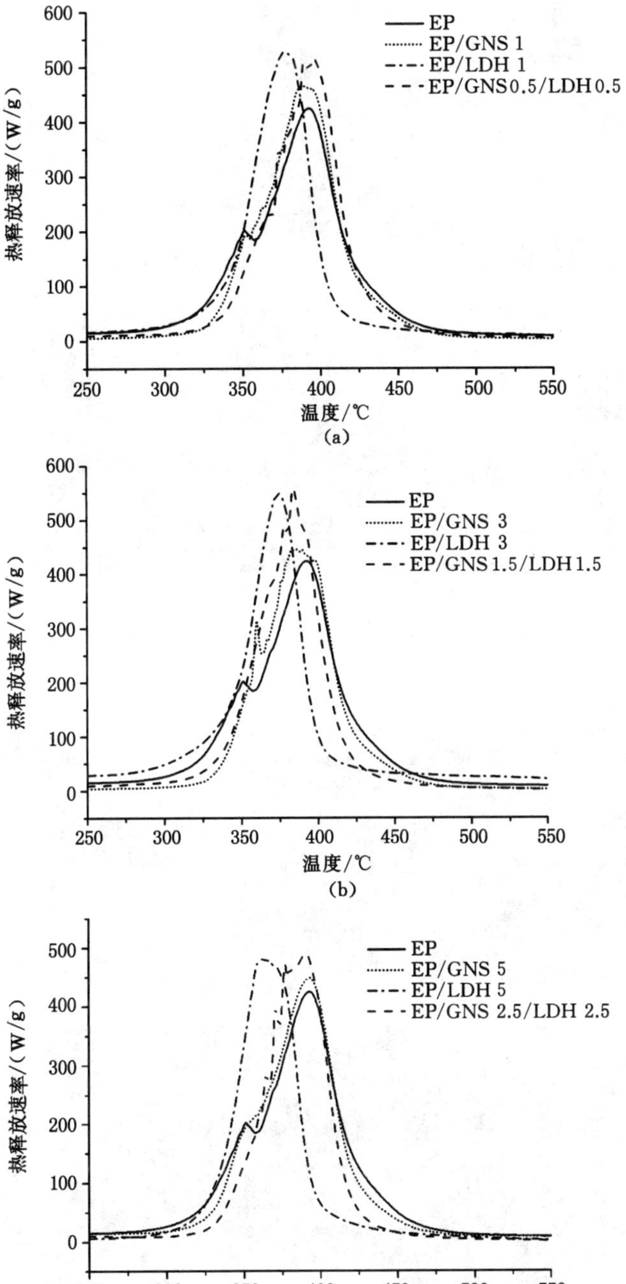

图 3-30　EP 和 EP/GNS、EP/LDH、EP/GNS/LDH 复合材料的热释放速率曲线

件下燃烧后残炭表面的扫描电镜图。在 300 ℃时持续 1 min 后，聚合物中的环氧树脂基体处于半熔融状态，聚合物在加热条件下降解。在 350 ℃时持续 2 min 后，残炭表面变得平整，致密性变好。从透射电镜图中观察到的石墨烯微片团聚体仍然存在于残炭中。由于团

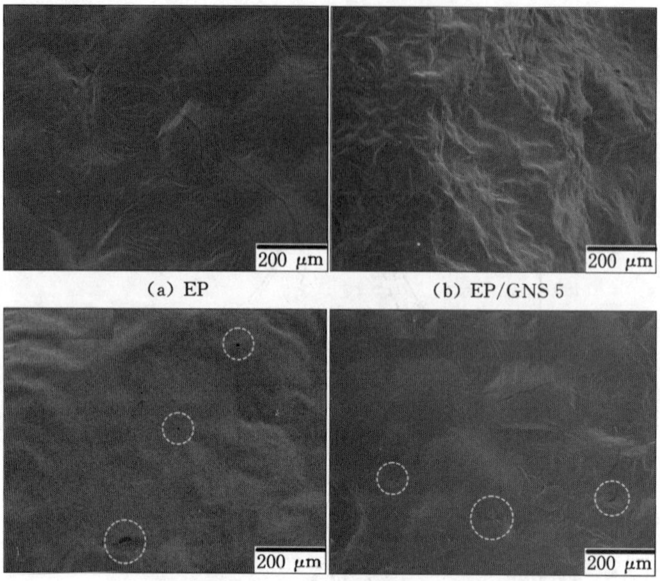

(a) EP　(b) EP/GNS 5

(c) EP/LDH 5　(d) EP/GNS 2.5/LDH 5

图 3-31　材料煅烧后残炭表面的扫描电镜图

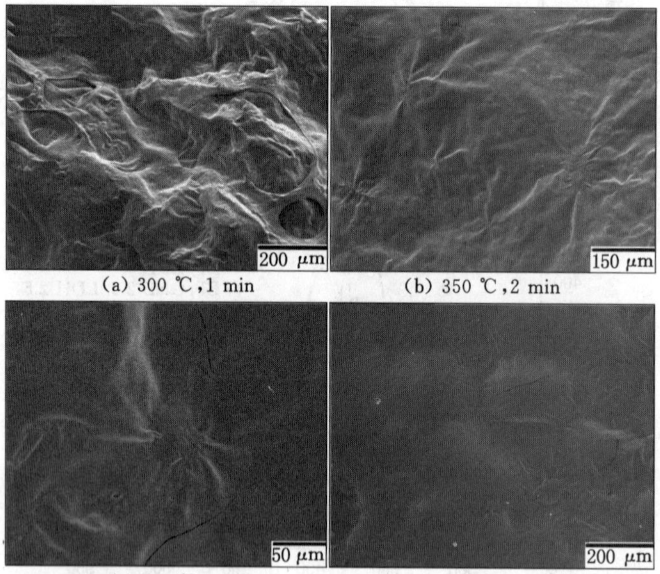

(a) 300 ℃,1 min　(b) 350 ℃,2 min

(c) 350 ℃,3 min　(d) 400 ℃,1 min

图 3-32　EP/GNS 2.5/LDH 2.5 复合材料在不同条件下燃烧后残炭表面的扫描电镜图

聚体周边的石墨烯微片部分剥离,残炭表面积变大,倾向于形成褶皱,所以整个石墨烯微片团聚体在残炭中形成类似花状的结构。在 350 ℃时持续 3 min 后,残炭在石墨烯微片团聚体的边缘处出现微裂纹。

图 3-33 为 EP/GNS/LDH 复合材料的残炭形貌形成示意。从扫描电镜图中可以看出,

纯环氧树脂的残炭会产生裂纹，而 EP/GNS 复合材料和 EP/LDH 复合材料的残炭没有裂纹。这表明，石墨烯微片和 LDH 能够有效阻止环氧树脂在燃烧成炭时产生裂纹。EP/GNS/LDH 复合材料的残炭再次出现裂纹，意味着石墨烯微片和 LDH 的同时加入，使得它们各自阻止环氧树脂在燃烧成炭时产生裂纹的能力消失。

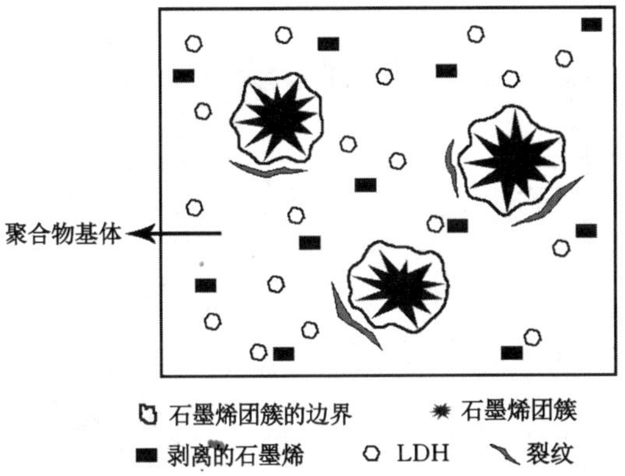

图 3-33 EP/GNS/LDH 复合材料的残炭形貌形成示意

从透射电镜图中可以看出，由于一些石墨烯微片发生团聚，整个 EP/GNS/LDH 聚合物体系可以看作两个部分，这两个部分对应不同的燃烧机理。一个部分是环氧树脂基体、剥离的 LDH 和剥离的石墨烯微片的均匀共存区；另一个部分是石墨烯微片团聚体以及其周边的少量环氧树脂。在图 3-33 中，小的六边形和黑色长方形分别代表 LDH 和剥离的石墨烯微片。黑色的不规则线圈代表石墨烯微片团聚体和周边环氧树脂与均匀的环氧树脂、LDH、石墨烯微片混合区的边界。大块的黑色星状物代表石墨烯微片团聚体。灰色的条代表燃烧过程中出现的裂纹。由于这两个部分的结构和形貌不同，其燃烧时的炭层结构以及形成炭层的时间也不同，这种不同步导致了裂纹在两部分的界面处产生。裂纹影响了 EP/GNS/LDH体系残炭的致密性，削弱了炭层的阻隔作用。因此，石墨烯微片和 LDH 对促进环氧树脂燃烧时形成炭层和抑制气体产物的逸出没有协同作用。扫描电镜法的观察结果和解释与热重和红外分析的结果相一致。

二、GNS 接枝 LDH 协同阻燃环氧树脂

本部分的实验原料与第一部分的相同，分析测试方法也相同。

采用水热法将 LDH 在石墨烯微片片层上原位合成结晶，以制备 GNS-LDH 杂化物。将 250 mL 的含石墨烯微片的水悬浮液(0.5 mg/mL)放入高压水热反应釜内，加入适量的 $Mg(NO_3)_2 \cdot 6H_2O$，$Al(NO_3)_3 \cdot 9H_2O$ 和 NaOH 将混合溶液的 pH 调整为 10.0±0.1。将水热反应釜放入烘箱中 95 ℃下烘 24 h，随后过滤、洗涤、80 ℃下真空干燥 12 h。所得粉末即 GNS-LDH 杂化物。

EP/GNS-LDH 复合材料的制备：

将 GNS-LDH 杂化物粉末加入一定量的环氧树脂单体中，冰浴超声，同时机械搅拌

1.5 h。在混合物中加入固化剂高速搅拌 0.5 h，抽真空 1 h 排气泡。用注射器将混合物小心地注入硅橡胶模具中，将模具在烘箱中 50 ℃下预固化 5 h、110 ℃下固化 2 h。所得样品即 EP/GNS-LDH 复合材料。

图 3-34 为 GNS-LDH 的扫描电镜图。从图中可以直观地看出，尺寸较小的 LDH 成功地吸附生长在石墨烯微片的大片层上。

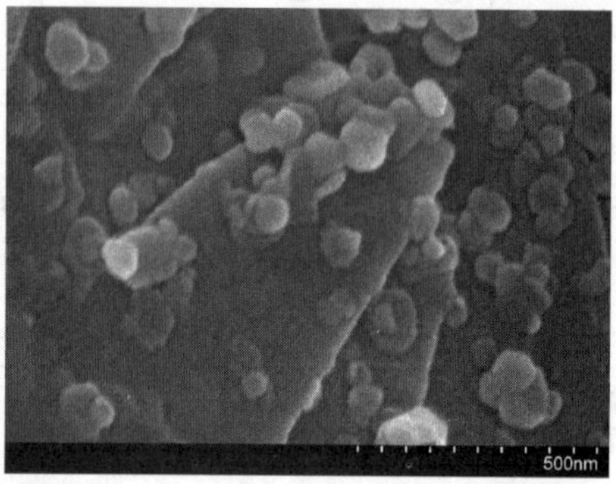

图 3-34 GNS-LDH 的扫描电镜图

图 3-35 为 GNS-LDH 和 EP/GNS-LDH 1 与 GNS、LDH 和 EP/GNS 0.5/LDH 0.5 复合材料的 X 射线衍射对比图。在 GNS-LDH 中，2θ 分别为 26.5°处和 10.9°处出现尖锐的衍射峰，这表明被测物中同时存在石墨烯微片和 LDH，且石墨烯微片和 LDH 都不完全剥离。在 EP/GNS-LDH 1 中，石墨烯微片和 LDH 的特征衍射峰仍然存在，石墨烯微片和 LDH 在环氧树脂中存在团聚现象。与此相比，当分别在环氧树脂中加入石墨烯微片和 LDH 时，LDH 完全剥离，比 LDH 在 EP/GNS-LDH 中的分散性好。

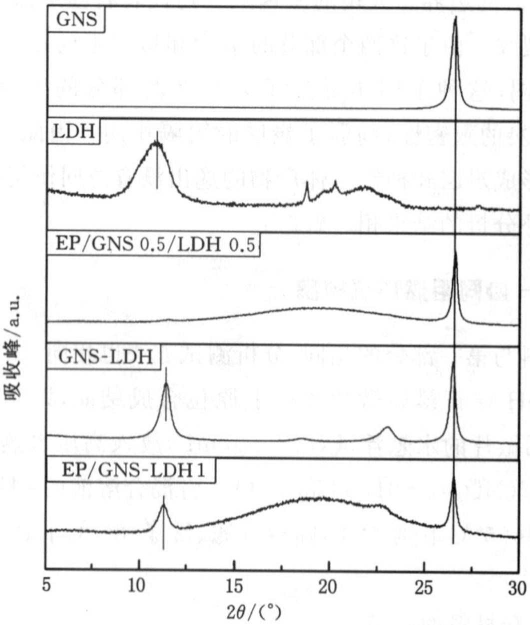

图 3-35 GNS、LDH、GNS-LDH 和 EP/GNS/LDH 复合材料的 X 射线衍射对比图

图 3-36 为 GNS-LDH 静电吸附物的透射电镜图。从图中可以明显看出，尺寸较小的 LDH 片层附着在不规则的大的石墨烯微片片层上。由于 LDH 的隔离作用，石墨烯微片的片层之间的吸附力减弱，石墨烯微片部分剥离。

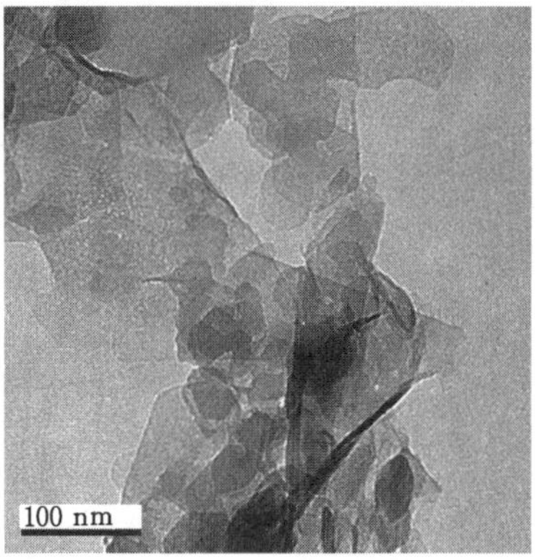

图 3-36　GNS-LDH 静电吸附物的透射电镜图

图 3-37 为 EP/GNS-LDH 复合材料在不同放大倍数下的透射电镜图。从低放大倍数图中可看出，填料的分布大致均匀，没有尺寸十分大的团聚体存在。从高放大倍数图中可看出，体系中存在剥离的石墨烯微片，但石墨烯微片上并没有 LDH 附着。结合扫描电镜图可以得出，GNS-LDH 与环氧树脂共混后，吸附在石墨烯微片上的 LDH 在共混搅拌等过程中脱离。由于环氧树脂体系黏度较大，体系中被 LDH 隔离开、进而剥离的石墨烯微片来不及吸附团聚在一起，所以体系中石墨烯微片的分散性比仅添加石墨烯微片共混时的分散性好。而体系中 LDH 的分散性比仅添加 LDH 共混时的分散性差，这是由于，当 LDH 沉降在石墨烯微片上时，部分 LDH 出现团聚，团聚的 LDH 在环氧树脂体系中不易被打开。即当仅添加 LDH 时，LDH 在体系中以剥离态存在。

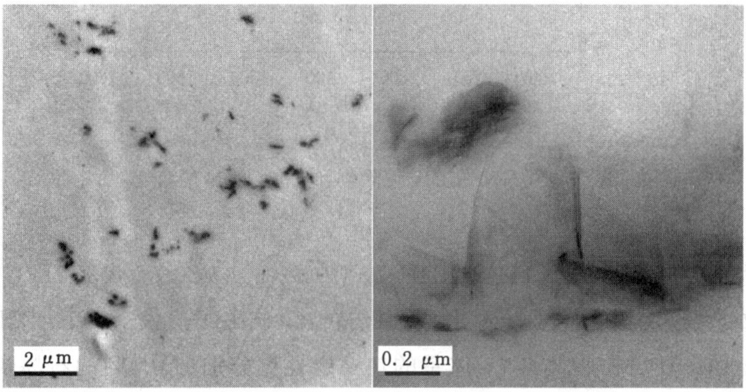

(a)　(b)

图 3-37　EP/GNS-LDH 复合材料在不同放大倍数下的透射电镜图

图 3-38 为 GNS-LDH 吸附物和 LDH 的热重曲线。从图中可以看出，GNS-LDH 吸附

物的热失重主要分为三个部分，与 LDH 的三个失重峰相对应。GNS-LDH 吸附物在700 ℃下的残炭率约为 73%。而纯的石墨烯微片和 LDH 在 700 ℃下的残炭率分别为95.8%和51.2%，由此可推算出，在我们所制得的 GNS-LDH 吸附物中，石墨烯微片和 LDH 的质量分别占 60.5%和 39.5%。

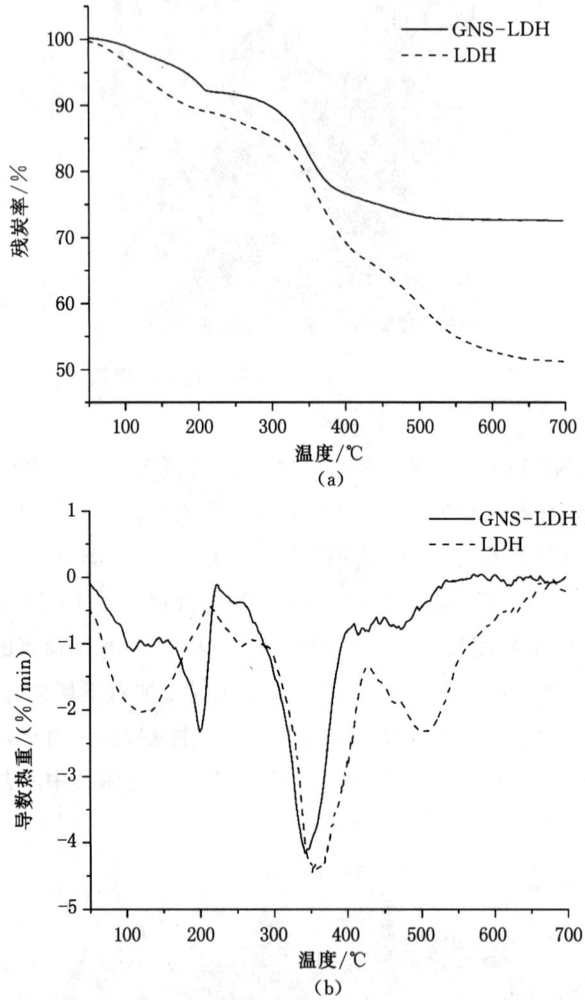

图 3-38　GNS-LDH 吸附物和 LDH 的热重曲线

图 3-39 为 EP 和 EP/GNS 1、EP/LDH 1、EP/GNS 0.5/LDH 0.5、EP/GNS-LDH 1 复合材料的热重曲线。从图中可以看出，将 1% 的 GNS-LDH（GNS 和 LDH 的比例约为 1.5∶1)吸附物加入环氧树脂体系中，体系的热稳定性比分别加 0.5%的石墨烯微片和 LDH 的热稳定性差，但是比纯环氧树脂的略有提高。EP/GNS-LDH 1 复合材料在 700 ℃下的残炭率比纯环氧树脂的稍高，但是比 EP/GNS 1，EP/LDH 1 和 EP/GNS 0.5/LDH 0.5 的都低。这表明，将石墨烯微片和 LDH 进行吸附生长处理后，石墨烯微片和 LDH 对提高环氧树脂热稳定性的协同作用消失。

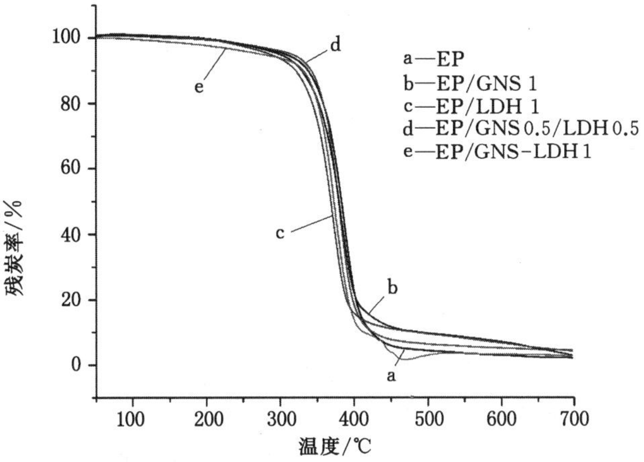

(a)

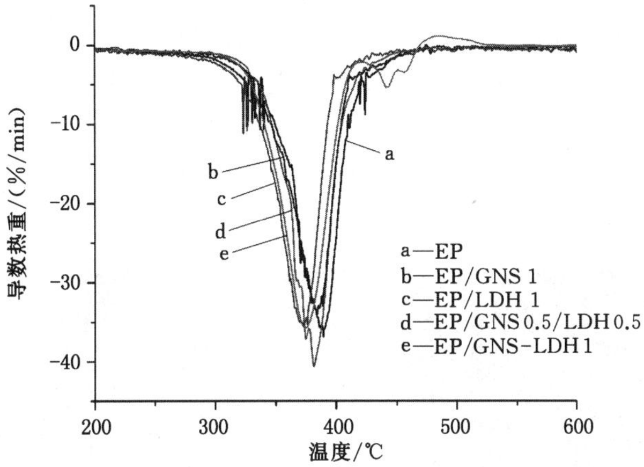

(b)

图 3-39 EP 和 EP/GNS 1、EP/LDH 1、EP/GNS 0.5/LDH 0.5、EP/GNS-LDH 1 复合材料的热重曲线

表 3-6 为 EP、EP/GNS 1、EP/LDH 1、EP/GNS 0.5/LDH 0.5 和 EP/GNS-LDH 1 的 MCC 测试数据。可以看出，MCC 测试数据的变化趋势和热重分析数据的变化趋势相同。EP/GNS-LDH 1 的总热释放量比纯环氧树脂的低，但是比 EP/GNS 1、EP/LDH 1、EP/GNS 0.5/LDH 0.5的高。吸附在一起后的石墨烯微片和 LDH 在阻燃环氧树脂方面起到对抗作用，这点说明，LDH 的分散性对 EP/GNS/LDH 复合材料的阻燃是一个极其重要的因素。EP/GNS 0.5/LDH 0.5 的热释放速率峰值介于 EP/GNS 1 和 EP/LDH 1 的之间，高于纯环氧树脂的。EP/GNS-LDH 1 的热释放速率峰值比 EP/GNS 0.5/LDH 0.5 的高很多，达最大热释放速率时的温度比EP/GNS 0.5/LDH 0.5 的低。

表 3-6 EP、EP/GNS 1、EP/LDH 1、EP/GNS 0.5/LDH 0.5 和 EP/GNS-LDH 1 的 MCC 测试数据

样品	总热释放量/(kJ/m^2)	热释放速率峰值/(W/g)	最大热释放速率对应温度/℃
EP	33.4	424.5	393.2
EP/GNS 1	29.2	465.2	387.8
EP/LDH 1	28.9	526.3	375.6
EP/GNS 0.5/LDH 0.5	28.8	514.3	396.0
EP/GNS-LDH 1	31.9	582.8	387.6

为了研究 EP/GNS-LDH 1 阻燃效果比 EP/GNS 0.5/LDH 0.5 的差的原因，比较了两者的残炭形貌。由残炭表面的致密性和完整性可以看出炭层的阻隔效果，而由残炭底部的形貌可以看出燃烧时的过程和变化。图 3-40 和图 3-41 分别为复合材料燃烧后的残炭表面和残炭底部的扫描电镜图。从图中可以看出，EP/GNS-LDH 1 的残炭表面和残炭底部都出现很大的裂纹，这说明 GNS-LDH 吸附物在环氧树脂的燃烧过程中阻隔作用很差，得到的残炭致密性也差，残炭无法作为热量和可燃气体传递的壁垒，所以体系的热稳定性和阻燃性基本没有得到提高。EP/GNS 0.5/LDH 0.5 的残炭形貌较好，残炭表面只出现一些微裂纹；残炭底部的致密性也很好，只出现一些褶皱。这说明当单独加入石墨烯微片和 LDH 时，石墨烯微片和 LDH 的炭层质量比加入 GNS-LDH 吸附物时的好。

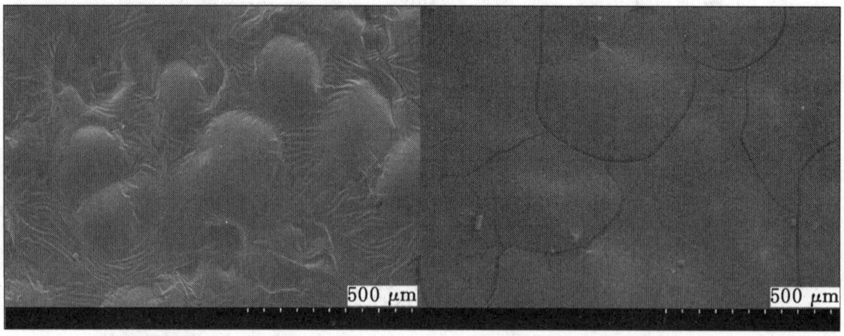

(a) EP/GNS 0.5/LDH 0.5　　(b) EP/GNS-LDH 1

图 3-40 复合材料燃烧后残炭表面的扫描电镜图

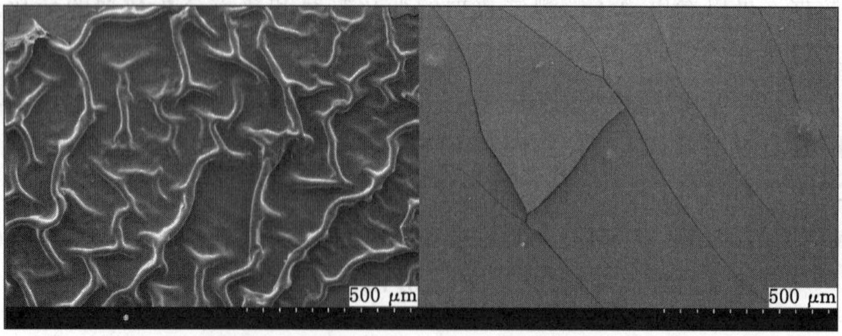

(a) EP/GNS 0.5/LDH 0.5　　(b) EP/GNS-LDH 1

图 3-41 复合材料燃烧后残炭底部的扫描电镜图

通过以上研究可以得出：

LDH 在 EP/LDH 和 EP/GNS/LDH 中都剥离。石墨烯微片在 EP/GNS/LDH 中部分剥离、部分团聚。石墨烯微片和 LDH 的添加量对其在 EP/GNS/LDH 复合材料中的分散性影响不大。

高温时环氧树脂几乎完全降解，只存在少量残炭；石墨烯微片只有少量降解，燃烧后残炭率很高；LDH 出现明显的三步降解，且 LDH 在环氧树脂达降解温度之前就已经开始降解，但是释放出的水蒸气和二氧化碳均为阻燃气体。LDH 在 350～450 ℃温度范围内改变了环氧树脂的降解过程。LDH 的加入量越高，EP/LDH 复合材料的热稳定性越好，燃烧后残炭率也越高。石墨烯微片和 LDH 在提高环氧树脂残炭率和增加其热稳定性方面没有协同作用。

在 EP/LDH 中，仅添加 1%的 LDH 就可以显著提高环氧树脂的极限氧指数，但是随着 LDH 含量的增加，体系极限氧指数并没有得到进一步改善。在 EP/GNS/LDH 体系中，石墨烯微片和 LDH 对环氧树脂极限氧指数的提高起协同作用。环氧树脂在燃烧过程中出现熔滴，熔滴加速了火焰的扩散，从而导致极限氧指数降低，而 EP/LDH 和 EP/GNS/LDH 均没有熔滴现象。在 EP/GNS 和 EP/LDH 体系中，纳米填料和基体之间的作用力阻止了环氧树脂燃烧时的链段运动，从而减少了环氧树脂的熔融流动及熔滴。在环氧树脂中同时加入石墨烯微片和 LDH 后，复合材料体系又出现 GNS-LDH 相互作用力，这进一步增加了体系的熔融黏度，从而阻止熔滴，延缓火焰传播。EP/LDH 复合材料的总热释放量比纯环氧树脂的低。当在环氧树脂中同时加入 2.5%的石墨烯微片和 2.5%的 LDH 后，体系总热释放量从 33.4 kJ/m^2 下降到 24.6 kJ/m^2。

EP/GNS/LDH 体系可以看作两个部分：一部分是环氧树脂基体、剥离的 LDH 和剥离的石墨烯微片的均匀共存区；另一部分是石墨烯微片团聚体以及包覆在石墨烯微片团聚体周边的少量环氧树脂。两部分的组成和形貌不同，其燃烧时的炭层结构以及形成炭层的时间也不同，从而导致裂纹在两部分的界面处产生。

成功制备了 GNS-LDH 静电吸附物。在 EP/GNS-LDH 中，石墨烯微片和 LDH 都存在团聚现象。由于 LDH 的隔离作用，石墨烯微片分散性变好。GNS-LDH 在 EP/GNS-LDH 复合材料中的分布大致均匀，体系中存在剥离的石墨烯微片，但石墨烯微片上并没有 LDH 附着。EP/GNS-LDH 复合材料的热稳定性和燃烧后残炭致密性比 EP/GNS/LDH 的差，但是比纯环氧树脂的略有提高。EP/GNS-LDH 复合材料在 700 ℃下的残炭率比纯环氧树脂的稍高，总热释放量比纯环氧树脂的低。LDH 的分散性对环氧树脂的阻燃是一个极其重要的因素。

三、GNS 和 LRH 协同阻燃环氧树脂

层状稀土氢氧化物(LRH)的通式为 $RE_2(OH)_5X \cdot nH_2O$，其中 RE 表示稀土元素，X 表示层状物的片层间的有机或无机阴离子。LRH 是典型的阴离子交换类层状化合物。LRH 的一般结构类似于传统的 LDH，由交替的带正电的氢氧化物层和带负电的阴离子层组成。由于它可以与许多有机阴离子在其层间进行离子交换反应，LRH 成为很多活性分子

的新型层状载体。由于稀土元素具有独特的电学、光学、磁和催化等性能，因此人们期望LRH不仅可表现出阴离子交换性能，同时可拥有催化活性和丰富的插层反应性。近几年来，LRH的合成、结构表征、阴离子交换和剥离过程引起了广泛关注。

很多情况下稀土元素在燃烧过程中能起到催化聚合物成炭的作用，这部分实验尝试将稀土元素引入LDH结构中，合成不同种类和形貌的LRH，并将LRH引入环氧树脂中，希望LRH既能起到像LDH的片层结构对环氧树脂燃烧时的吸热和阻隔一样的作用，也能对环氧树脂燃烧起到一定的催化成炭作用。下面考察LRH对环氧树脂是否具有阻燃作用。

实验原料为：环氧树脂(JY-256，密度1.13～1.15 g/cm^3，环氧值0.54～0.56 mol/100 g)，购于常熟佳发化学有限责任公司；聚氧化丙烯二胺（Jeffamine D230，环氧当量60)，购于美国亨斯迈公司；石墨烯微片(JCGNP-1，平均密度2.25 g/cm^3，纯度大于99.5%)，购于南京吉仓纳米科技有限公司；$Yb(NO_3)_3 \cdot 5H_2O$(分析纯)和$Gd(NO_3)_3 \cdot 6H_2O$(分析纯)，购于阿拉丁试剂(上海)有限公司；KOH(分析纯)，购于上海化学试剂有限公司。

本部分的分析测试方法与第一部分的相同。

通过水热反应合成层状稀土氢氧化物$Gd_2(OH)_5NO_3 \cdot nH_2O$，$Yb_2(OH)_5NO_3 \cdot nH_2O$和$(Gd_{1-x}Yb_x)_2(OH)_5NO_3 \cdot nH_2O$($x$取值范围是0～1)。在此反应中，溶液的pH(pH取值范围是6.7～7.2)是形成层状氢氧化物结构的关键。反应在过高的pH范围内进行时，会产生大量的$RE(OH)_3$杂质相；而在较低的pH范围内反应时，层状稀土氢氧化物产品的产率很低[2]。将适量的KOH溶液加入$Gd_2(NO_3)_3 \cdot 6H_2O$[或$Yb(NO_3)_3 \cdot 5H_2O$，或$Gd_2(NO_3)_3 \cdot 6H_2O$和$Yb(NO_3)_3 \cdot 5H_2O$混合物]溶液中，调节pH为7.0±0.1。将所得悬浮液转移到含聚四氟乙烯衬套的不锈钢高压水热反应釜中，并持续搅拌30 min。将高压水热反应釜密封并放入烘箱中预热至130 ℃。24 h后，将高压水热反应釜取出，自然冷却至室温。将水热反应产物过滤、用去离子水洗涤，并在60 ℃下干燥24 h。为了方便表述，将所得层状稀土氢氧化物样品分别编号为R1[$Gd_2(OH)_5NO_3 \cdot nH_2O$]，R2[$Yb_2(OH)_5NO_3 \cdot nH_2O$]和R3[$(Gd_{1-x}Yb_x)_2(OH)_5NO_3 \cdot nH_2O$]。需要说明的是，下文中R1即Gd-LRH，R2即Yb-LRH，R3即Gd/Yb-LRH。

将干燥后的LRH分散在DMF中超声振动，同时机械搅拌1.5 h。在混合液中加入一定量的环氧树脂单体超声振动，同时机械搅拌1.5 h。将所得LRH、EP和DMF混合液放入油浴中，160 ℃下搅拌5 h以除去DMF。随后160 ℃下抽真空1 h以除去残留的DMF。将所得LRH和环氧树脂混合物冷却至室温后，加入固化剂高速搅拌0.5 h，随后抽真空1 h以排出气泡。用注射器将混合物小心注入硅橡胶模具中，将模具在烘箱中50 ℃下预固化5 h、110 ℃下固化2 h。所得样品即EP/LRH复合材料。为了方便表述，将样品编号为EP/R1[EP/$Gd_2(OH)_5NO_3 \cdot nH_2O$]、EP/R2[EP/$Yb_2(OH)_5NO_3 \cdot nH_2O$]和EP/R3[EP/$(Gd_{1-x}Yb_x)_2(OH)_5NO_3 \cdot nH_2O$]。

图3-42为三种LRH和对应的三种EP/LRH复合材料的X射线衍射图。表3-7是测试样品的编号以及由X射线衍射推导出的样品的层间距。R1在2θ为16.1°处尖锐的衍射峰表明Gd-LRH的层间距为0.55 nm。R2在2θ为10.9°处尖锐的衍射峰表明Yb-LRH的层间距为0.81 nm。R3在2θ为10.4°处尖锐的衍射峰表明Gd/Yb-LRH的层间距为

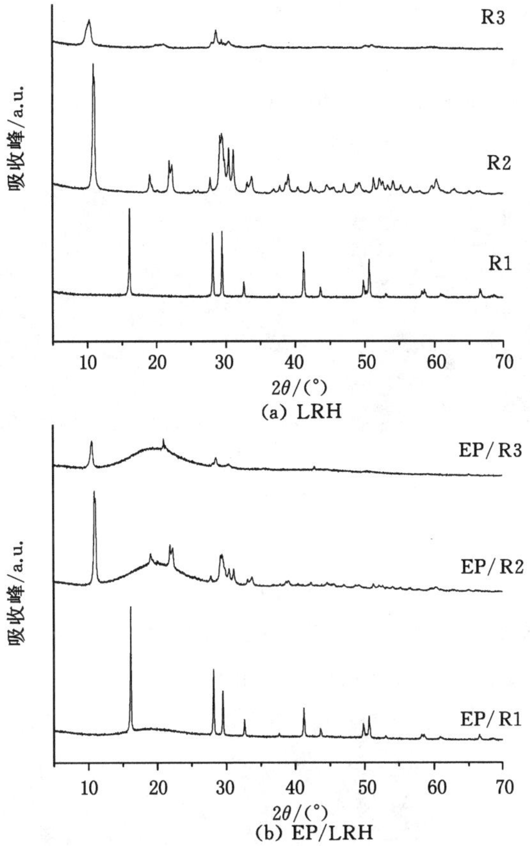

图 3-42　三种 LRH 和对应的 EP/LRH 复合材料的 X 射线衍射图

0.85 nm。LRH 中同时掺杂两种稀土元素后，片层间距变大。在三种 EP/LRH 复合材料中，对应的 LRH 的特征衍射峰仍然存在，这表明 LRH 在三种 EP/LRH 复合材料中发生团聚。一般而言，将层状物加入聚合物中，如果聚合物进入层间起支撑作用，则层状物的层间距会增大。如果聚合物未进入层状物的片层间，则层状物的层间距保持不变，EP/R1 和 EP/R2 复合材料正是这种情况。值得注意的是，EP/R3 复合材料的片层间距反而比 R3 的小，这可能是由于，在 EP/R3 复合材料中，处在 R3 片层外的环氧树脂固化速度很快，R3 片层受到固化硬化后的环氧树脂的挤压。

表 3-7　LRH 和 EP/LRH 的编号和层间距

编号	编号对应的样品	层间距/nm
R1	$Gd_2(OH)_5NO_3 \cdot nH_2O$	0.55
R2	$Yb_2(OH)_5NO_3 \cdot nH_2O$	0.81
R3	$(Gd_{1-x}Yb_x)_2(OH)_5NO_3 \cdot nH_2O$	0.85
EP/R1	实验中 EP 与 R1 的质量比例为 100∶1	0.55
EP/R2	实验中 EP 与 R2 的质量比例为 100∶1	0.81
EP/R3	实验中 EP 与 R3 的质量比例为 100∶1	0.83

图 3-43 为三种 LRH 的扫描电镜形貌图。从图中可以看出，Gd-LRH 形成长条状的结晶物，每一个长条又由很薄的矩形片层堆砌而成。Yb-LRH 形成三棱柱形的结晶物，三棱柱也均由很薄的矩形片层堆砌而成，且堆砌的方向固定。Gd/Yb-LRH 形成不规则的片状物，尺寸比 Gd-LRH 和 Yb-LRH 小很多。

(a) R1　　(b) R2　　(c) R3

图 3-43　三种 LRH 的扫描电镜形貌图

图 3-44 为三种 EP/LRH 复合材料的扫描电镜形貌图。从图中可以看出，Gd-LRH、Yb-LRH和 Gd/Yb-LRH 在环氧树脂中的分散不特别均匀，它们在环氧树脂中的形貌仍然保持着各自的特点，并没有变成片层状而均匀混合。

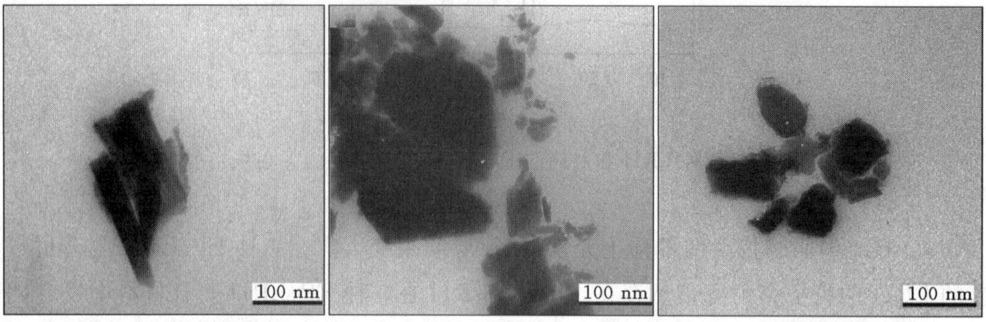

(a) EP/R1　　(b) EP/R2　　(c) EP/R3

图 3-44　三种 EP/LRH 复合材料的扫描电镜形貌图

图 3-45 和表 3-8 为纯的环氧树脂、三种 LRH 和对应的 EP/LRH 复合材料在氮气下的热重曲线及数据。从图 3-45 和表 3-8 中可以看出，Gd-LRH 和 Yb-LRH 分别出现两个热释放速率峰值，一个比环氧树脂的热释放速率峰值提前，一个延后。Gd/Yb-LRH 出现三个热释放速率峰值，其中两个比环氧树脂的热释放速率峰值提前，一个延后。对于纯的 LRH 而言，Gd-LRH 在 700 ℃ 下的残炭率比 Yb-LRH 的高，Gd/Yb-LRH 的残炭率最小。在 EP/LRH复合材料中，三种复合材料都只出现一个热释放速率峰值。EP/Yb-LRH 的热稳定性最好，残炭率最大，且达热释放速率峰值的温度比纯环氧树脂的高。EP/Gd-LRH 和 EP/(Gd/Yb-LRH)的残炭率比纯环氧树脂的稍有增加，但是达热释放速率峰值的温度比纯环氧树脂的低。

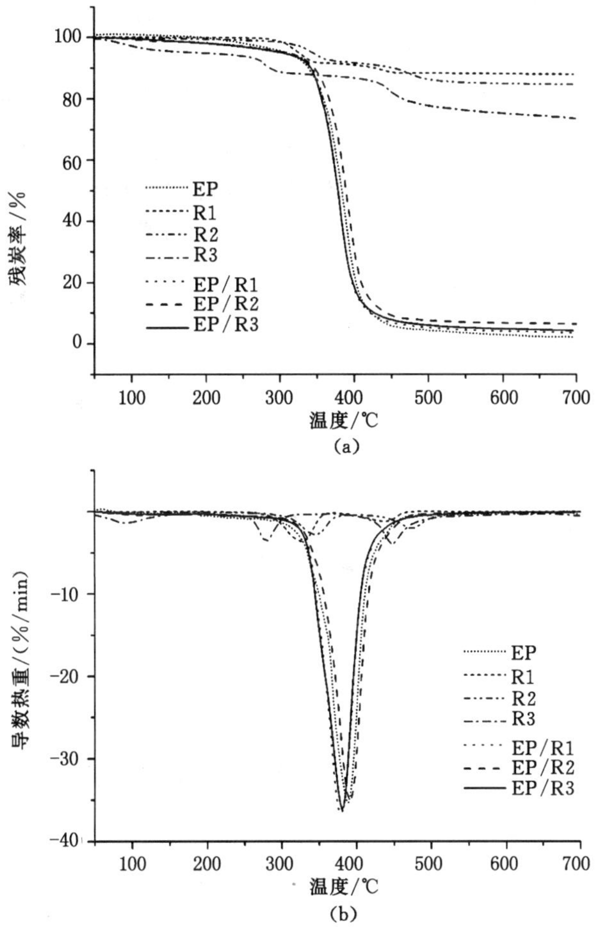

图 3-45　EP、三种 LRH 和对应的 EP/LRH 复合材料在氮气下的热重曲线

表 3-8　EP、三种 LRH 和对应的 EP/LRH 复合材料在氮气下的热重数据

样品	初始分解温度/℃	残炭率/%	导数热重(峰一)对应温度/℃	导数热重(峰二)对应温度/℃	导数热重(峰三)对应温度/℃
EP	306.8	2.1	—	—	388.0
R1	325.6	87.9	—	327.3	437.0
R2	344.2	84.6	—	345.0	473.2
R3	184.0	73.5	90.8	278.3	447.0
EP/R1	307.6	3.60	—	—	378.9
EP/R2	307.0	6.40	—	—	391.2
EP/R3	300.4	4.30	—	—	380.9

结合前述分析可以看出，EP/LRH 复合材料的热性能比 EP/LDH 复合材料的差，这是由于 LRH 在环氧树脂中达不到均匀分散，存在团聚现象，LRH 层状物并没有起到 LDH 的

层状结构的作用。同时,实验证明,稀土元素不能对环氧树脂起催化成炭的作用。

图 3-46 和表 3-9 分别为环氧树脂和三种 EP/LRH 复合材料的热释放速率曲线及数据。从图 3-46 和表 3-9 中可以看出,三种 EP/LRH 复合材料达最大热释放速率时的温度都比纯环氧树脂的高,且热释放速率峰值均比纯环氧树脂的高。EP/Yb-LRH 的阻燃性比 EP/Gd-LRH 和 EP/(Gd/Yb-LRH)的好。但是 EP/LRH 复合材料的阻燃性能比 EP/LDH 复合材料的差,LRH 并没有起到 LDH 的层状结构的作用,同时,稀土元素也不能对环氧树脂起催化成炭的作用。

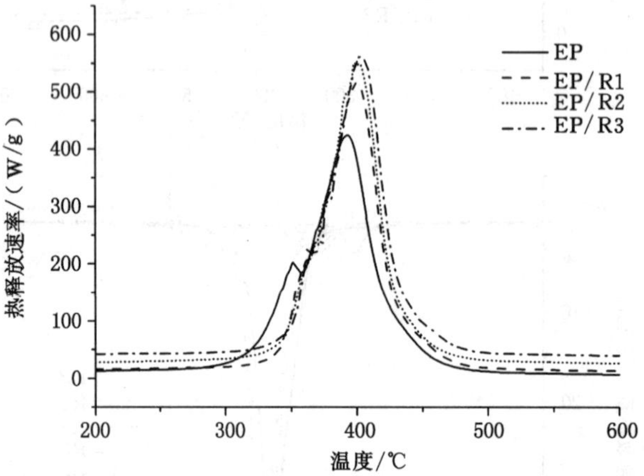

图 3-46　EP 和 EP/LRH 复合材料的热释放速率曲线

表 3-9　EP 和 EP/LRH 复合材料的热释放速率数据

样品	热释放速率峰值/(W/g)	总热释放量/(MJ/m^2)	最大热释放速率对应温度/℃
EP	424.5	33.4	393.2
EP/R1	561.5	38.0	401.9
EP/R2	516.0	31.6	399.7
EP/R3	550.0	34.9	398.3

图 3-47 是纯环氧树脂和三种 EP/LRH 复合材料在马弗炉里煅烧后的残炭底部扫描电镜图。从图中可以看出,纯环氧树脂出现很多大裂纹和孔洞;三种 EP/LRH 复合材料的残炭底部都比纯环氧树脂的略好,但是改善效果不明显。其中,EP/Gd-LRH 的残炭出现很多孔洞;EP/Yb-LRH 的残炭出现很多微裂纹;而 EP/(Gd/Yb-LRH)的残炭既有孔洞,也有微裂纹出现。

图 3-48 是纯环氧树脂和三种 EP/LRH 复合材料在马弗炉里煅烧后的残炭表面扫描电镜图。从图中可以看出,纯环氧树脂出现很多微裂纹和鼓泡,这种现象在前文中已经作了解释。EP/Gd-LRH 复合材料的残炭表面比纯环氧树脂的更差,表面出现大的裂纹。EP/Gd-LRH 的残炭与环氧树脂的相当,既有微裂纹,也存在鼓泡现象;EP/Yb-LRH 的残炭出现很多微裂纹;而 EP/(Gd/Yb-LRH)的残炭既有裂纹,也有鼓泡现象。三种 LRH 的加入,都没有改善环氧树

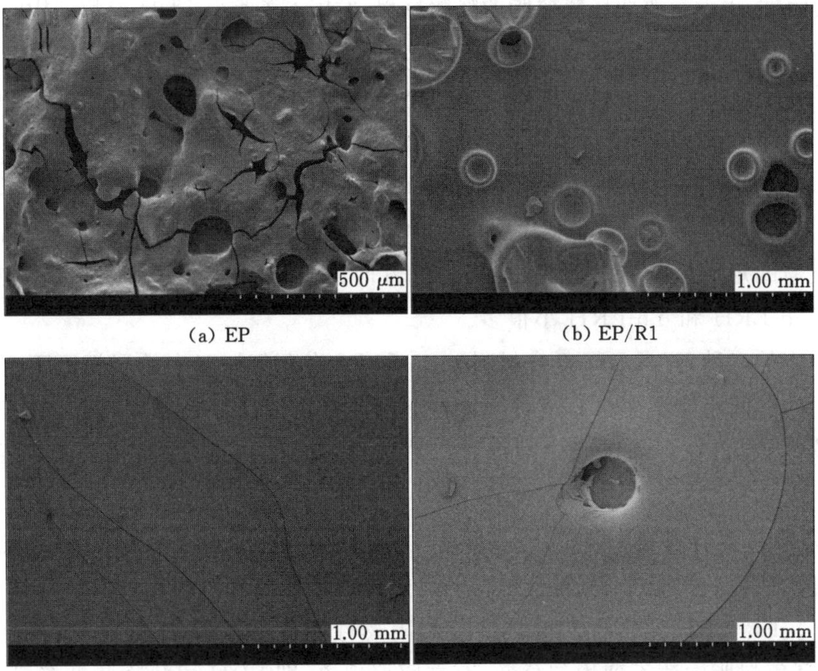

(a) EP　(b) EP/R1

(c) EP/R2　(d) EP/R3

图 3-47 几种材料在马弗炉里煅烧后的残炭底部扫描电镜图

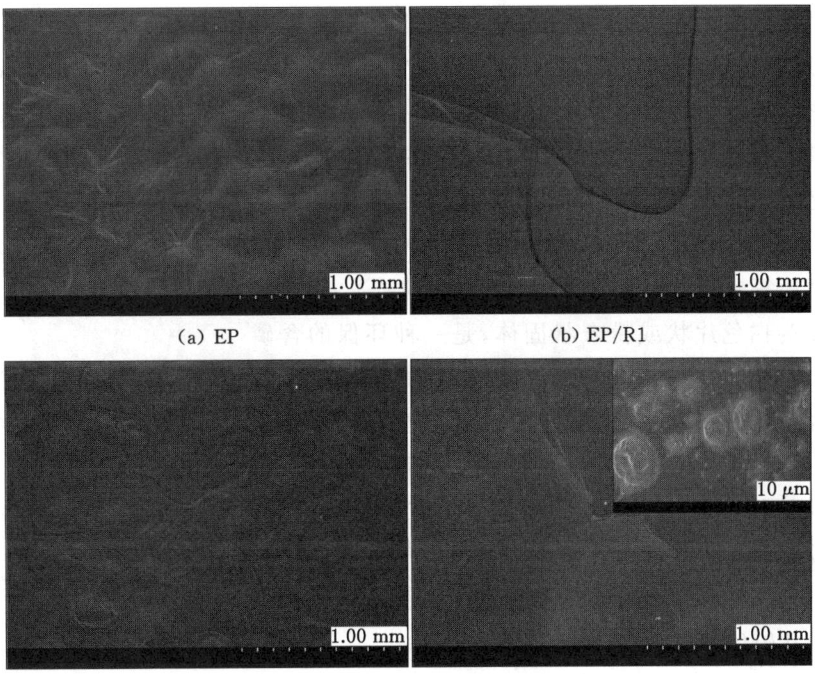

(a) EP　(b) EP/R1

(c) EP/R2　(d) EP/R3

图 3-48 几种材料在马弗炉里煅烧后的残炭表面扫描电镜图

脂的炭层密闭性，也没有改变环氧树脂的降解过程，发挥不了类似 LDH 层状结构的作用。

通过以上研究可以得出：

合成了 $Gd_2(OH)_5NO_3 \cdot nH_2O$、$Yb_2(OH)_5NO_3 \cdot nH_2O$ 和 $(Gd_{1-x}Yb_x)_2(OH)_5NO_3 \cdot nH_2O$ 三种 LRH。

三种 LRH 的层间距分别为 0.55 nm、0.81 nm 和 0.85 nm。Gd-LRH 形成长条状的结晶物，每一个长条又由很薄的矩形片层堆砌而成。Yb-LRH 形成三棱柱形的结晶物，三棱柱也均由很薄的矩形片层堆砌而成，且堆砌的方向固定。Gd/Yb-LRH 形成不规则的片状物，尺寸比 Gd-LRH 和 Yb-LRH 小很多。

制备相应的三种 EP/LRH 复合材料。R1 和 R2 在环氧树脂中的层间距不变，而 R3 在环氧树脂中的层间距略微变小。三种 LRH 在环氧树脂中都存在团聚现象，在环氧树脂中的分散不均匀，它们在环氧树脂中的形貌仍然保持各自的特点，并没有变成片层状而均匀混合。

在 EP/LRH 复合材料中，EP/Yb-LRH 的热稳定性最好，残炭率最大，且达热释放速率峰值的温度比纯环氧树脂的高，复合材料的总热释放量比纯环氧树脂的有所降低，但是改善效果不明显。EP/LRH 复合材料的热性能和阻燃性能比 EP/LDH 复合材料的差，这是因为 LRH 在环氧树脂中达不到均匀分散，存在团聚现象，即 LRH 层状物并没有起到 LDH 的层状结构的作用。同时，实验证明，稀土元素不能对环氧树脂起到催化成炭的作用。

四、GNS 和 DOPO 协同阻燃环氧树脂

磷系阻燃剂的优点是能生成具有强脱水性的聚磷酸，能使含氧有机物迅速脱水碳化，甚至能改变可燃物的热分解途径，从而减少可燃性逸出物的生成，并使其生成的碳化物具有三维空间致密结构而不易燃烧。一般认为，有机磷系阻燃剂可在气相和凝聚相中发挥阻燃作用。有机磷系阻燃剂还能形成特别黏稠、不易挥发、可以覆盖于被燃物表面的稳定化合物，能起到隔绝空气的效应。在有机磷系阻燃剂中，因具有独特的分子结构和良好的反应性能，9,10-二氢-9-氧杂-10-磷杂菲-10-氧化物(DOPO)及其衍生物的相关研究越来越多，是当今本质阻燃型环氧树脂材料研究的一个重要方向。

DOPO 为白色片状或粉末状固体，是一种环保的含磷阻燃剂，符合 RoHS 指令。DOPO 分子结构中含有联苯环和菲环结构，比未成环的有机酸酯的热稳定性和化学稳定性更高，阻燃性能更好。DOPO 的结构式如图 3-49 所示。DOPO 环状结构中的O=P—O的磷原子上有一个活泼氢，易失去活泼氢后与缺电子体系发生亲核反应形成新的化合物。同时由 DOPO 及其衍生物合成的阻燃剂的主链结构中都存在大的共轭体系，化学稳定性好。

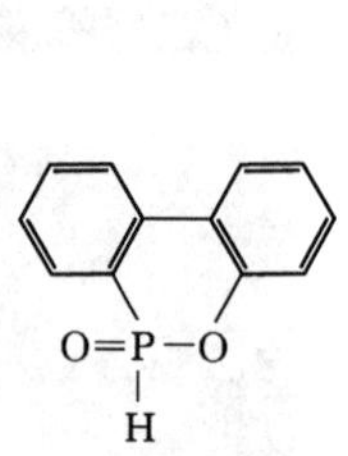

图 3-49 DOPO 结构式

根据 DOPO 的化学性质，它可以直接与环氧树脂中的环氧基团发生反应，生成含磷环氧树脂半固化物，以达到将磷元素引入环氧树脂的目的。然而，DOPO 与环氧树脂只有单官能团反应，因此需要与其他的固化剂联合使用。本章尝试将传统的 DOPO 阻燃剂与石墨

烯微片结合起来，研究两者对环氧树脂的阻燃是否具有协同作用及其机理。

实验原料为：环氧树脂(JY-256，密度 1.13～1.15 g/cm^3，环氧值 0.54～0.56 mol/100 g)，购于常熟佳发化学有限责任公司；聚氧化丙烯二胺（Jeffamine D230，环氧当量 60)，购于美国亨斯迈公司；石墨烯微片(JCGNP-1，平均密度 2.25 g/cm^3，纯度>99.5%)，购于南京吉仓纳米科技有限公司；9,10-二氢-9-氧杂-10-磷杂菲-10-氧化物(DOPO，纯度>99%)，购于青岛联美化工有限公司。

本部分的分析测试方法与第一部分的相同。

将适量 DOPO 加入环氧树脂中，130 ℃下于油浴中搅拌 0.5 h，得到混合均匀的浅黄色透明液体。将所得混合液冷却至室温后加入固化剂高速搅拌 0.5 h，抽真空 1 h 排气泡。用注射器将混合物小心注入硅橡胶模具中，将模具在烘箱中 50 ℃下预固化 5 h，110 ℃下固化 2 h。

EP/GNS/DOPO 复合材料的制备过程如下：按制备 EP/DOPO 和 EP/GNS 的方法制得EP/DOPO混合液以及除去溶剂的 EP/GNS 混合液。在两种混合液降为室温后将其混合，同时机械搅拌 1.5 h。随后加入固化剂继续搅拌 0.5 h。抽真空 1 h 排气泡，并按以前的条件固化，得到 EP/GNS/DOPO 复合材料。

为了方便表述，将样品编号为 EP/DOPO x(x 为 DOPO 与 EP 的质量比，%)，EP/GNS x/DOPO y(x 和 y 分别为石墨烯微片和 DOPO 与 EP 的质量比，%)。

图 3-50 为不同阻燃剂添加量的 EP/GNS 和 EP/GNS/DOPO 复合材料的 X 射线衍射图。从图中可以看出，无论石墨烯微片的添加量是多少，石墨烯微片在 EP/GNS/DOPO 中都发生部分团聚，且石墨烯微片的吸收峰位置不发生变化。

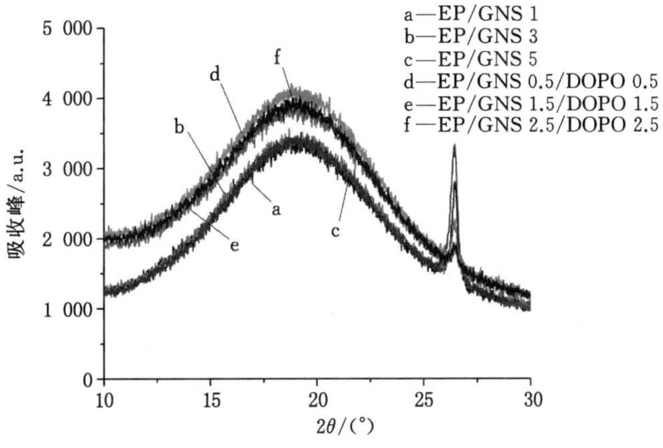

图 3-50 EP/GNS 和 EP/GNS/DOPO 复合材料的 X 射线衍射图

图 3-51 为不同阻燃剂添加量的 EP/DOPO 和 EP/GNS 2.5/DOPO 2.5 复合材料在液氮中淬断后的断面扫描电镜图。从图中可以看出，DOPO 与环氧树脂完全相容，没有分相。这是由于，DOPO 结构中磷原子上的活泼氢可以使环氧基开环，接枝在环氧树脂上。石墨烯微片在复合材料中的分散性较为均匀。

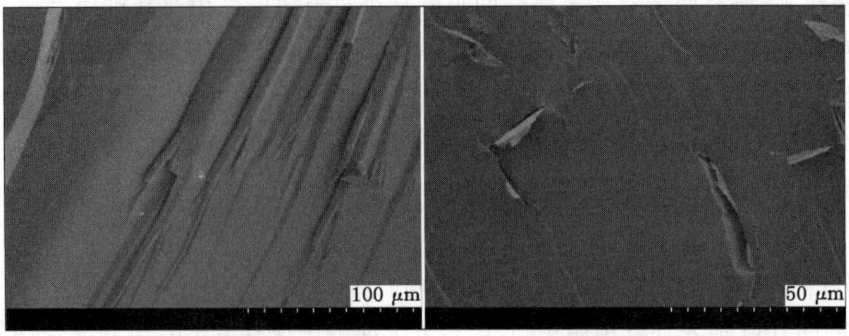

(a) EP/DOPO (b) EP/GNS 2.5/DOPO 2.5

图 3-51 EP/DOPO 和 EP/GNS 2.5/DOPO 2.5 复合材料在液氮中淬断后的断面扫描电镜图

表 3-10 和图 3-52 为 EP、DOPO 和五种不同 DOPO 含量的 EP/DOPO 复合材料在氮气下的热重数据及曲线。由表 3-10 和图 3-52 可以看出，纯 DOPO 在氮气中比环氧树脂提前降解，且 700 ℃时没有残炭。EP/DOPO 复合材料比环氧树脂提前降解。随着 DOPO 含量的增加，EP/DOPO 复合材料达到最大热释放速率时的温度逐步降低。随着 DOPO 含量的增加，EP/DOPO 复合材料的残炭率逐步减小。这是由于，温度较低时，DOPO 比环氧树脂先分解，形成的含磷残炭覆盖在复合材料表面，阻止了氧气的接触和热量回传。值得注意的是，DOPO 对 EP/DOPO 复合材料热稳定性的提高并不显著。

表 3-10 EP、DOPO 和 EP/DOPO 复合材料在氮气下的热重数据

样品	初始分解温度/℃	最大热释放速率对应温度/℃	残炭率/%
EP	306.8	388.0	2.1
DOPO	268.3	317.4	0
EP/DOPO 0.3	332.0	368.5	5.6
EP/DOPO 0.5	316.6	364.5	4.5
EP/DOPO 1	308.6	362.8	4.7
EP/DOPO 3	314.1	358.6	3.7
EP/DOPO 5	307.1	355.6	3.2

表 3-11 和图 3-53 是纯的 EP 和 EP/GNS 1、EP/DOPO 1、EP/GNS 0.5/DOPO 0.5、EP/GNS 5、EP/DOPO 5、EP/GNS 2.5/DOPO 2.5 两组复合材料在氮气下的热重数据及曲线。从表 3-11 和图 3-53 中可以看出，同时加入质量为 EP 0.5%的石墨烯微片和质量为 EP 0.5%的 DOPO，对提高环氧树脂基体的热稳定性有协同作用，但是效果并不显著。EP/GNS 0.5/DOPO 0.5的初始分解温度和残炭率比 EP/GNS 1 和 EP/DOPO 1 的高。同时加入质量为 EP 2.5%的石墨烯微片和质量为 EP 2.5%的 DOPO，对提高环氧树脂基体的热稳定性没有协同作用。

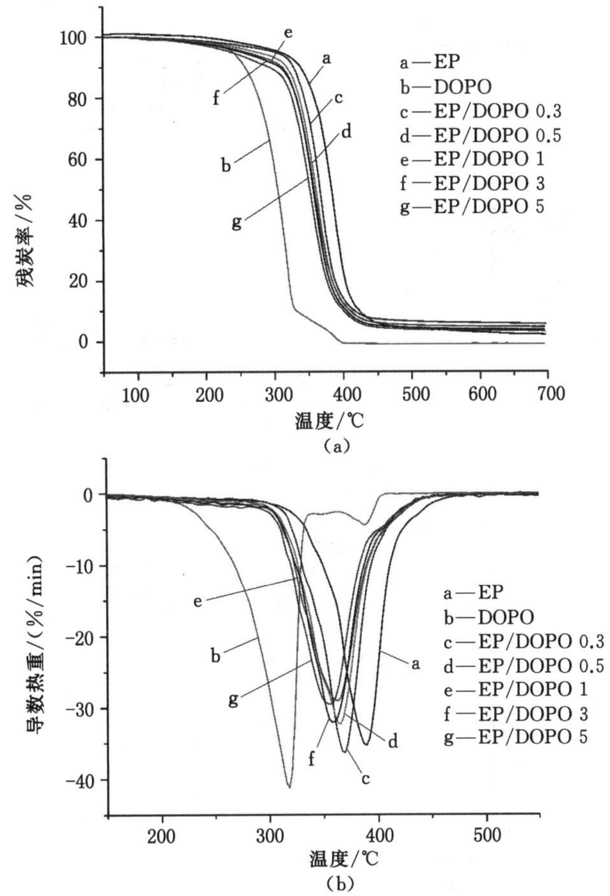

图 3-52 EP、DOPO 和 EP/DOPO 复合材料在氮气下的热重曲线

表 3-11 EP 和 EP/GNS、EP/DOPO、EP/GNS/DOPO 复合材料在氮气下的热重数据

样品	初始分解温度/℃	最大热释放速率对应温度/℃	残炭率/%
EP	306.8	388.0	2.1
EP/GNS 1	307.5	384.7	3.8
EP/DOPO 1	308.6	362.8	4.7
EP/GNS 0.5/DOPO 0.5	321.8	369.7	5.1
EP/GNS 5	311.0	378.9	9.0
EP/DOPO 5	307.1	355.6	3.2
EP/GNS 2.5/DOPO 2.5	300.8	363.3	4.7

图 3-54 为由锥形量热法测试得出的 EP 和 EP/GNS、EP/DOPO、EP/GNS/DOPO 复合材料的热释放速率曲线。从图中可以看出，环氧树脂体系的热释放速率在点燃初期比较平稳。当材料吸收了足够的热量时，体系温度迅速升高，样品开始分解并产生一些可燃气体，从而引起燃烧并释放出很大热量，接着曲线的斜率变大且快速增加，达到最大热释放速

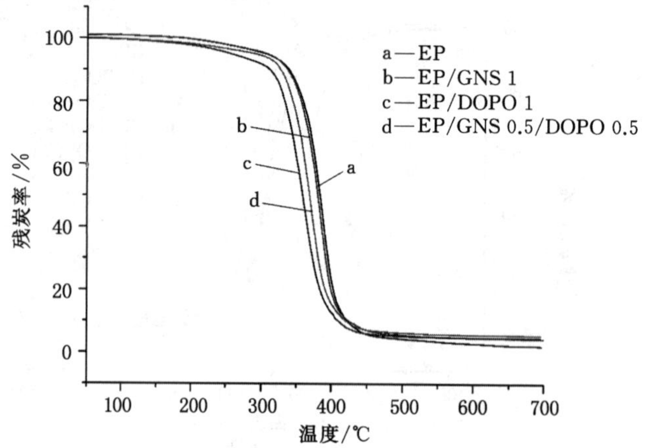

(a)

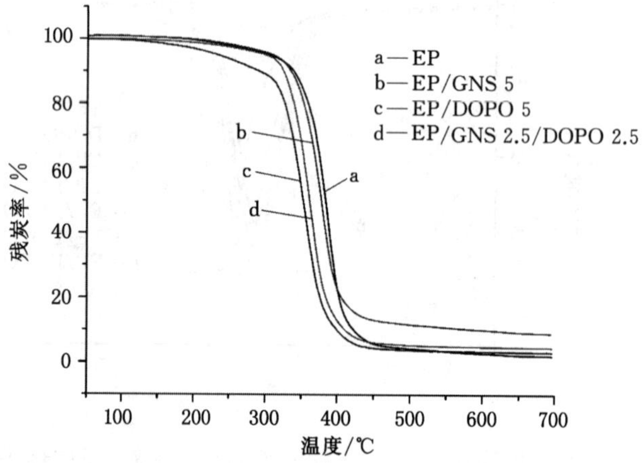

(b)

图 3-53 EP 和 EP/GNS、EP/DOPO、EP/GNS/DOPO 复合材料在氮气下的热重曲线

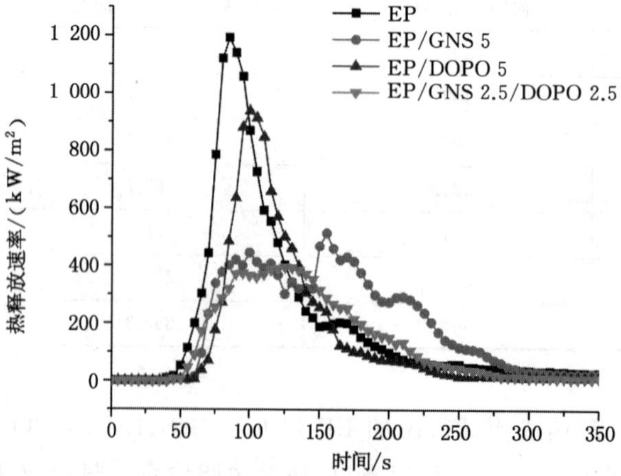

图 3-54 EP 和 EP/GNS、EP/DOPO、EP/GNS/DOPO 复合材料的热释放速率曲线

率后开始逐渐下降。环氧树脂的热释放速率峰值很高,为 1 193.6 kW/m²。当加入 5%的 DOPO 后,EP/DOPO 体系的热释放速率峰值为 937.1 kW/m²,比环氧树脂的降低很多,这说明 DOPO 的加入对环氧树脂体系热量的释放起到了一定的抑制作用。当加入 5%的石墨烯微片后,EP/GNS 体系的热释放速率峰值为 513.9 kW/m²,比环氧树脂的热释放速率峰值大约降低了一半,这说明石墨烯微片的加入对环氧树脂的阻燃性能有很大的改善。在环氧树脂体系中同时加入2.5%的 DOPO 和 2.5%的石墨烯微片后,EP/GNS 2.5/DOPO 2.5 复合材料的热释放速率峰值为 396.2 kW/m²,这说明石墨烯微片和 DOPO 在阻燃环氧树脂和降低环氧树脂体系的热释放速率方面有很大的协同作用。

图 3-55 是 EP 和 EP/GNS 5、EP/DOPO 5、EP/GNS 2.5/DOPO 2.5 复合材料的总热释放量曲线。从图中可以看出,EP、EP/GNS 5、EP/DOPO 5 和 EP/GNS 2.5/DOPO 2.5体系在燃烧过程中,其总热释放量的变化规律大致相同。EP、EP/GNS 5、EP/DOPO 5 和 EP/GNS 2.5/DOPO 2.5的总热释放量分别为 72.5 MJ/m²、66.6 MJ/m²、53.1 MJ/m² 和 48.1 MJ/m²。EP/GNS 5、EP/DOPO 5 和 EP/GNS 2.5/DOPO 2.5的总热释放量在燃烧中的任何阶段都比纯环氧树脂的低。且加石墨烯微片对环氧树脂体系总热释放量的改善比加 DOPO 更为显著。在环氧树脂中同时加入石墨烯微片和 DOPO 后,体系的总热释放量进一步减小,这说明石墨烯微片和 DOPO 在阻碍环氧树脂燃烧时的热释放方面有协同作用。

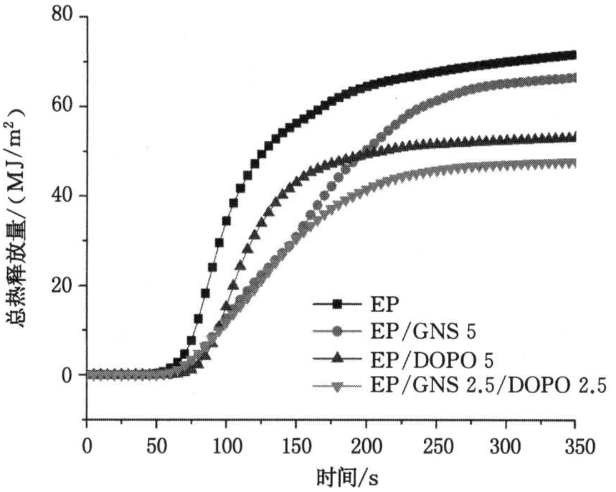

图 3-55 EP 和 EP/GNS 5、EP/DOPO 5、EP/GNS 2.5/DOPO 2.5 复合材料的总热释放量曲线

图 3-56 是 EP 和 EP/GNS 5、EP/DOPO 5、EP/GNS 2.5/DOPO 2.5 复合材料的熔融指数曲线。从图中可以看出,纯环氧树脂的熔融指数大,熔融流动性好,容易形成熔滴。加入石墨烯微片后,EP/GNS 5复合材料的熔融指数在燃烧前期比纯环氧树脂的略大,中后期比纯环氧树脂的小,这说明石墨烯微片能够改善环氧树脂的熔滴现象,在燃烧中后期会改变环氧树脂的降解途径。这与第二章中的热重分析和极限氧指数的测试结果是一致的。加入 DOPO 后,EP/DOPO 5 复合材料的熔融指数在燃烧前期比纯环氧树脂的大,中期比纯环氧树脂的小,后期与纯环氧树脂的基本相同。这说明 DOPO 能够改善环氧树脂的熔滴现象。DOPO 在燃烧前期熔融分解产生磷酸、偏磷酸和聚偏磷酸等黏稠状的薄膜覆盖在聚合物表

面，这层致密的薄膜阻碍了聚合物与氧气的接触，同时阻止了复合材料体系在燃烧过程中的热量回传，从而达到物理阻燃效果。在燃烧中期，DOPO 分解产生的磷酸既可以使聚合物碳化，增加成炭量，又可以阻止一氧化碳继续氧化成为二氧化碳，从而降低了体系的热释放量。这也是 EP/DOPO 复合材料的热释放速率峰值和总热释放量得到改善的原因。EP/GNS 2.5/DOPO 2.5复合材料的熔融指数变化趋势与EP/GNS 5的相似，但是其值比 EP/GNS 的小。

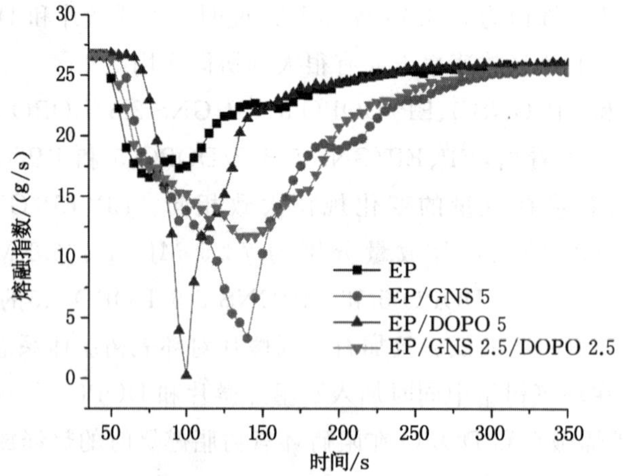

图 3-56　EP 和 EP/GNS 5、EP/DOPO 5、EP/GNS 2.5/DOPO 2.5 的熔融指数曲线

表 3-12 是 EP 和 EP/GNS 5、EP/DOPO 5、EP/GNS 2.5/DOPO 2.5 复合材料的 MCC 测试数据。从表中可以看出，纯环氧树脂的点燃时间为34 s。石墨烯微片的加入对环氧树脂的点燃时间没有影响，即 EP/GNS 5 的点燃时间与纯环氧树脂的相同。加入 DOPO 后，环氧树脂体系的点燃时间提前。这是因为 DOPO 比环氧树脂先分解，产生磷酸、偏磷酸和聚偏磷酸等黏稠状化合物。同时加入石墨烯微片和 DOPO，复合材料的点燃时间也提前。

表 3-12　EP 和 EP/GNS 5、EP/DOPO 5、EP/GNS 2.5/DOPO 2.5 复合材料的 MCC 测试数据

样品	EP	EP/GNS 5	EP/DOPO 5	EP/GNS 2.5/DOPO 2.5
点燃时间/s	34	34	30	27
热释放速率/(kW/m^2)	1 193.6	513.9	937.1	396.2
总热释放量/(MJ/m^2)	72.5	66.6	53.1	48.1
有效燃烧热/(MJ/kg)	20.9	16.4	25.9	18.4
质量损失速率/(g/s)	0.167	0.127	0.087	0.105
总烟释放量/(m^3/m^2)	441.4	449.9	404.0	502.5
CO 释放量/(g/s)	0.37	0.28	0.31	0.31
CO_2释放量/(g/s)	6.23	9.10	4.99	6.76

在燃烧过程中，质量损失速率可以反映聚合物在凝聚相中的热降解过程。纯环氧树脂的质量损失速率为 0.167 g/s。EP/GNS 5、EP/DOPO 5 和 EP/GNS 2.5/DOPO 2.5 复合材料的质量损失速率分别为 0.127 g/s、0.087 g/s 和 0.105 g/s，都比纯环氧树脂的低。由此可以说明，石墨烯微片和 DOPO 都可以在凝聚相中发挥一定的阻燃作用。有效燃烧热是指在燃烧过程中，挥发物在气相中的燃烧速率。纯环氧树脂的有效燃烧热为 20.9 MJ/kg，EP/DOPO 5 的有效燃烧热为 25.9 MJ/kg，这可以说明 DOPO 在气相中发挥了一定的阻燃作用。

总烟释放量也是考察聚合物阻燃性能的一项重要指标。纯环氧树脂的总烟释放量为 441.4 m^3/m^2，EP/GNS 5、EP/DOPO 5 和 EP/GNS 2.5/DOPO 2.5 复合材料的总烟释放量分别为 449.9 m^3/m^2、404.0 m^3/m^2 和 502.5 m^3/m^2。可以看出，DOPO 对环氧树脂体系有一定的抑烟作用，石墨烯微片对环氧树脂体系没有抑烟作用。

CO 和 CO_2 的释放量可以作为燃烧过程中有毒气体释放量的指标。在燃烧过程中，纯环氧树脂的 CO 释放量较高。随着石墨烯微片和 DOPO 的加入，体系的 CO 释放量减小。同时加入石墨烯微片和 DOPO 后，体系的 CO 释放量也减小。纯环氧树脂的 CO_2 释放量为 6.23 g/s。随着石墨烯微片的加入，体系的 CO_2 释放量增大。随着 DOPO 的加入，体系的 CO_2 释放量减小。总的来说，DOPO 的加入可以降低环氧树脂体系的有毒气体释放量。

为了考察石墨烯微片和 DOPO 对环氧树脂的阻燃性能是否具有协同作用，我们选择了三组复合材料(EP/GNS 1、EP/DOPO 1、EP/GNS 0.5/DOPO 0.5；EP/GNS 3、EP/DOPO 3、EP/GNS 1.5/DOPO 1.5；EP/GNS 5、EP/DOPO 5、EP/GNS 2.5/DOPO 2.5)进行比较。表 3-13 为这三组复合材料与纯环氧树脂的极限氧指数。

表 3-13 EP 和 EP/GNS、EP/DOPO、EP/GNS/DOPO 复合材料的极限氧指数

样品	极限氧指数/%
EP	15.9
EP/GNS 1	19.5
EP/GNS 3	21.0
EP/GNS 5	21.4
EP/DOPO 1	19.3
EP/DOPO 3	22.8
EP/DOPO 5	26.1
EP/GNS 0.5/DOPO 0.5	16.6
EP/GNS 1.5/DOPO 1.5	21.2
EP/GNS 2.5/DOPO 2.5	22.7

对 EP/DOPO 体系而言，DOPO 的加入可以提高环氧树脂的极限氧指数，且复合材料的极限氧指数随着 DOPO 含量的增加而增大。在 EP/GNS/DOPO 体系中，石墨烯微片和 DOPO 的同时加入对体系的极限氧指数的提高起不到协同作用。在燃烧过程中，单独加入

石墨烯微片或 DOPO 时，体系的熔融黏度提高显著；同时加入石墨烯微片和 DOPO 后，体系黏度反而下降，这个现象可以从锥形量热法测试中观察到。体系的熔融黏度和熔滴对极限氧指数测试时的火焰蔓延起关键性作用。

图 3-57 是 EP/GNS 5、EP/DOPO 5 和 EP/GNS 2.5/DOPO 2.5 复合材料经锥形量热测试后的残炭图。纯环氧树脂在锥形量热法测试中完全被烧光，没有炭层残留。EP/GNS 5 的残炭较为均匀，这表明石墨烯微片显著改善了环氧树脂的热性能。EP/DOPO 5 有少量残炭，但是形貌不完整，DOPO 的加入对环氧树脂的热性能有一定的改善作用。EP/GNS 2.5/DOPO 2.5 的残炭较为均匀。与 EP/DOPO 5 相比，EP/GNS 2.5/DOPO 2.5 的炭层更完整和致密，残炭率更大。EP/GNS 2.5/DOPO 2.5 的炭层与 EP/GNS 5 的相比，较为相似，但是残炭表面的气泡状结构更多。

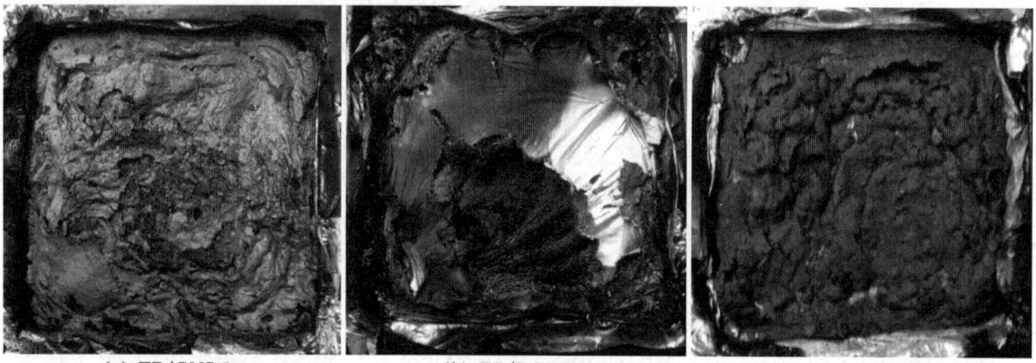

(a) EP/GNS 5　(b) EP/DOPO 5　(c) EP/GNS 2.5/DOPO 2.5

图 3-57　几种复合材料经锥形量热法测试后的残炭

通过以上研究可以得出：

制备了 EP/DOPO 和 EP/GNS/DOPO 复合材料。石墨烯微片在 EP/GNS/DOPO 中部分团聚。

EP/DOPO 复合材料比纯环氧树脂提前降解。DOPO 对 EP/DOPO 复合材料热稳定性的提高并不显著。同时加入石墨烯微片和 DOPO，对提高环氧树脂基体的热稳定性没有显著的协同作用。

环氧树脂的热释放速率峰值为 1 193.6 kW/m^2。EP/DOPO 5 的热释放速率峰值为 937.1 kW/m^2。DOPO 的加入对环氧树脂体系热量的释放速率起到了一定的抑制作用。EP/GNS 5 的热释放速率峰值为 513.9 kW/m^2，这说明石墨烯微片的加入对环氧树脂的阻燃性能有很大的改善。EP/GNS 2.5/DOPO 2.5 复合材料的热释放速率峰值为 396.2 kW/m^2，石墨烯微片和 DOPO 在阻燃环氧树脂、降低环氧树脂体系的热释放速率方面有很大的协同作用。EP、EP/GNS 5、EP/DOPO 5 和 EP/GNS 2.5/DOPO 2.5 的总热释放量分别为72.5 MJ/m^2、66.6 MJ/m^2、53.1 MJ/m^2 和 48.1 MJ/m^2。石墨烯微片和 DOPO 在阻碍环氧树脂燃烧时的热释放方面有协同作用。

纯环氧树脂的熔融指数大，容易形成熔滴。EP/GNS 5 的熔融指数在燃烧前期比纯环氧树脂的略大，中后期比纯环氧树脂的小。石墨烯微片能够改善环氧树脂的熔滴现象，可在燃烧中后期改变环氧树脂的降解途径。EP/DOPO 5 的熔融指数在燃烧前期比纯环氧树脂的大，中期比纯环氧树脂的小，后期与纯环氧树脂的基本相同。DOPO 能够改善环氧树脂的熔滴现象，提高极限氧指数。DOPO 在燃烧前期熔融分解产生磷酸、偏磷酸和聚偏磷酸等黏稠状的薄膜覆盖在聚合物表面，这层致密的薄膜阻碍了聚合物与氧气的接触，同时阻止了复合材料体系在燃烧过程中的热量回传，从而达到物理阻燃效果。在燃烧中期，分解产生的磷酸既可以使聚合物碳化，增加成炭量，又可以阻止一氧化碳继续氧化成为二氧化碳，从而降低了体系的热释放量。对于环氧树脂体系，石墨烯微片主要在凝聚相中发挥阻燃作用。DOPO 在凝聚相和气相中都发挥了一定的阻燃作用。DOPO 对环氧树脂体系有一定的抑烟作用，DOPO 的加入可以降低环氧树脂体系的有毒气体释放量。石墨烯微片对环氧树脂体系没有抑烟作用。

五、GNS 与其他阻燃剂协同阻燃环氧树脂

石墨烯具有层状结构和石墨化结构，是环氧树脂的无卤阻燃剂。在燃烧过程中，层状石墨烯可以充当物理屏障，促进残炭的形成。通常，工业级石墨烯的热氧化稳定性较弱，在燃烧过程中容易分解，从而降低了其阻燃性能。因此，利用前需要先对石墨烯进行改性。典型的例子有：

聚磷酰胺接枝的石墨烯微片（PPA-g-GNS）被用作环氧树脂的阻燃添加剂。由于 PPA-g-GNS/环氧树脂复合材料的磷和氮含量很高，芳族结构和石墨结构丰富，PPA-g-GNS/环氧树脂复合材料具有优异的阻燃性能[65]。实验表明，与未添加阻燃剂的环氧树脂相比，在填充了 8% 的 PPA-g-GNS 之后，PPA-g-GNS/环氧树脂复合材料的热释放速率峰值降低了 42%。另外一种由新型有机-无机杂化阻燃剂还原的氧化石墨烯材料（FRs-rGO）也被报道，该还原性氧化石墨烯与（3-异氰基丙基）三乙氧基硅烷和 DOPO 通过原位溶胶-凝胶反应与环氧树脂混合，制备环氧树脂纳米复合材料[图 3-58(a)]。图 3-58(b)是该阻燃剂与环氧树脂结合的示意。

研究者利用铈掺杂的二氧化锰和石墨烯之间的静电作用，制备出了铈掺杂的二氧化锰-石墨烯杂化纳米片，然后将所得杂化物作为阻燃剂与环氧树脂基体共混。铈掺杂的二氧化锰和石墨烯具有协同阻燃作用。在燃烧过程中，铈掺杂的二氧化锰可以作为降解产物的成炭催化剂，石墨烯则充当物理屏障来吸附降解产物，从而延长了降解产物与铈掺杂的二氧化锰的接触时间。铈掺杂的二氧化锰-石墨烯作为阻燃剂，可以明显抑制环氧树脂的分解过程。另一项研究合成了由石墨烯和纳米二氧化硅组成的新型石墨烯基杂化物材料（m-SGO），如图 3-58(c)所示。将该杂化材料填充到环氧树脂基体中后，环氧树脂复合材料的阻燃性能大大提高。与未添加阻燃剂的环氧树脂相比，添加了 1.5% 的 m-SGO 的环氧树脂的热释放速率峰值降低了 39%，其总热释放量降低了 10%。在燃烧过程中，由这种新型层状杂化物转化成的二氧化硅纳米片，具有高抗氧化降解能力，可以延迟聚合物链段的热降解。

另一种新型的由氮和磷掺杂的功能化还原氧化石墨烯材料（FRGO）被合成（图 3-59），

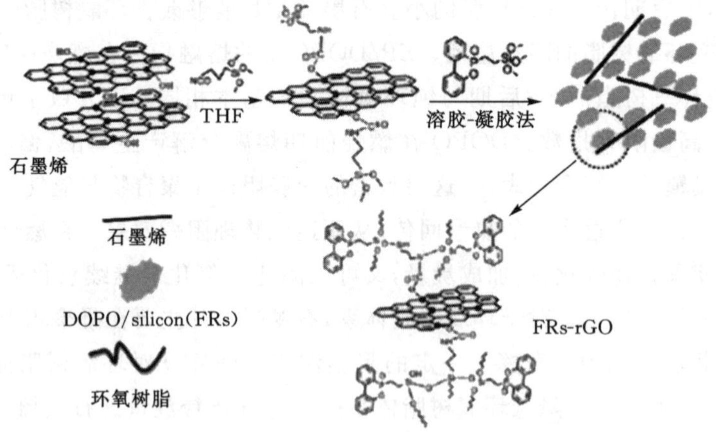

(a) FRs-rGO 杂化物

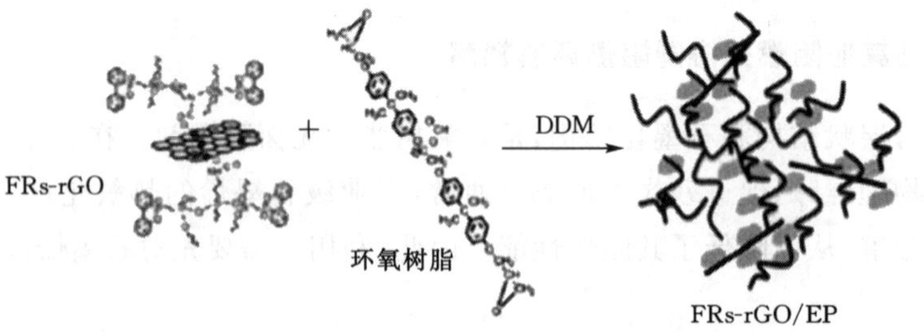

(b) FRs-rGO/EP复合材料

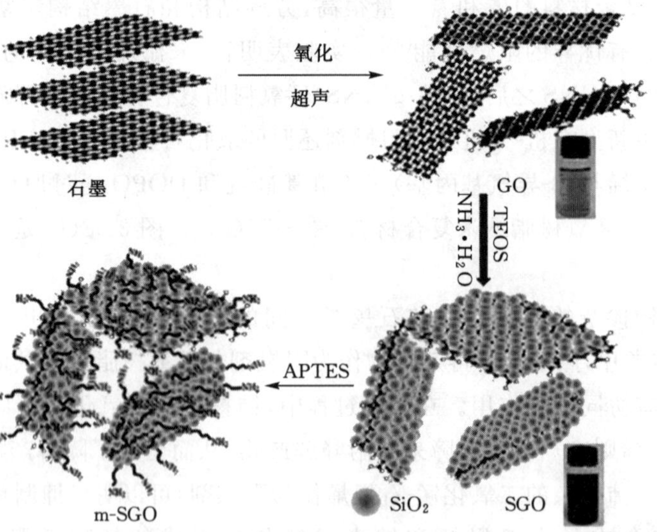

(c) m-SGO 杂化物

图 3-58 三种材料的制备示意

并作为阻燃剂被掺入环氧树脂基体中。与未添加阻燃剂的环氧树脂相比，添加了 2% 的 FRGO 的环氧树脂纳米复合材料的热释放速率峰值降低了 43%。

研究人员尝试将石墨烯与其他常规阻燃剂复配使用，来达到更好的阻燃效果，石墨烯基复合阻燃剂的研发则引起了极大的关注。例如，发泡型阻燃剂、氢氧化铝、聚磷酸三聚氰胺、炭黑、层状双金属氢氧化物、溴化聚苯乙烯、三氧化二锑和次磷酸铝等都被用于和石墨烯复配，以协同阻燃环氧树脂。

构造基于石墨烯的纳米复合材料具有三个主要优点。首先，石墨烯具有独特的二维层状结构，它可以装载从几纳米到几百纳米级的微纳米结构材料，如纳米管、纳米棒和纳米颗粒。石墨烯的二维结构为实现功能分子的共价连接和非共价吸附提供了更多的可能性。其次，石墨烯具有很大的比表面积，并且可以在各种溶剂中形成稳定的分散体。研究者可以通过简单的方法合成石墨烯基纳米复合材料，还可以改善石墨烯与其他组分的界面接触，从而可有效地防止次要组分的聚集，同时保留一些纳米材料的独特性能。附着在石墨烯片层表面的另一种阻燃成分可以充当石墨烯片层之间的分隔物，从而促进石墨烯的剥离，减少石墨烯的二次堆积。最后，氧化石墨烯表面的大量含氧基团为共价连接和非共价吸附提供了更多的活性位。鉴于石墨烯和氧化石墨烯的这些优势，可以推测出有机分子或无机纳米材料可通过共价键(如碳-碳双键的自由基反应、环加成反应或与氧的共价反应)对石墨烯片进行官能化，这使得构建新型石墨烯基纳米复合阻燃剂成为可能。

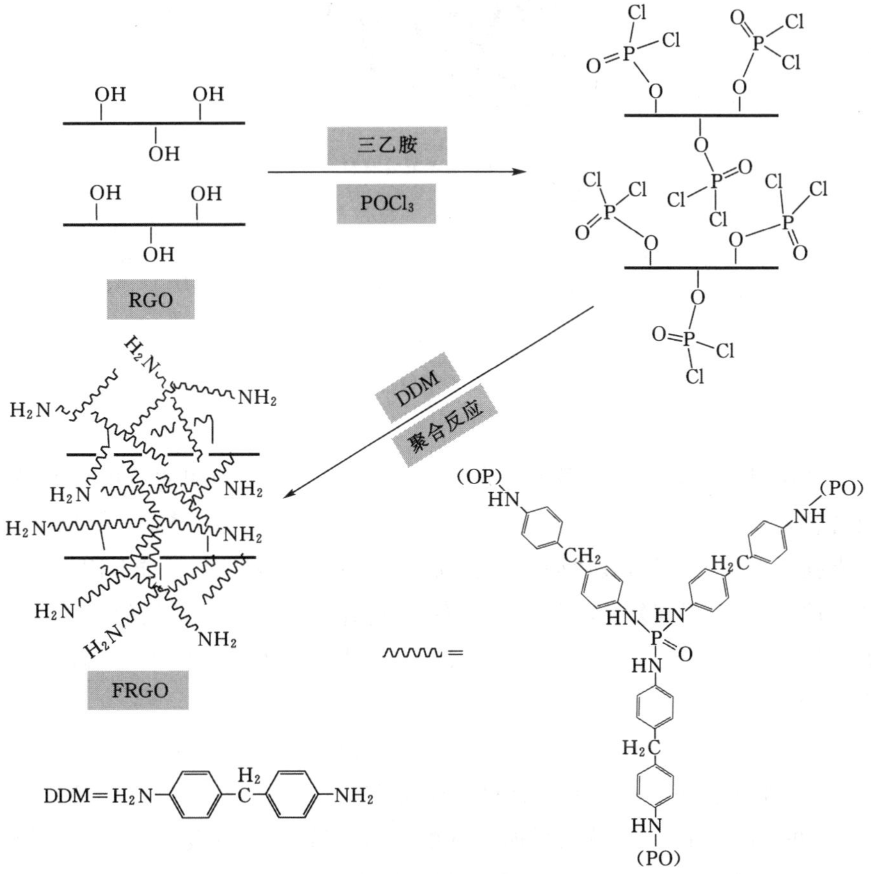

(a) FRGO

图 3-59 FRGO 和 FRGO/EP 的制备示意

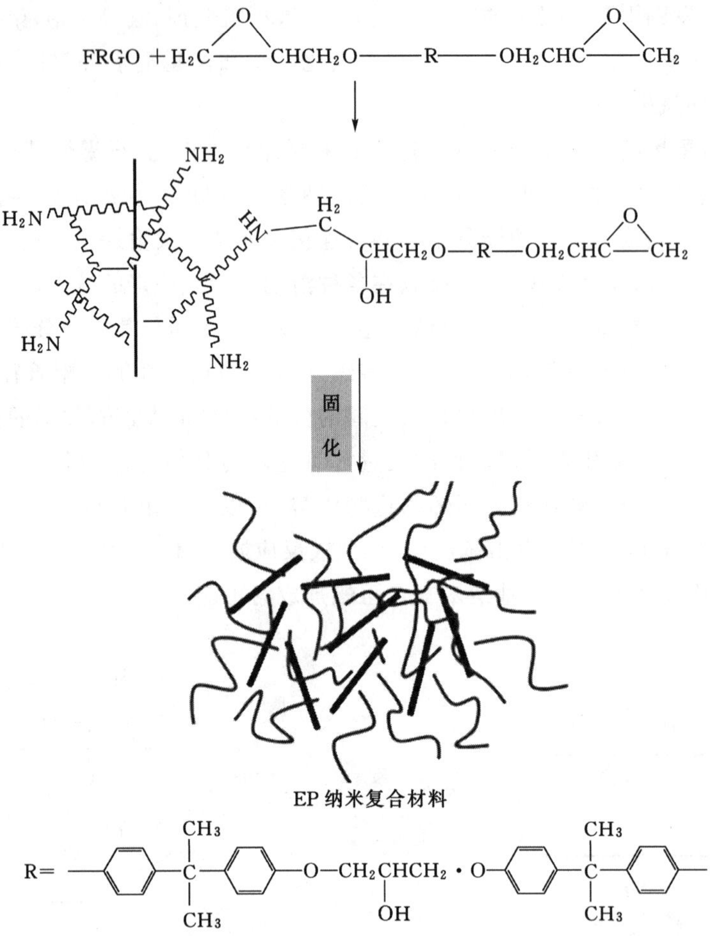

(b) FRGO/EP

图 3-59(续)

一些传统阻燃剂可以改善石墨烯的分散性，而具有高比表面积的石墨烯可增加传统阻燃剂在聚合物基体中的分散性和相容性。此外，石墨烯具有大量 sp^2 杂化碳网络，通常与传统阻燃剂有强烈的相互作用，其协同效应有利于改善复合材料的热性能和阻燃性能，抑制聚合物基体的熔融滴落，提高复合材料的残炭率，促进连续且致密的炭层的形成，从而抑制热量和易燃有机挥发物的释放。同时，它们延长了点燃时间，从而为逃离火灾现场提供比传统阻燃剂更长的时间[130]。

有机小分子，如有机硅化合物、十六烷基三甲基溴化铵和季戊四醇，也被用于吸附在石墨烯上，得到有机小分子-石墨烯复合材料。掺入的有机小分子能充当石墨烯和聚合物基体之间的桥梁，并形成网络结构，从而增加了石墨烯的分散性，改善复合材料的机械性能。研究者通过简单的回流过程，利用八氨基苯基多面体低聚倍半硅氧烷(OapPOSS)还原氧化石墨烯。八氨基苯基多面体低聚倍半硅氧烷提供活性位点，将还原氧化石墨烯与聚合物基体连接，改善了石墨烯和环氧树脂之间的界面相互作用，提高了还原氧化石墨烯在环氧树脂中的分散性。还原氧化石墨烯的吸附作用、阻隔作用以及石墨化碳与八氨基苯基多面体低聚倍半硅氧烷的协同作用，有助于改善炭层的抗热氧化性。如图 3-60 所示，加入 2.0%的八氨基苯基多面体低聚倍半硅氧烷/还原氧化石墨烯后，环氧树脂复合材料的热稳定性和阻燃性能显著提高。与纯环氧树脂相比，环氧树脂复合材料的热释放速率峰值、最大总热释放量和最大 CO 产率分别降低了 49%、37%和 58%。

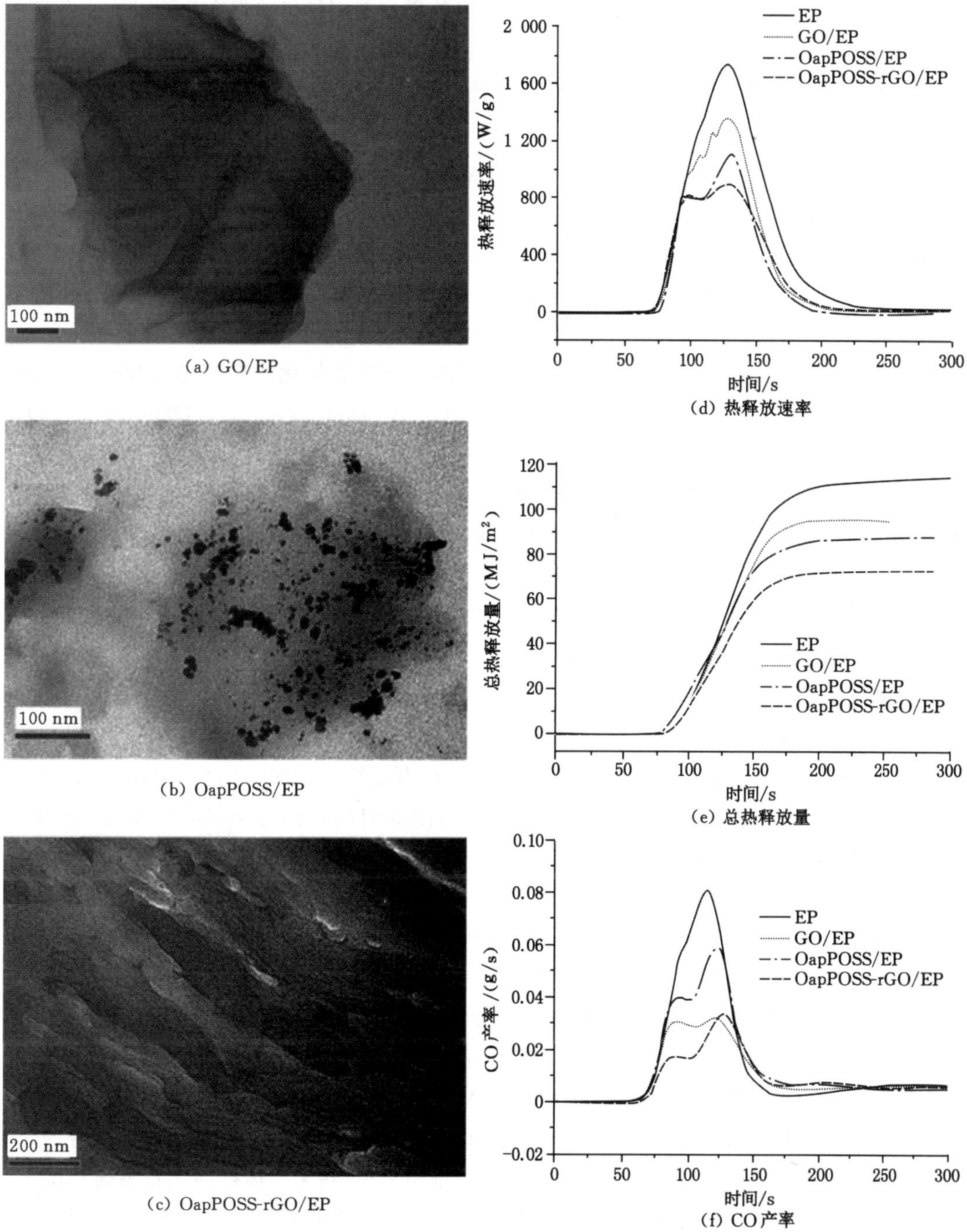

(a) GO/EP　(b) OapPOSS/EP　(c) OapPOSS-rGO/EP　(d) 热释放速率　(e) 总热释放量　(f) CO 产率

图 3-60　GO/EP、OapPOSS/EP 和 OapPOSS-rGO/EP 的形貌以及热释放速率、总热释放量和 CO 产率曲线

阻燃剂分子被用于官能化石墨烯或氧化石墨烯，阻燃剂分子可以改善石墨烯在聚合物基体中的相容性。这样的阻燃剂分子/石墨烯可分为三类：无机酸分子改性的石墨烯纳米复合材料阻燃剂，含磷、含硅或含氮分子改性的石墨烯纳米复合材料阻燃剂，常规有机阻燃剂改性的石墨烯纳米复合材料阻燃剂。

石墨烯与常规阻燃剂的结合可以减少石墨烯和常规阻燃剂的使用量，并获得更好的耐火性能。然而，如果要达到工业使用要求，所需要的添加剂用量仍然很高。除了拉伸强度之外，该类组合往往对复合材料的力学性能没有贡献，有些组合甚至使复合材料的力学性能变差。因此，需要进一步改善石墨烯的分散性和热氧化稳定性，从而增强聚合物复合材料的机械性能和阻燃性能。

聚合物分子和无机酸分子，可被接枝到石墨烯片上，形成分子改性的石墨烯复合阻燃剂。这些分子的添加可以增大石墨烯片层的接触距离，增加其分散性及其与聚合物基体的相容性，从而使聚合物复合材料具有更好的机械性能、热稳定性和阻燃性能。

近年来，研究者对无机纳米材料-石墨烯复合阻燃剂进行了许多研究。这些研究主要集中在基于金属或金属衍生物的纳米材料、基于碳的纳米材料和基于二氧化硅的纳米材料方面。其中，金属或金属衍生物纳米材料包括金属氧化物、金属氢氧化物和其他金属化合物，如Co_3O_4、SnO_2、MnO_2、TiO_2、CuO、NiO、Sb_2O_3、Fe_3O_4、NiCexOy、ZrO_2、$Ni(OH)_2$、$MnCo_2O_4$、FeOOH、AlOOH、NiAl-LDH、NiFe-LDH、$Co(OH)_2$、ZnS、$ZnCO_3$、MoS_2、$Al(H_2PO_2)_3$、二茂铁和纳米Sb_2O_3等。它们通常被分类为零维纳米粒子、一维纳米线/纳米棒/纳米管和二维纳米板。这些材料和石墨烯一起加入聚合物基体时，可以显著降低聚合物的热释放量和CO产率。纳米金属及其衍生物还可充当成炭催化剂以及炭的载体，促进具有更高稳定性的无机碳类含碳保护层的形成。此外，在低于聚合物分解的温度时，它们可以通过释放水蒸气来吸收热量，从而可降低可燃气体和氧气的浓度。

零维纳米粒子，如Co_3O_4、MnO_2和TiO_2，可以沉积在石墨烯表面，可防止石墨烯的聚集。Co_3O_4、MnO_2和TiO_2的形状可以通过原位生长来控制。研究者制备了Ce掺杂的MnO_2，利用静电相互作用将Ce掺杂的MnO_2与石墨烯结合。图3-61(a)至图3-61(d)为Ce-MnO_2-GNS杂化物的扫描电镜和透射电镜图，图3-61(e)为Ce-MnO_2-GNS-EP超薄切片的扫描电镜图，图3-61(f)为环氧树脂及其复合材料的总烟释放量曲线。具有不同尺寸的Ce掺杂的MnO_2都能附着在石墨烯的表面，石墨烯微片在环氧树脂基体中保持褶皱的形状。加入质量为EP 2%的石墨烯后，环氧树脂/石墨烯复合材料的热释放速率峰值降低约30%。加入质量为EP 2%的Ce掺杂的MnO_2/石墨烯后，复合材料的热释放速率峰值降低约53.7%。Ce掺杂的MnO_2/石墨烯同时具有出色的抑烟性能，使复合材料的总烟释放量降低约41%。Ce掺杂的MnO_2和石墨烯之间具有协同阻燃作用，促进Ce掺杂的MnO_2/石墨烯在环氧树脂中形成致密的残炭。Ce掺杂的MnO_2可作为炭催化剂。石墨烯通过吸附作用来延长降解产物与金属氧化物催化剂的接触时间，并在燃烧过程中充当成炭的平台。

层状双金属氢氧化物、MoS_2和AlOOH等二维纳米板/纳米晶体被插入石墨烯片层中，使石墨烯具有高剥离性，改善了石墨烯的阻隔效果。研究者使用NiFe-层状双金属氢氧化物/石墨烯杂化物作为填料，成功提高了环氧树脂复合材料的阻燃性。NiFe-层状双金属氢氧化物/石墨烯杂化物具有无序结构，NiFe-层状双金属氢氧化物纳米片位于石墨烯片层表面，它们在气相和凝聚相中的协同作用有助于改善环氧树脂复合材料的阻燃性能。

碳纳米材料如碳纳米管、纳米金刚石和富勒烯具有良好的热性能、机械性能和阻燃性能，也能和石墨烯结合使用，可作为聚合物的热稳定剂和阻燃剂。研究表明，富勒烯能和石墨烯一起使用，可以充当复合材料的增强剂和燃烧时的阻隔层，而且具有自由基捕捉作用，

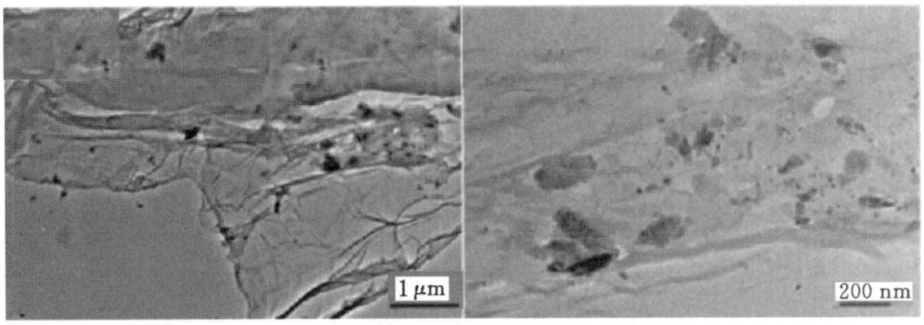

(a) Ce-MnO_2-GNS杂化物的扫描电镜图　(b) Ce-MnO_2-GNS杂化物的扫描电镜图

(c) Ce-MnO_2-GNS杂化物的透射电镜图　(d) Ce-MnO_2-GNS杂化物的透射电镜图

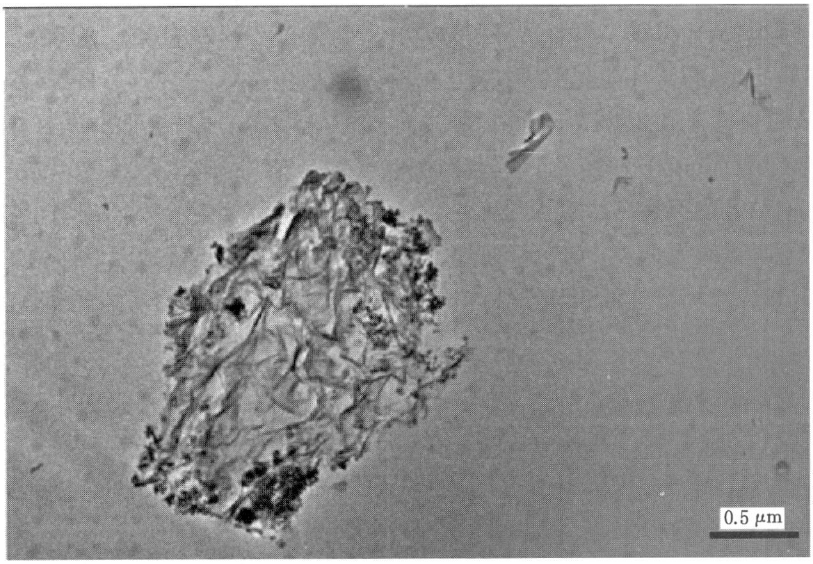

(e) Ce-MnO_2-GNS-EP超薄切片的透射电镜图

图 3-61　EP及其复合材料的光学电镜图和总烟释放量曲线

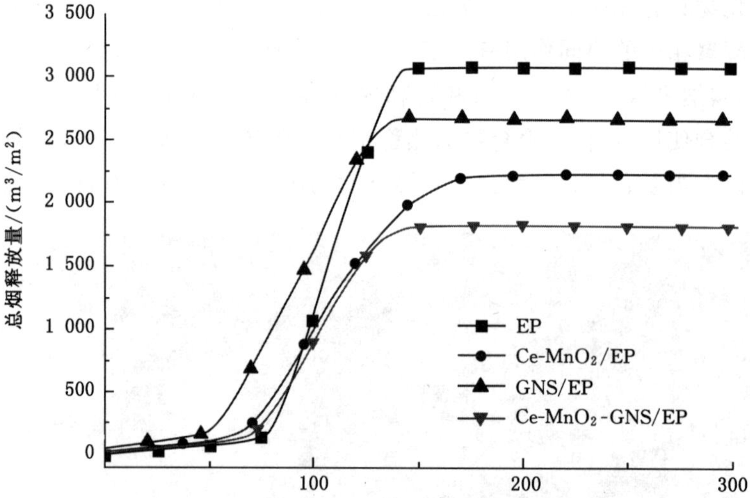

(f) EP及其复合材料的总烟释放量曲线

图 3-61(续)

可有效改善纳米填料与聚合物基体的相互作用,并增强复合材料的机械性能。

基于二氧化硅的纳米材料,如二氧化硅纳米球、硅纳米颗粒和含有二氧化硅的无机纳米材料(如海泡石纳米棒、蒙脱土、多水高岭土和管状黏土)等可以与硅酸盐结合。在存在硅酸盐的情况下,基于二氧化硅的材料在燃烧过程中能够在聚合物复合材料表面形成多层碳硅酸盐结构。当含二氧化硅的纳米材料与石墨烯相结合作阻燃剂时,它们的分散性和与聚合物基体的相容性得到改善。硅酸盐导致石墨烯的抗热氧化分解能力增强,促进其在燃烧过程中形成连续而致密的炭层。所得的炭层能够充当物理屏障,有效保护聚合物基体免受热量和氧气的侵蚀,从而减缓了聚合物降解过程中产生的易燃挥发物的逸出,改善了聚合物复合材料的热稳定性、力学性能和阻燃性能。

总之,石墨烯及其衍生物具有无毒、效率高和原料丰富的优点,有望成为绿色阻燃剂。尽管在单独使用石墨烯作为阻燃剂时,其阻燃效果达不到工业要求,但将石墨烯作为辅助剂与其他阻燃剂结合使用是有希望达到工业要求的。借助不同组分之间的协同作用,即使在低添加量下也可以有效地改善聚合物复合材料的热性能、力学性能和阻燃性能。然而,开发分散性可控、填料添加量较低和综合性能优异的石墨烯/聚合物复合材料,仍然是一个挑战。

第四章　碳纳米管对环氧树脂的阻燃作用

达到均匀分散和分布的碳纳米管(CNTs)在聚合物基体中具有阻燃作用。碳纳米管在燃烧过程中可形成连续阻隔层,起高效阻燃作用。研究者使用偶联剂对碳纳米管的表面进行功能化,以实现碳纳米管在聚合物基体中的均匀分散。此外,其他常用的可促进碳纳米管分散的技术有使用表面活性剂,在各种溶剂中对碳纳米管进行超声处理,以及高速机械搅拌等。

第一节　碳纳米管阻燃环氧树脂

碳纳米管一般分为两种,即多壁碳纳米管和单壁碳纳米管。双壁碳纳米管是多壁碳纳米管的一种。由于环氧树脂是黏性的,随着碳纳米管浓度的增加,碳纳米管在环氧树脂基体中团聚的可能性增加。使用碳纳米管阻燃环氧树脂的主要挑战,在于使碳纳米管在环氧树脂基体中具有良好的分散性和均匀分布特征[164-165]。

纳米材料的分散性和均匀分布特征对聚合物复合材料的性能提升至关重要[166-180],例如,碳纳米管的分散性和浓度影响聚甲基丙烯酸甲酯的阻燃性能。当浓度为0.2%～1%的单壁碳纳米管均匀分散在聚甲基丙烯酸甲酯基体中时,聚甲基丙烯酸甲酯复合材料具有更好的耐火性能。当单壁碳纳米管的浓度低于0.2%时,单壁碳纳米管在聚甲基丙烯酸甲酯基体中表现为大量的黑色离散岛状,在燃烧过程中会发生剧烈的起泡现象。当加入浓度大于0.2%的单壁碳纳米管时,复合材料的表面出现网络结构,其热释放速率峰值显著降低,比形成离散岛结构的纳米复合材料的热释放速率峰值低约50%[99]。

大多数情况下,可以使用偶联剂对碳纳米管的表面进行功能化,从而实现碳纳米管在环氧树脂基体中的均匀分散。例如,研究者合成了乙烯基三乙氧基硅烷官能化的碳纳米管,并将其加入环氧树脂中提高环氧树脂的阻燃性。与纯环氧树脂相比,加入9%的乙烯基三乙氧基硅烷官能化的碳纳米管后,环氧树脂复合材料在UL-94测试中显示出V-1至V-0等级,其极限氧指数增长至27%,玻璃化转变温度从118 ℃提高至160 ℃。在750 ℃下,环氧树脂复合材料的残炭率提高了47%。

第二节 官能化碳纳米管及其阻燃作用

研究者对碳纳米管进行处理，使其富含碳中心自由基。对不同碳中心自由基含量的碳纳米管进行了表征，发现富含碳中心自由基的碳纳米管（coCNTs）显著提高了环氧树脂基体的极限氧指数，表现出阻燃效果。此外，碳中心富含自由基的碳纳米管能提高环氧树脂复合材料的力学性能。实验表明，碳纳米管表面大量的悬空键具有自由基清除作用，是提高环氧树脂复合材料阻燃性能的关键因素[181]。如图 4-1 所示（氧化碳纳米管即“oCNTs”），在此研究中，碳纳米管是均匀的、缠结的长管，具有封闭的端部。制得的改性碳纳米管形态均匀，其端部敞开，被轻度蚀刻。改性碳纳米管的管壁上存在空位。利用球磨法将改性碳纳米管研

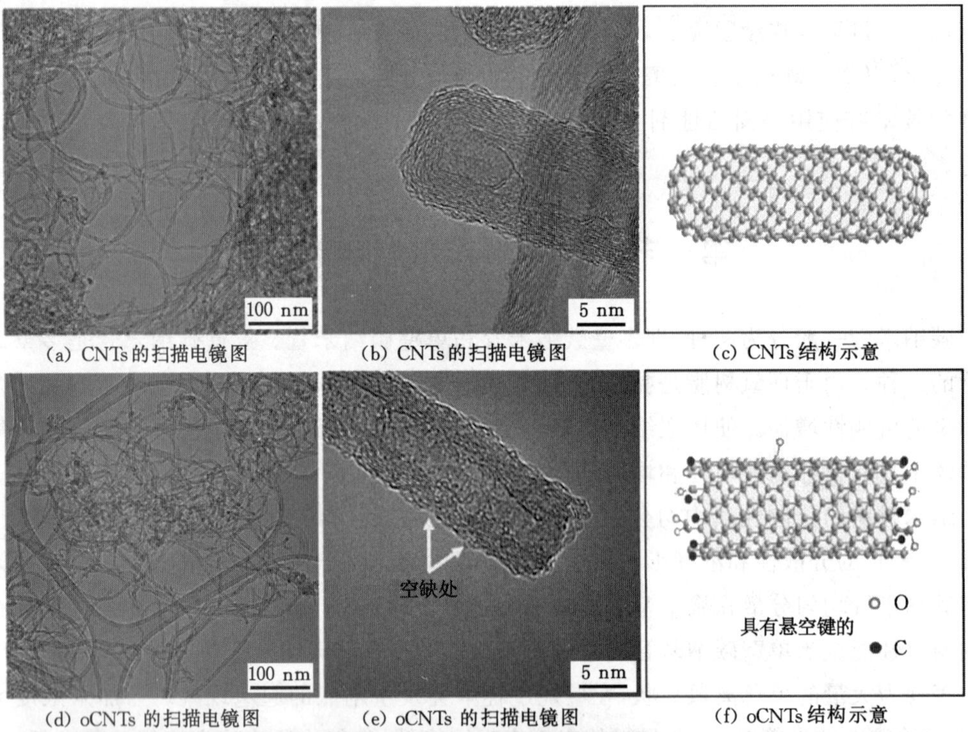

(a) CNTs 的扫描电镜图 (b) CNTs 的扫描电镜图 (c) CNTs 结构示意
(d) oCNTs 的扫描电镜图 (e) oCNTs 的扫描电镜图 (f) oCNTs 结构示意
(g) coCNTs 的扫描电镜图 (h) coCNTs 的扫描电镜图 (i) coCNTs 结构示意

图 4-1 CNTs、oCNTs 和 coCNTs 的扫描电镜图和结构示意

磨成短段，将缠结的长管转变为短管，从而产生了更多的末端。利用浓 HNO_3 氧化使碳纳米管的表面氧含量从原来的 2.18％增加到4.87％。高能球磨进一步将碳纳米管的表面氧含量提高到 6.18％，碳纳米管的碳骨架保持相对完整。

图 4-2 为碳纳米管、氧化碳纳米管和富含碳中心自由基的改性碳纳米管的热重曲线。碳纳米管在 540 ℃时发生了明显的质量损失，而改性碳纳米管先在 120 ℃时缓慢地损失质量，然后开始发生大量的质量损失。改性碳纳米管的质量损失过程缓慢，可能是含氧基团的逸出所致。碳纳米管的氧化处理去除了一些残留的催化剂，热重分析表明碳纳米管比改性碳纳米管具有更多的残留催化剂。

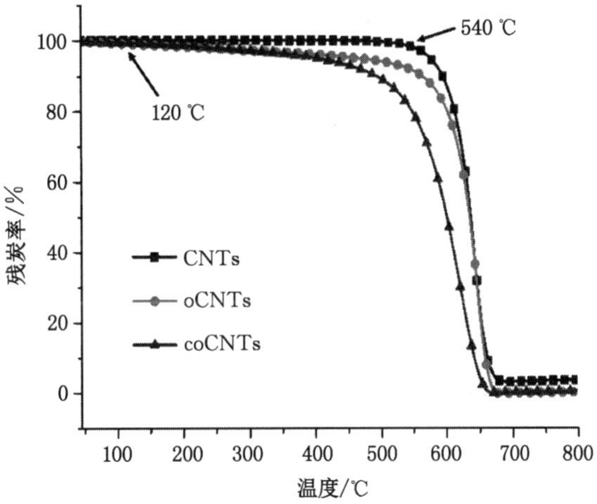

图 4-2　CNTs、oCNTs 和 coCNTs 的热重曲线

在本实验中，纯环氧树脂的极限氧指数为 21.9％。当将 1％的碳纳米管掺入环氧树脂中时，环氧树脂复合材料的极限氧指数降至 19.6％。当将 1％的氧化碳纳米管掺入环氧树脂中时，环氧树脂复合材料的极限氧指数为 20.0％，仍然低于纯环氧树脂的，这是由于范德华力和 π—π 键相互作用诱导碳纳米管的自聚集。当将 1％的富含碳中心自由基的改性碳纳米管掺入环氧树脂中时，环氧树脂复合材料的极限氧指数为 23.0％[图 4-3(a)]。如果将富含碳中心自由基的改性碳纳米管的加入量增加至 2％，环氧树脂复合材料的极限氧指数增加至 26.4％。进一步增加富含碳中心自由基的改性碳纳米管的加入量至 3％，环氧树脂复合材料的极限氧指数增加至 28.6％[图 4-3(b)]。然而，与纯环氧树脂和氧化碳纳米管/环氧树脂复合材料相比，富含碳中心自由基的改性碳纳米管/环氧树脂复合材料的 UL-94 测试级别没有提高。经过锥形量热法测试后的样品几乎都没有残炭。

表 4-1 为环氧树脂、碳纳米管/环氧树脂、氧化碳纳米管/环氧树脂和富含碳中心自由基的改性碳纳米管/环氧树脂复合材料的力学性能特征数据。结果表明，富含碳中心自由基的改性碳纳米管不仅改善了复合材料的耐火性，而且还改善了环氧树脂基体的力学性能。由于碳纳米管与环氧树脂之间的相互作用较弱，碳纳米管/环氧树脂复合材料在力学性能方面的改进非常有限，并且其拉伸性能低于纯环氧树脂的。碳纳米管被氧化后，环氧树脂复合材料力学性能明显提高。加入富含碳中心自由基的改性碳纳米管后，环氧树脂复合材料力学

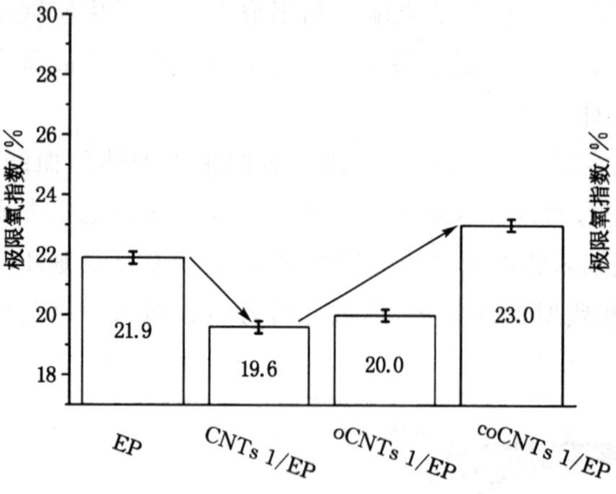

(a) EP、CNTs/EP、oCNTs/EP 和 coCNTs/EP

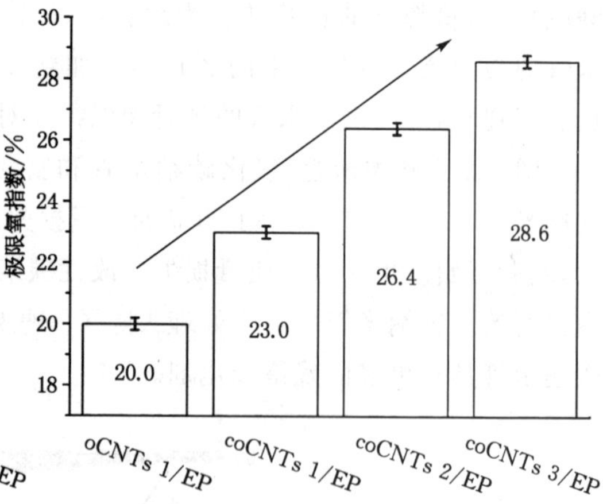

(b) 不同填料含量的 coCNTs/EP

图 4-3 环氧树脂复合材料的极限氧指数

性能进一步提高。当富含碳中心自由基的改性碳纳米管的加入量达到 2%时，环氧树脂复合材料的力学性能达到了峰值。

表 4-1 环氧树脂、碳纳米管/环氧树脂、氧化碳纳米管/环氧树脂和富含碳中心自由基的改性碳纳米管/环氧树脂复合材料的力学性能特征数据

样品	拉伸强度 /MPa	拉伸模量 /GPa	冲击强度 /(kJ/m²)	35 ℃下弹性模量 /GPa
EP	65.1±0.5	2.7±0.1	7.2±0.7	1.7
CNTs 1/EP	51.9±1.8	2.7±0.1	7.8±1.3	1.9
oCNTs 1/EP	63.2±2.1	2.8±0.1	10.5±0.8	1.9
coCNTs 1/EP	64.7±1.2	2.8±0.1	12.9±1.0	2.0
coCNTs 2/EP	68.6±0.4	3.0±0.1	13.3±1.9	2.4
coCNTs 3/EP	68.0±0.7	2.9±0.1	13.0±1.6	1.9

聚合物复合材料断裂面形态也影响其力学性能。图 4-4 为环氧树脂、碳纳米管/环氧树脂、氧化碳纳米管/环氧树脂和富含碳中心自由基的改性碳纳米管/环氧树脂复合材料的断面扫描电镜图。纯环氧树脂具有非常光滑的断裂面。当将 1%的碳纳米管(CNTs 1)掺入环氧树脂基体中时，复合材料的断面有一些划痕。当将 1%的氧化碳纳米管(oCNTs 1)掺入环氧树脂基体中时，复合材料的断面可观察到更多划痕。当将 1%的富含碳中心自由基的改性碳纳米管(coCNTs 1)掺入环氧树脂基体中时，复合材料的断裂面变得更为粗糙。当将 2%的富含碳中心自由基的改性碳纳米管(coCNTs 2)掺入环氧树脂基体中时，复合材料的断裂面被致密的通道覆盖。当将 3%的富含碳中心自由基的改性碳纳米管(coCNTs 3)掺入环氧树脂基体中时，复合材料的断裂面出现团聚现象，通常会破坏材料的力学性能。从扫描电镜图像获得的信息与表 4-1 所示的力学性能特征数据的演变趋势一致。

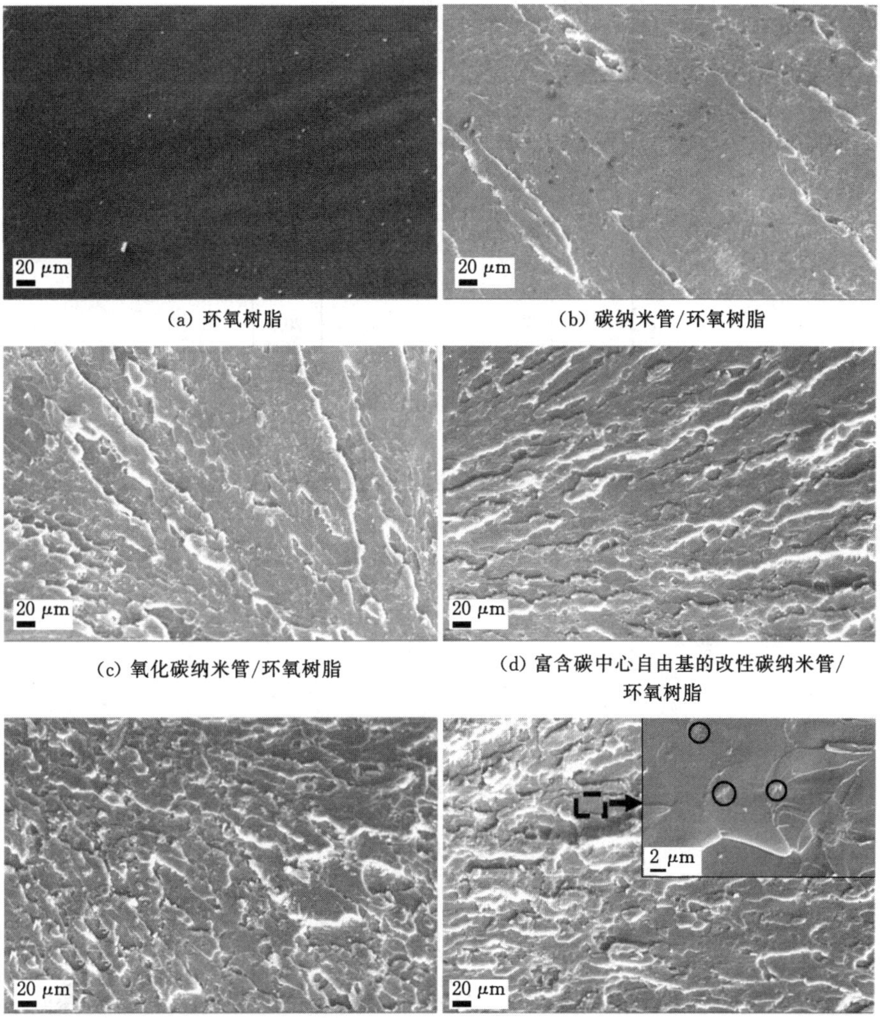

(a) 环氧树脂　(b) 碳纳米管/环氧树脂

(c) 氧化碳纳米管/环氧树脂　(d) 富含碳中心自由基的改性碳纳米管/环氧树脂

(e) 富含碳中心自由基的改性碳纳米管/环氧树脂　(f) 富含碳中心自由基的改性碳纳米管/环氧树脂

图 4-4　EP 和 EP 复合材料的断面扫描电镜图

众所周知，燃烧过程中释放的自由基能促进燃烧。图 4-5 为富含碳中心自由基的改性碳纳米管/环氧树脂复合材料的极限氧指数及其与填料的相对自由基含量之间的关系。从图中可以看出，富含碳中心自由基的改性碳纳米管在燃烧过程中具有自由基清除作用。

图 4-6 为富含碳中心自由基的改性碳纳米管阻燃环氧树脂的机理。富含碳中心自由基的改性碳纳米管上的悬空键是有效的自由基清除剂，它们仅在环氧树脂复合材料的初始热分解过程中具有自由基清除作用。当复合材料发生严重的热分解时，悬空键的自由基清除作用失效。因此，富含碳中心自由基的改性碳纳米管对环氧树脂复合材料的锥形量热法测试和 UL-94 测试的结果影响不大。

研究人员用乙烯基三乙氧基硅烷（VTES）将碳纳米管官能化，在碳纳米管上引入—O—C_2H_5官能团，得到乙烯基三乙氧基硅烷官能化碳纳米管（图 4-7）。制备过程如下：将

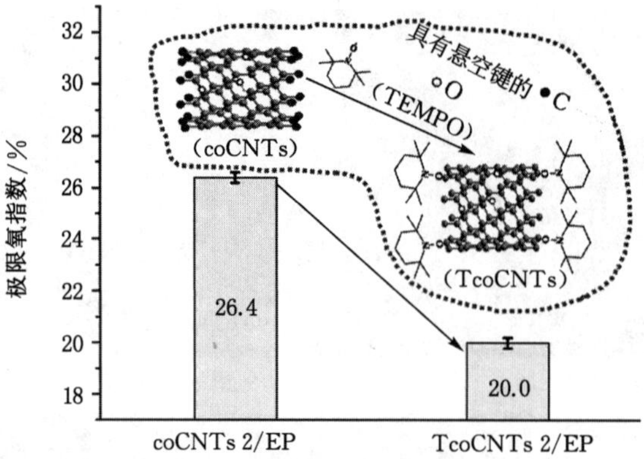

(a) 极限氧指数

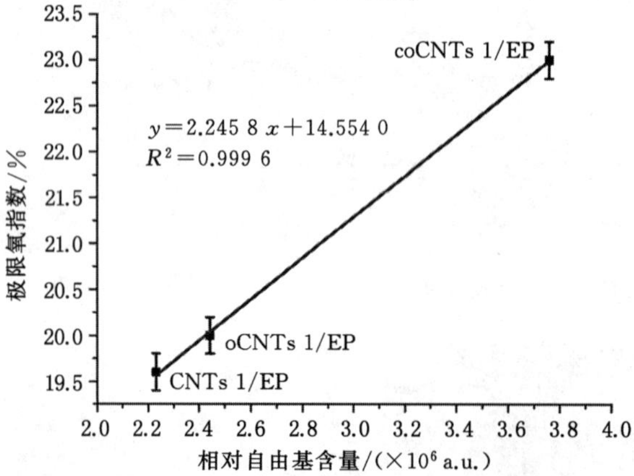

(b) 极限氧指数与相对自由基含量的关系

图 4-5　富含碳中心自由基的改性碳纳米管/环氧树脂复合材料的极限氧指数及其与填料的相对自由基含量的关系

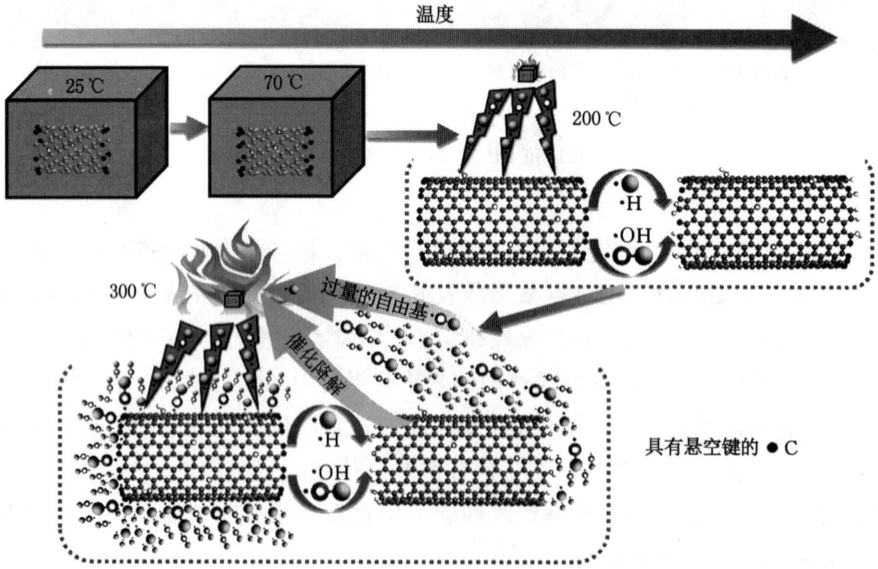

图 4-6　富含碳中心自由基的改性碳纳米管阻燃环氧树脂的机理

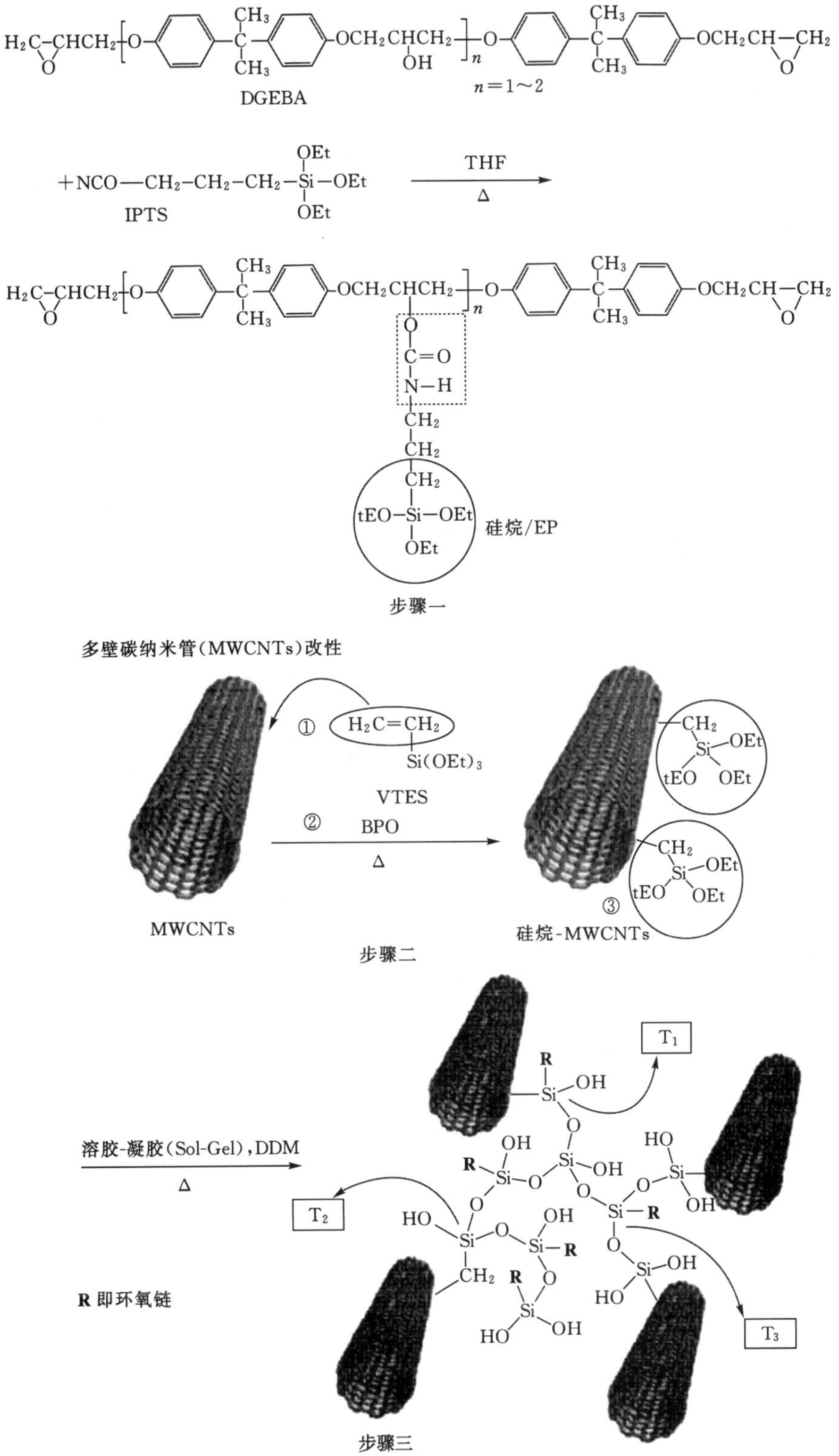

图 4-7　VTES 官能化碳纳米管/环氧树脂复合材料的制备

1 g 碳纳米管、5 g 乙烯基三乙氧基硅烷和 20 mL 的四氢呋喃(THF)在 80 ℃下回流 4 h，自由基反应由 BPO 引发。将所得产物使用无水 THF 洗涤数次，然后在室温下真空干燥过夜，即可得到乙烯基三乙氧基硅烷官能化碳纳米管。

随后将乙烯基三乙氧基硅烷官能化碳纳米管加入环氧树脂中，通过溶胶-凝胶法制备乙烯基三乙氧基硅烷官能化碳纳米管/环氧树脂复合材料。制备过程如下：将 4 g 的异氰酸丙基三乙氧基硅烷(IPTS)加入 10 g 的 DGEBA 型环氧树脂中，在 60 ℃下搅拌 4 h，直至 NCO 的特征峰消失。在所得产物中加入 THF，随后加入乙烯基三乙氧基硅烷官能化碳纳米管，在室温下机械搅拌20 min。将所得产物浇铸到铝盘中以在室温下胶凝。将湿凝胶在室温下老化 24 h，然后在真空炉中于 100 ℃下干燥 5 h，即可得到乙烯基三乙氧基硅烷官能化碳纳米管/环氧树脂复合材料[165]，如图 4-7 所示。

通过红外光谱可以看出，IPTS 和环氧树脂反应后形成 IPTS-环氧树脂，如图 4-8(a)所示。IPTS 的—NCO 官能团与环氧树脂的—OH 官能团反应生成氨基甲酸酯键。波数为 1 689 cm^{-1}和1 716 cm^{-1}处的特征峰对应氨基甲酸酯键，波数为 1 077 cm^{-1}处是硅烷的—OEt官能团的峰，这表明 IPTS-环氧树脂可以与乙烯基三乙氧基硅烷官能化碳纳米管进行溶胶-凝胶反应。

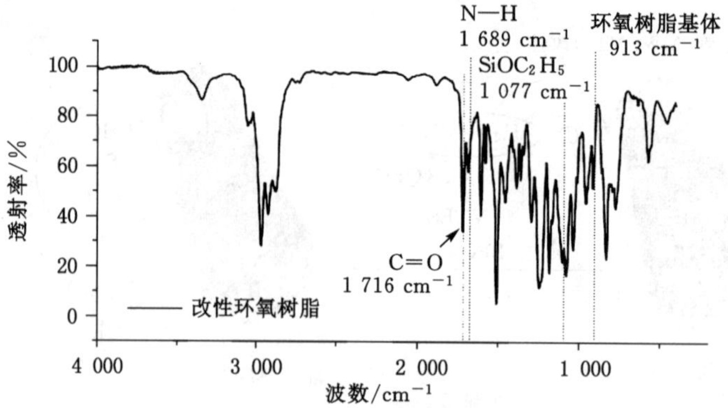

(a) IPTS-EP/VTES

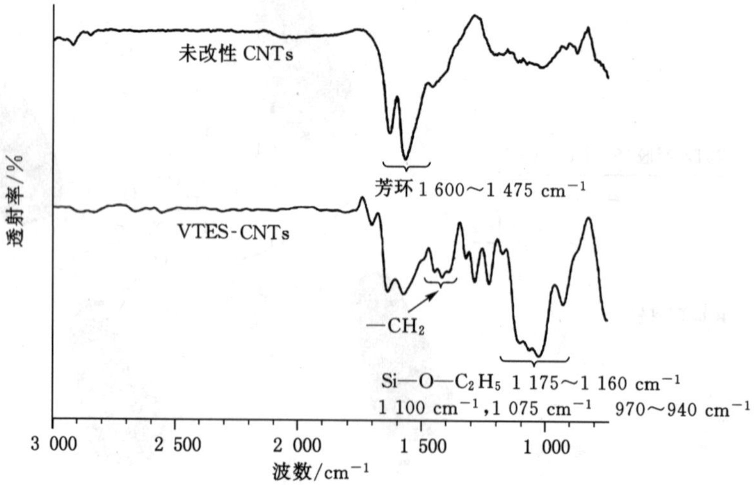

(b) 未改性 CNTs和改性 CNTs

图 4-8 复合材料的红外光谱图

图 4-8(b)显示了原始碳纳米管和乙烯基三乙氧基硅烷官能化碳纳米管的红外光谱图。1 100 cm^{-1}的吸收峰对应乙烯基三乙氧基硅烷的—OET 官能团，在乙烯基三乙氧基硅烷和碳纳米管反应后仍然能被观察到，表面碳纳米管已被乙烯基三乙氧基硅烷官能化。

表 4-2 是环氧树脂和乙烯基三乙氧基硅烷官能化碳纳米管/环氧树脂复合材料的极限氧指数和 UL-94 测试数据。乙烯基三乙氧基硅烷官能化碳纳米管/环氧树脂复合材料的极限氧指数随着乙烯基三乙氧基硅烷官能化碳纳米管添加量的增加而增加。加入乙烯基三乙氧基硅烷官能化碳纳米管后，环氧树脂复合材料的极限氧指数提高到 29%。结构化网络层充当屏蔽层，降低了聚合物的降解速率。当复合材料中乙烯基三乙氧基硅烷官能化碳纳米管的含量不少于 3%时，复合材料在 UL-94 测试中达到 V-0 级别。

表 4-2　环氧树脂和乙烯基三乙氧基硅烷官能化碳纳米管/环氧树脂复合材料的极限氧指数和 UL-94 测试数据

样品	极限氧指数/%	UL-94 测试等级
EP	22	V-1
EP/CNTs 1	23	V-1
EP/CNTs 3	25	V-0
EP/CNTs 5	26	V-0
EP/CNTs 7	27	V-0
EP/CNTs 9	29	V-0

第三节　碳纳米管与其他阻燃剂协同阻燃环氧树脂

一、碳纳米管和蒙脱土协同阻燃环氧树脂

可将蒙脱土和多壁碳纳米管加入环氧树脂中，以提高环氧树脂的耐热性能和阻燃性能。

实验原料：二缩水甘油基双酚 A(DGEBA)(YD128)环氧树脂单体、蒙脱土和多壁碳纳米管(内径：10～30 nm，外径：70～90 nm，长度：0.5～50 mm)、六氟磷酸三芳基磺酸。

蒙脱土/多壁碳纳米管/环氧树脂复合材料的制备：将蒙脱土和多壁碳纳米管分散在乙醇中，将制备的混合物超声处理 5 h，以提高其分散性。随后，将环氧树脂单体添加到上述混合溶液中，机械搅拌 8 h。将所得混合物在 90 ℃下加热 10 h，以去除乙醇溶剂。将光引发剂六氟磷酸三芳基磺酸添加至制备的共混物中，然后在3 500 r/min和 85 ℃下机械搅拌 9 h。将所得共混物倒入铝模具，然后将模具置于电子束加速器(ELV-4)(能量：2.5 MeV，电流：7.5 mA)下进行电子束照射。在空气中放置 10 min，即可得到蒙脱土/多壁碳纳米管/环氧树脂复合材料[182]。表 4-3 为所得复合材料的组分和命名。

表 4-3 样品的配方和编号

样品	EP 的质量/g	MWCNTs 的质量/g	MMT 的质量/g	六氟磷酸三芳基磺酸的质量/g
EP	20	—	—	2
MMT 6/EP	20	—	1.2	2
MMT 8/EP	20	—	1.6	2
MMT 10/EP	20	—	2.0	2
MMT-MWCNTs 6/EP	20	0.2	1.2	2
MMT-MWCNTs 8/EP	20	0.2	1.6	2
MMT-MWCNTs 10/EP	20	0.2	2.0	2

图 4-9 为蒙脱土/环氧树脂复合材料、蒙脱土/多壁碳纳米管/环氧树脂复合材料横截面的扫描电镜图。如图所示，蒙脱土团聚体的尺寸随蒙脱土数量的增加而增大。蒙脱土添加剂具有较低的比热容，可阻碍环氧树脂的热传递。在加入 2%蒙脱土和 0.2%多壁碳纳米管后，多壁碳纳米管在蒙脱土/多壁碳纳米管/环氧树脂复合材料中形成了网络结构，环氧树脂、蒙脱土和多壁碳纳米管之间形成了界面，从而改善了复合材料的力学性能和阻燃性能。

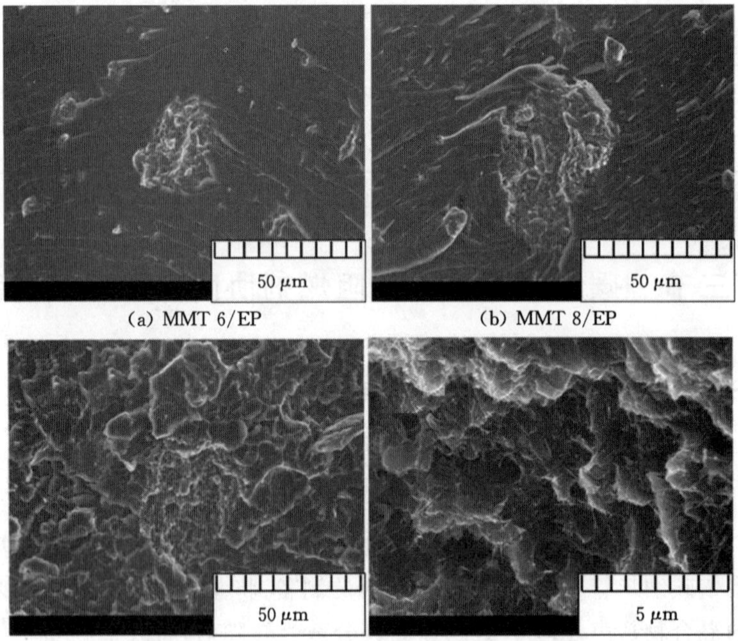

(a) MMT 6/EP (b) MMT 8/EP
(c) MMT 10/EP (d) MMT-MWCNTs 10/EP

图 4-9 复合材料横截面的扫描电镜图

图 4-10 为环氧树脂、蒙脱土/多壁碳纳米管/环氧树脂复合材料的热重曲线。从图中可以看出，每条曲线都显示三个拐点，因此可以按照固化、分解和炭氧化这三个阶段来描述这些曲线。不含添加剂的环氧树脂在 416 ℃时具有最大降解速率，并且质量损失率最高。加

入添加剂的环氧树脂的质量损失率显著降低，这有利于阻燃。由于多壁碳纳米管中的石墨结构具有优异导热性，初始降解温度随着多壁碳纳米管含量的增加而降低。在大约 420 ℃以上，添加剂的残留质量更大，因为蒙脱土和多壁碳纳米管在环氧树脂表面生成了有效的炭化层。图 4-11 为蒙脱土/多壁碳纳米管/环氧树脂复合材料样品在5 ℃/min、10 ℃/min、20 ℃/min 和40 ℃/min 下的热重曲线。加热速率的增加使蒙脱土/多壁碳纳米管/环氧树脂复合材料的热重曲线移动到更高的温度。

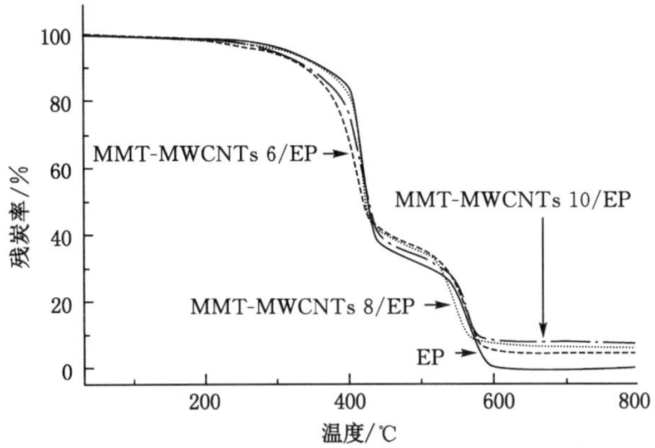

图 4-10　环氧树脂、蒙脱土/多壁碳纳米管/环氧树脂复合材料的热重曲线

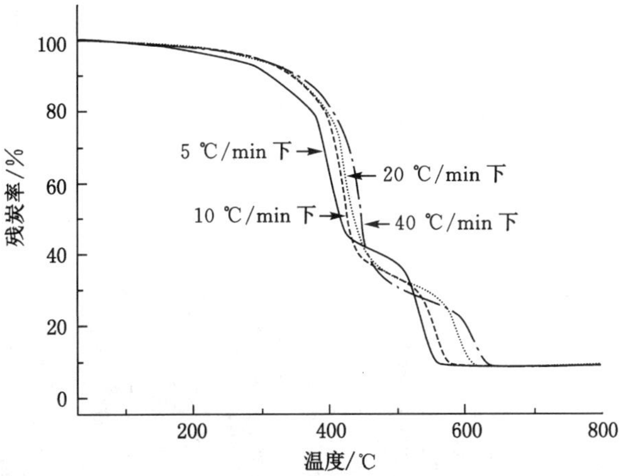

图 4-11　MMT-MWCNTs 10/EP 复合材料样品在 5 ℃/min、10 ℃/min、20 ℃/min 和 40 ℃/min 下的热重曲线

图 4-12 为环氧树脂、蒙脱土/环氧树脂复合材料和蒙脱土/多壁碳纳米管/环氧树脂复合材料的残炭率与极限氧指数的关系。随着蒙脱土在复合材料中含量的增加，复合材料的残炭率从 9.1%线性增加到 15.4%。多壁碳纳米管的加入进一步将残炭率从 15.4%提高到 19.5%，证明了蒙脱土和多壁碳纳米管添加剂具有协同作用。众所周知，在聚合物表面产生的焦炭可以充当隔热层和隔氧层，因此，残炭率的增加将减少环氧树脂复合材料的降解。

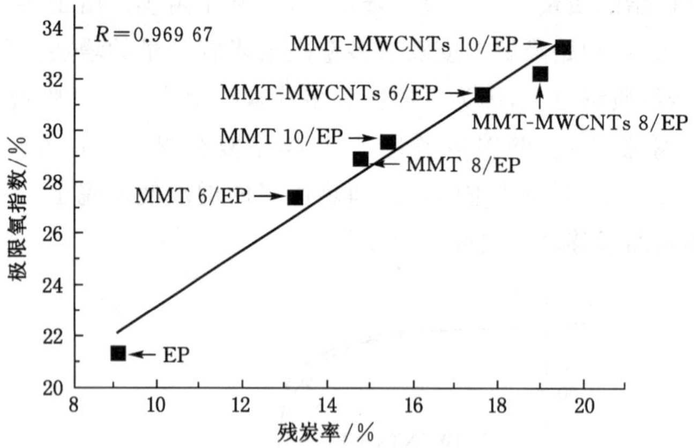

图 4-12 环氧树脂、蒙脱土/环氧树脂复合材料、蒙脱土/多壁碳纳米管/环氧树脂复合材料的残炭率与极限氧指数的关系

图 4-12 还显示了环氧树脂、蒙脱土/环氧树脂复合材料、蒙脱土/多壁碳纳米管/环氧树脂复合材料的极限氧指数。极限氧指数与残炭率具有相似的规律。因为添加剂增加了点火所需的氧含量,因此添加剂/环氧树脂复合材料更难以点燃。由蒙脱土和多壁碳纳米管形成的分层结构网络可以阻碍环氧树脂释放氧自由基,从而降低了聚合物复合材料的降解速度。

图 4-13 和表 4-4 反映了环氧树脂、蒙脱土/环氧树脂复合材料、蒙脱土/多壁碳纳米管/环氧树脂复合材料的活化能。可以看出,复合材料的活化能随蒙脱土和多壁碳纳米管添加剂含量的增加而增加。通过添加蒙脱土,复合材料的活化能增加;同时添加蒙脱土和多壁碳纳米管后,复合材料的活化能进一步增加。加入 2%蒙脱土和 0.2%多壁碳纳米管后,复合材料的活化能比不含添加剂的环氧树脂样品的活化能高 78.4 kJ/mol。同时,蒙脱土的团聚现象对活化能有负面影响,降低了复合材料的阻燃性能。

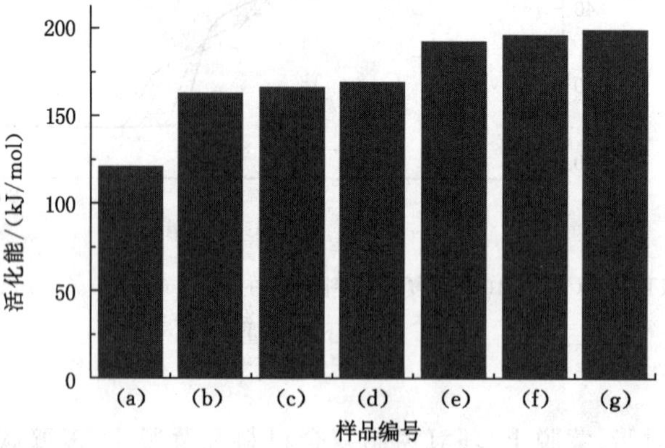

(a) EP;(b) MMT 6/EP;(c) MMT 8/EP;(d) MMT 10/EP;(e) MMT-MWCNTs 6/EP;
(f) MMT-MWCNTs 8/EP;(g) MMT-MWCNTs 10/EP。

图 4-13 不同蒙脱土含量的复合材料的活化能

表 4-4 样品的活化能等特征数据

样品	低加热率/(℃/min)	高加热率/(℃/min)	低加热率时达最大残炭率时的初始温度/℃	高加热率时达最大残炭率时的初始温度/℃	活化能/(kJ/mol)
EP	5	40	544.0	646.2	120.7
MMT 6/EP	5	40	550.2	625.0	162.5
MMT 8/EP	5	40	551.2	623.1	166.6
MMT 10/EP	5	40	552.0	623.0	169.5
MMT-MWCNTs 6/EP	5	40	556.2	619.6	192.4
MMT-MWCNTs 8/EP	5	40	556.9	618.8	196.5
MMT-MWCNTs 10/EP	5	40	557.1	618.0	199.1

二、碳纳米管和纳米黏土协同阻燃环氧树脂

研究者采用机械搅拌和超声振动相结合方法制备了环氧树脂/纳米黏土(I.30E)/多壁碳纳米管纳米复合材料，研究了纳米黏土和多壁碳纳米管的含量对复合材料力学性能和阻燃性能的影响。

样品制备：将适量的纳米黏土和多壁碳纳米管分散在环氧树脂中，在 3 500 r/min 下搅拌 8 h。为了提高多壁碳纳米管的分散性，使用冰浴超声在 65 ℃下超声处理 6 h。随后在混合物中加入适量固化剂二亚乙基三胺(DETA)，以 200 r/min 搅拌 15 min。在模具上均匀涂布一层硅酮系脱模剂，将混合物倒入模具中。将样品在室温下固化约 24 h，然后在 80 ℃的实验室烘箱中进一步固化 3 h[183]。表 4-5 为所得样品编号及不同质量分数的组分，本章所指的质量分数或添加量是指该组分与环氧树脂基体的质量比，%。

表 4-5 实验设计及样品的编号

样品	MWCNTs 的添加量/%	纳米黏土的添加量/%
EP 1	0.01	1
EP 2	0.02	1
EP 3	0.03	1
EP 4	0.01	2
EP 5	0.02	2
EP 6	0.03	2
EP 7	0.01	3
EP 8	0.02	3
EP 9	0.03	3

图 4-14、图 4-15 和图 4-16 为纳米黏土/多壁碳纳米管/环氧树脂纳米复合材料的断裂

面扫描电镜图。从中可以看出，复合材料的断裂面很粗糙。纳米黏土和多壁碳纳米管在限制裂纹扩展中起重要作用。纳米黏土和多壁碳纳米管在环氧树脂中的附着力很好，断裂后，纳米粒子仍保留在环氧树脂表面，并被树脂覆盖。此外，拉伸样品断裂面的扫描电镜图表明，裂纹的产生通常始于纳米颗粒的团聚位置。

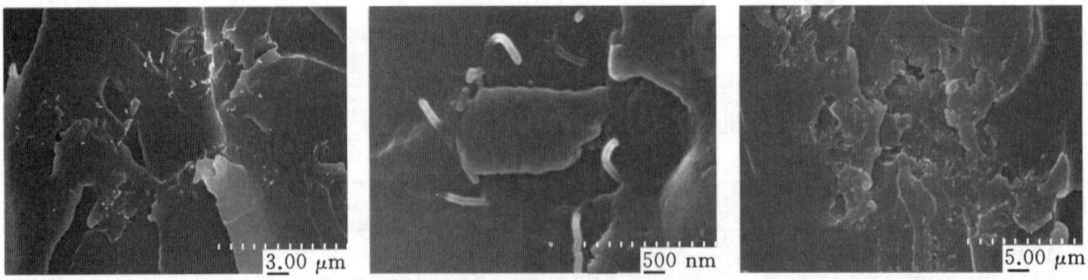

(a) EP 1　　(b) EP 2　　(c) EP 3

图 4-14　纳米黏土/MWCNTs/EP 纳米复合材料的断裂面扫描电镜图(1%纳米黏土)

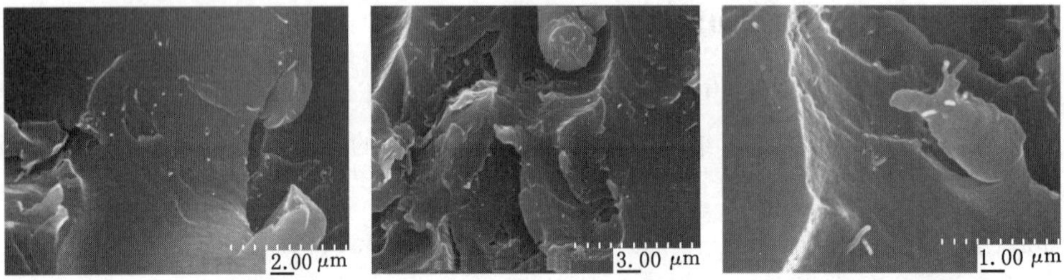

(a) EP 4　　(b) EP 5　　(c) EP 6

图 4-15　纳米黏土/MWCNTs/EP 纳米复合材料的断裂面扫描电镜图(2%纳米黏土)

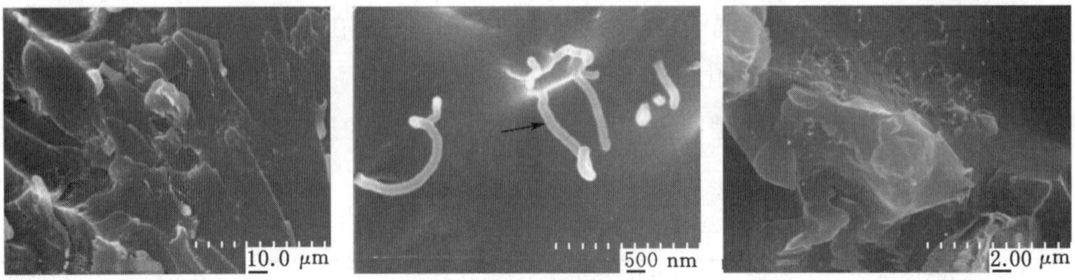

(a) EP 7　　(b) EP 8　　(c) EP 9

图 4-16　纳米黏土/MWCNTs/EP 纳米复合材料的断裂面扫描电镜图(3%纳米黏土)

由图 4-17 可以看出，在放大 100 000 倍的图像中，能清晰地观察到多壁碳纳米管在环氧树脂中的均匀分布特征，而且没有出现多壁碳纳米管的团聚现象，纳米黏土在环氧树脂中也是均匀分布的。纳米黏土在聚合物基体中的分散特征可以通过纳米复合材料的 X 射线衍射图(图 4-18)进一步确定。

多壁碳纳米管在环氧树脂中的均匀分散性和强附着力是提高环氧树脂机械性能的主要原因。如图 4-19 所示，多壁碳纳米管在环氧树脂中的分散相对均匀，复合材料显示出改善的机械性能。多壁碳纳米管增加了承受外力的能力，阻止了微裂纹的发展；改变了裂纹的运动轨迹，防止了裂纹的蔓延。表 4-6 为测得的纳米黏土/多壁碳纳米管/环氧树脂纳米复合材料的力学性能特征数据。

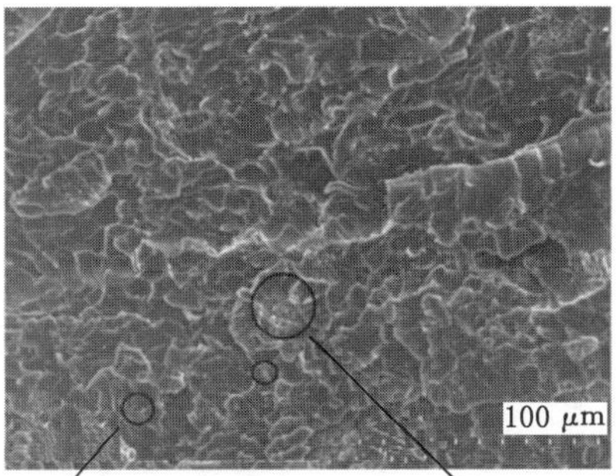

(a) 500 倍

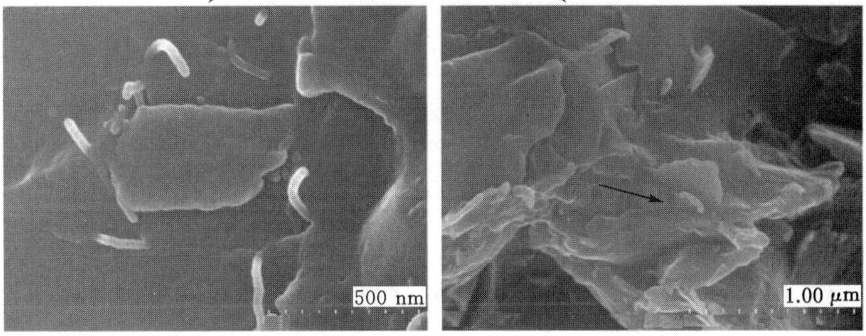

(b) 100 000 倍　　　　　　　　(c) 50 000 倍

图 4-17　纳米黏土/MWCNTs/EP 纳米复合材料断裂面不同放大倍数的扫描电镜图

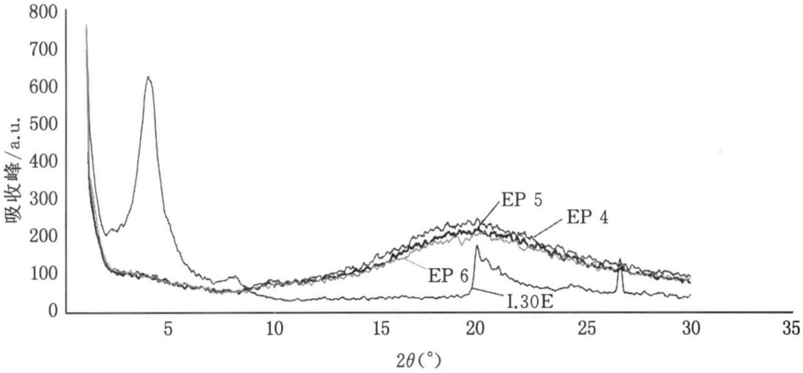

图 4-18　纳米黏土、EP 4、EP 5 和 EP 6 的 X 射线衍射图

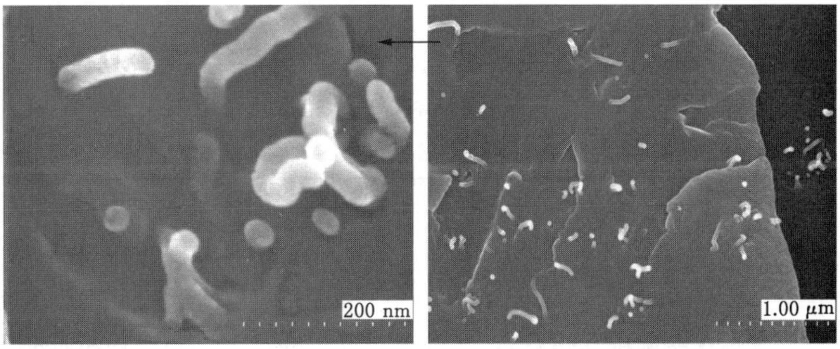

图 4-19　纳米黏土 2%/MWCNTs 0.02%/EP 纳米复合材料横截面的扫描电镜图

表 4-6 纳米黏土/MWCNTs/EP 纳米复合材料的力学性能特征数据

样品	MWCNTs 的添加量/%	纳米黏土 的添加量/%	拉伸强度 /MPa	弯曲强度 /MPa	压缩强度 /MPa	冲击强度 /(kJ/m²)
EP	0	0	55.90±0.6	86.75±0.5	156.08±0.3	7.11±0.45
EP 1	0.01	1	87.56±0.5	93.70±0.5	205.99±0.4	10.60±0.50
EP 2	0.02	1	88.34±0.6	93.60±0.4	195.23±0.3	12.70±0.45
EP 3	0.03	1	90.42±0.4	94.26±0.5	216.08±0.2	19.70±0.60
EP 4	0.01	2	93.43±0.6	98.56±0.3	203.76±0.5	21.54±0.70
EP 5	0.02	2	95.50±0.5	115.45±0.5	219.10±0.3	22.30±0.45
EP 6	0.03	2	92.12±0.8	108.60±0.3	203.51±0.6	19.70±0.60
EP 7	0.01	3	93.45±0.6	108.90±0.6	212.08±0.4	20.27±0.50
EP 8	0.02	3	90.67±0.4	103.60±0.4	202.13±0.2	18.13±0.40
EP 9	0.03	3	90.67±0.5	102.78±0.2	200.10±0.3	16.04±0.70

表 4-7 为纳米黏土/多壁碳纳米管/环氧树脂纳米复合材料的极限氧指数和 UL-94 测试结果。当多壁碳纳米管的加入量为 0.02%，纳米黏土的加入量为 2%时，纳米黏土/多壁碳纳米管/环氧树脂纳米复合材料的极限氧指数为 25%，燃烧速率为 20.5 mm/min，UL-94 测试达到 HB 级。

表 4-7 纳米黏土/MWCNTs/EP 纳米复合材料的极限氧指数和 UL-94 测试结果

样品	MWCNTs 的添加量/%	纳米黏土的添加量/%	极限氧指数/%	燃烧速率/(mm/min)	UL-94/(mm/min)
EP	0	0	20.6±0.3	28.41	无级别
EP 1	0.01	1	22.8±0.3	24.25	25.78(HB)
EP 2	0.02	1	24.2±0.5	23.01	22.35(HB)
EP 3	0.03	1	24.6±0.4	22.45	22.03(HB)
EP 4	0.01	2	24.2±0.3	22.34	20.01(HB)
EP 5	0.02	2	25.0±0.3	20.05	18.60(HB)
EP 6	0.03	2	24.6±0.5	19.03	18.85(HB)
EP 7	0.01	3	24.2±0.4	20.45	19.65(HB)
EP 8	0.02	3	24.6±0.6	21.43	18.68(HB)
EP 9	0.03	3	24.6±0.3	20.80	18.76(HB)

当多壁碳纳米管均匀分散在环氧树脂中时，多壁碳纳米管在燃烧过程中产生的炭层将均匀地分布在环氧树脂表面。隔热和保温的纳米黏土也可形成类似的屏障，从而减缓氧气的扩散并防止易燃物质的燃烧，同时延长了热量传递到材料的过程。均匀分布在纳米复合材料表面的硅酸盐灰分层的形成阻止了火焰的渗透，有助于燃烧过程的中止。

燃烧后，在纳米黏土/多壁碳纳米管/环氧树脂纳米复合材料的表面没有观察到裂纹[图 4-20(b)]，而纯环氧树脂表面出现很多裂纹[图 4-20(a)]。纳米黏土和多壁碳纳米管在环氧树脂表面形成的灰层起着重要的隔热隔氧作用，也限制了从热源到聚合物的热传递。因此，灰分层的数量和结构在聚合物阻燃方面起着重要作用。

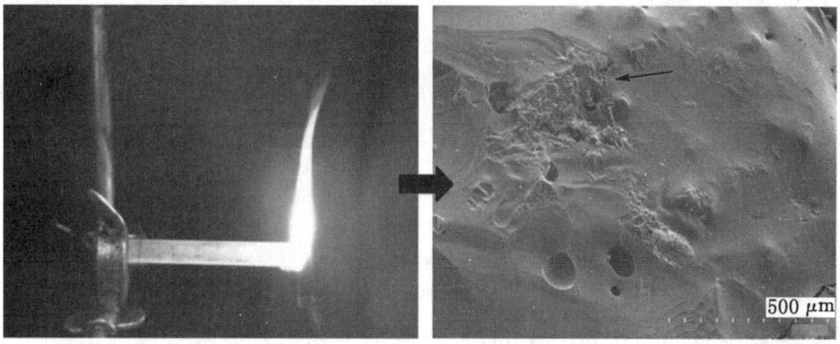

(a) EP

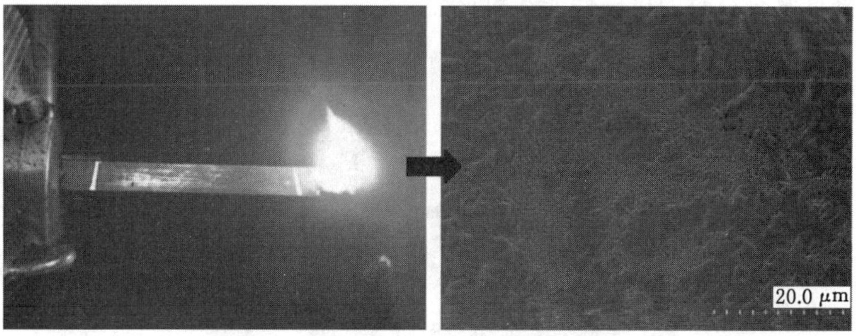

(b) 纳米黏土 2%/MWCNTs 0.02%/EP

图 4-20 UL-94 测试及测试后残炭表面扫描电镜图

纳米填料含量的增加会影响其分散性。如果纳米填料含量超过阈值，则纳米填料与环氧树脂的相容性下降，这可使纳米颗粒出现团聚现象(图 4-21 和图 4-22)。一些纳米材料会在聚合物内部产生孔洞，这是机械强度和耐火性下降的原因。即使纳米材料添加剂的含量过少，复合材料的机械强度和耐火性仍不能满足工业要求。

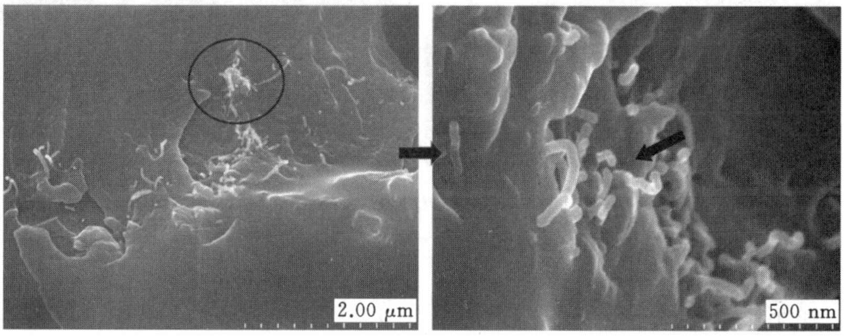

图 4-21 纳米黏土 2%/MWCNTs 0.03%/EP 的扫描电镜图

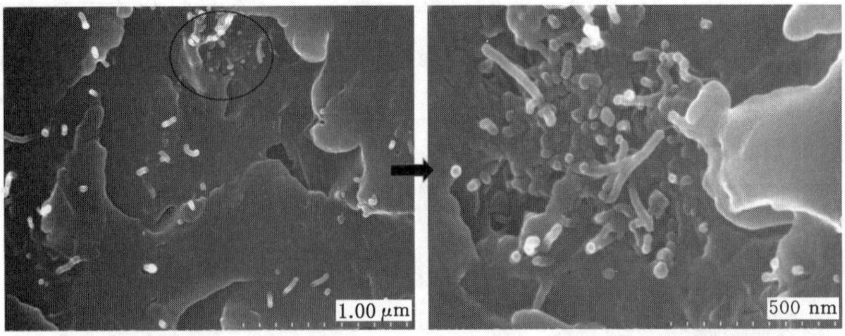

图 4-22　纳米黏土 3%/MWCNTs 0.03%/EP 的扫描电镜图

另外,如果使用的分散技术不适合该体系,则在环氧树脂复合材料界面的某些位置会出现纳米颗粒聚集现象(图 4-23 和图 4-24)。一些纳米颗粒会形成单独的相,并在其附近形成裂纹,从而降低复合材料的机械性能和耐火性。

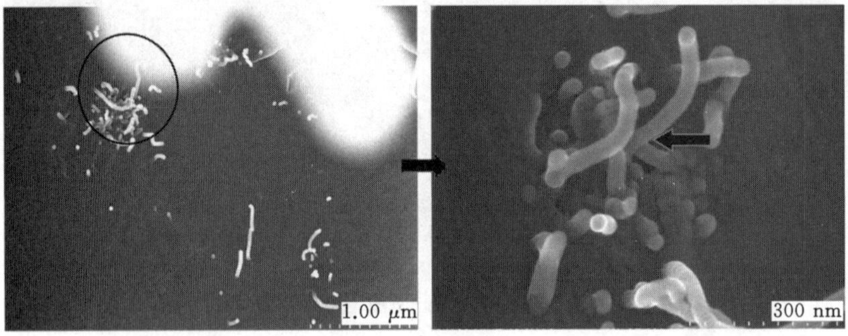

图 4-23　MWCNTs/EP 的扫描电镜图

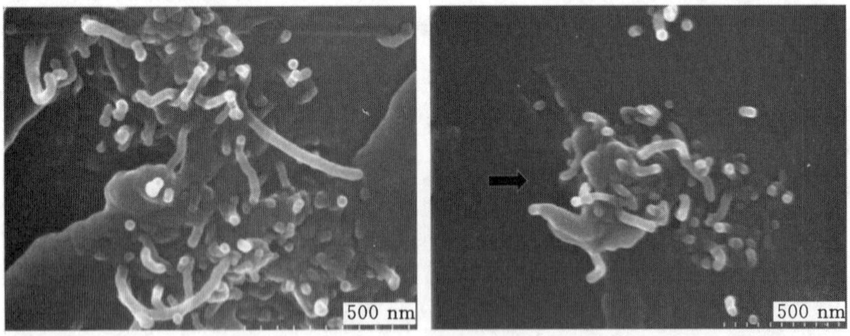

图 4-24　MWCNTs/EP 的扫描电镜图

图 4-25 显示了复合材料断裂纤维的扫描电镜图。由这些显微照片可以看出,在玻璃纤维/环氧树脂复合材料的样品中,玻璃纤维上覆盖大量的环氧树脂残留物和较粗糙的断裂面。同样,在纳米黏土/玻璃纤维/环氧树脂复合材料的样品中,玻璃纤维上覆盖大量的环氧树脂残留物和较粗糙的断裂面。在纳米黏土/多壁碳纳米管/玻璃纤维/环氧树脂复合材料

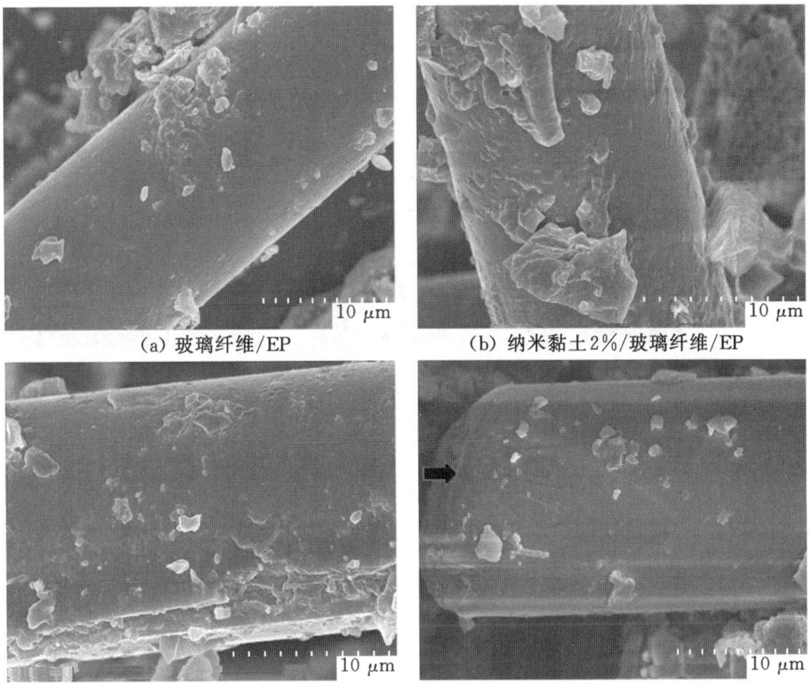

(a) 玻璃纤维/EP (b) 纳米黏土2%/玻璃纤维/EP

(c) MWCNTs 0.02%/玻璃纤维/EP (d) 纳米黏土2%/MWCNTs 0.02%/玻璃纤维/EP

图 4-25 复合材料断裂纤维的扫描电镜图

的样品中，分散的多壁碳纳米管和团聚的多壁碳纳米管同时存在。

三、碳纳米管和碳纤维协同阻燃环氧树脂

研究人员合成了多壁碳纳米管掺杂聚醚砜(PES)薄膜，采用树脂传递模塑技术制备了碳纤维/多壁碳纳米管掺杂聚醚砜/环氧树脂(CF/PES-MWCNTs/EP)复合材料(图 4-26)，系统地研究了复合材料燃烧后的降解动力学及形态[184]。

(a) (b) (c)

图 4-26 CF/PES-MWCNTs/EP 的制备成品及设备

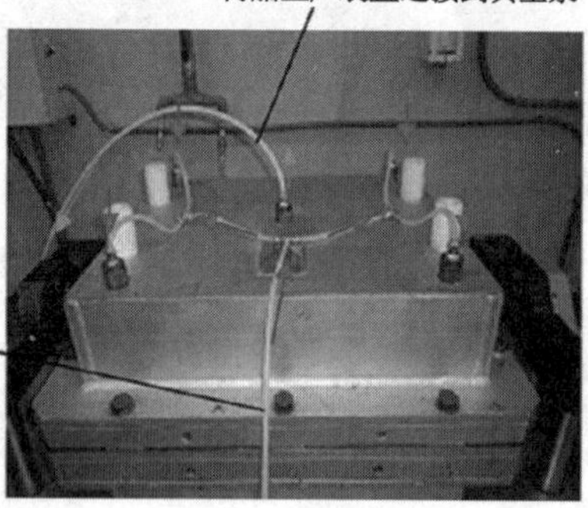

(d)

(e)

图 4-26(续)

实验结果表明,碳纤维/环氧树脂复合材料的极限氧指数为32.0%,而碳纤维/多壁碳纳米管掺杂聚醚砜/环氧树脂(CF/PES-MWCNTs/EP)复合材料的极限氧指数为34.8%(见表 4-8)。在极限氧指数测试中发现,引入多壁碳纳米管掺杂聚醚砜可显著提高复合材料的残炭率。

表 4-8 碳纤维/环氧树脂、碳纤维/聚醚砜/环氧树脂、碳纤维/多壁碳纳米管掺杂聚醚砜/环氧树脂复合材料的测试结果

测试项目	CF/EP	CF/PES/EP	CF/PES-MWCNTs/EP
UL-94 测试样品厚度/mm	5VA/2.9±0.1	5VA/2.9±0.1	5VA/2.9±0.1
熔融滴落	无	无	无
极限氧指数/%	32.0	35.4	34.8
点燃时间/s	51	46	53
热释放速率峰值/(kW/m^2)	297	264	255
最大热释放速率对应时间/s	110	120	135
总热释放量/(MJ/m^2)	36.2	32.4	32.5
残炭率/%	68	69	70
CO 释放量/(g/s)	0.334	0.260	0.107
CO_2释放量/(g/s)	3.669	2.396	1.556

图 4-27(a)为在锥形量热法测试中获得的复合材料的热释放速率曲线,表 4-8 给出了由锥形量热法测试所得特征数据。图 4-28 为碳纤维/环氧树脂、碳纤维/聚醚砜/环氧树脂、碳纤维/多壁碳纳米管掺杂聚醚砜/环氧树脂复合材料的热释放速率和总热释放量曲线。与碳纤维/环氧树脂复合材料相比,碳纤维/多壁碳纳米管掺杂聚醚砜/环氧树脂复合材料的热释放速率峰值降低了 14%。碳纤维/环氧树脂复合材料在热释放速率曲线上出现一个宽峰,约持续 110 s,这表明最初形成的炭强度不足以中断连续的火焰。而碳纤维/多壁碳纳米管掺杂聚醚砜/环氧树脂复合材料的热释放速率曲线上出现两个峰。这可能是因为,与碳纤维/环氧树脂复合材料比较,多壁碳纳米管掺杂聚醚砜增加了复合材料的初始残炭层,从而

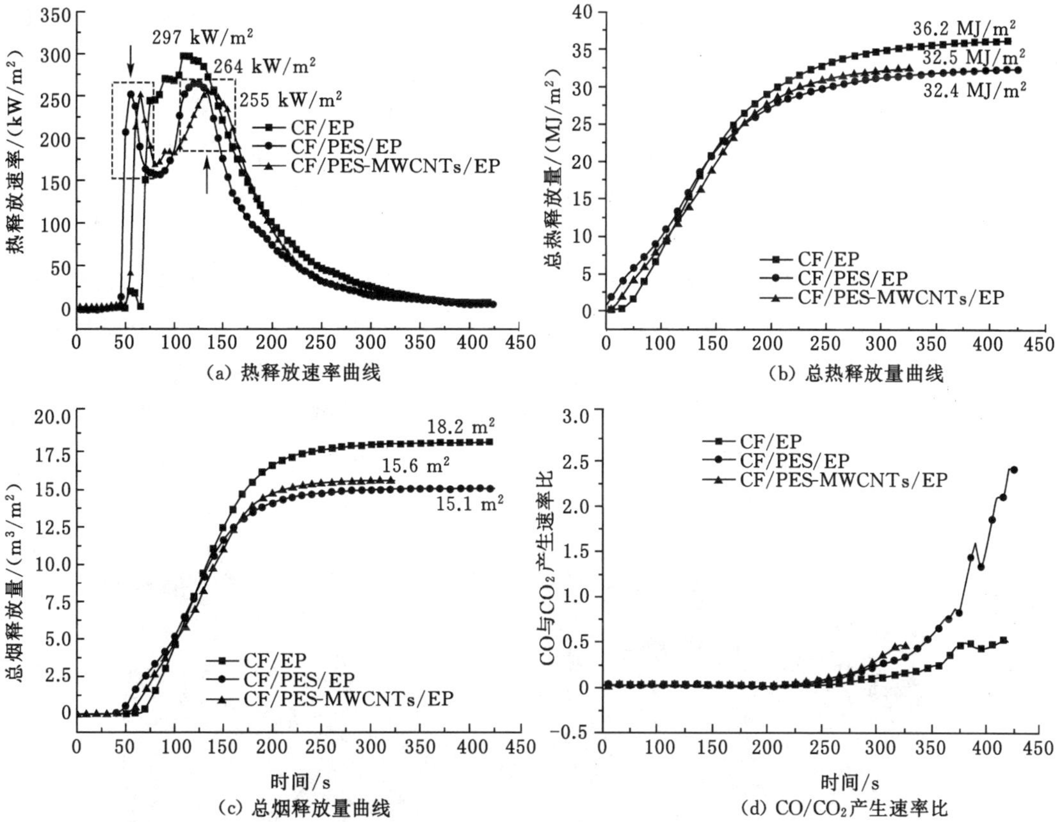

图 4-27 碳纤维/环氧树脂、碳纤维/聚醚砜/环氧树脂、碳纤维/多壁碳纳米管掺杂聚醚砜/环氧树脂复合材料的测试曲线

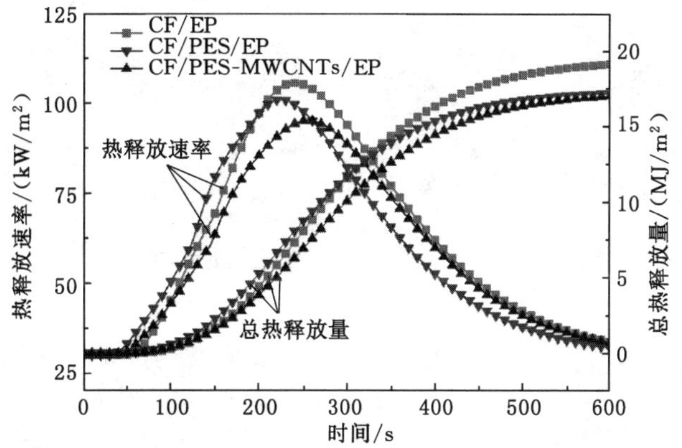

图 4-28 碳纤维/环氧树脂、碳纤维/聚醚砜/环氧树脂、碳纤维/多壁碳纳米管掺杂聚醚砜/环氧树脂复合材料的热释放速率和总热释放量曲线

形成了阻碍热传递和可燃气体传输的物理屏障。同时，更稳定的焦炭残渣也逐渐形成，降低了热释放速率峰值之后的热释放速率。

图 4-27(b)显示了复合材料的总热释放量曲线。碳纤维/环氧树脂复合材料的总热释

放量为 36.2 MJ/m^2，而碳纤维/多壁碳纳米管掺杂聚醚砜/环氧树脂复合材料的总热释放量为 32.4 MJ/m^2。

图 4-27(c)和图 4-27(d)分别为在锥形量热法测试期间复合材料总烟释放量和 CO 与 CO_2产生速率比曲线。碳纤维/环氧树脂复合材料每平方米的总烟释放量为 18.2 m^3，而碳纤维/多壁碳纳米管掺杂聚醚砜/环氧树脂复合材料每平方米的总烟释放量降至 15.6 m^3，降低了 14%。

CO 是不含卤素的聚合物材料燃烧时释放的主要有毒气体。从表 4-8 中可以看出，加入多壁碳纳米管掺杂聚醚砜后，碳纤维/多壁碳纳米管掺杂聚醚砜/环氧树脂复合材料的 CO 和 CO_2释放量显著下降，这表明 PES-MWCNTs 对环氧树脂具有抑烟和抑毒作用。

通过分析热降解行为，可以了解复合材料的热稳定性。碳纤维/环氧树脂复合材料和碳纤维/多壁碳纳米管掺杂聚醚砜/环氧树脂复合材料的导数热重曲线仅显示一个阶段，剩余质量约为 65%。图 4-29 是碳纤维/环氧树脂、碳纤维/聚醚砜/环氧树脂、碳纤维/多壁碳纳米管掺杂聚醚砜/环氧树脂复合材料在锥形量热仪中燃烧后的残炭表面扫描电镜图。从图

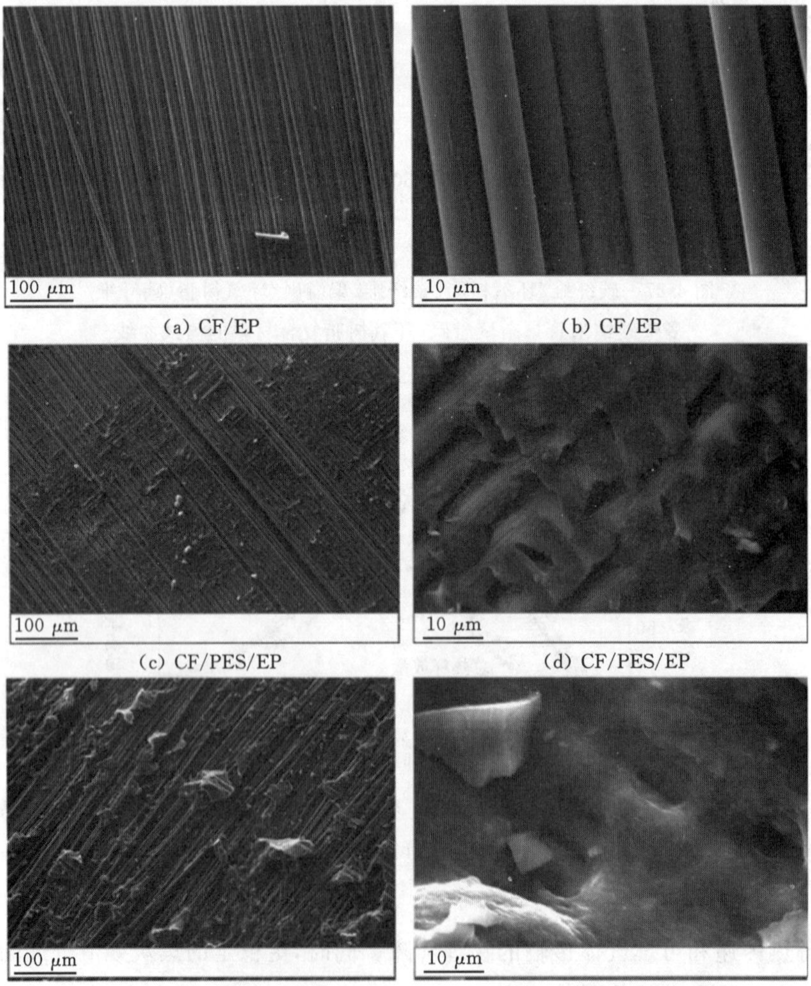

(a) CF/EP (b) CF/EP

(c) CF/PES/EP (d) CF/PES/EP

(e) CF/PES-MWCNTs/EP (f) CF/PES-MWCNTs/EP

图 4-29 复合材料在锥形量热仪中燃烧后的残炭表面扫描电镜图

中可以看出，碳纤维/环氧树脂复合材料的残炭表面光滑，而碳纤维/多壁碳纳米管掺杂聚醚砜/环氧树脂复合材料的炭层表面覆盖聚醚砜残余物，该残余物在燃烧过程中提供了极好的屏蔽，从而延迟了热和挥发性气体的迁移，该结论与热降解行为的分析结果一致。图 4-30 为碳纤维/多壁碳纳米管掺杂聚醚砜/环氧树脂复合材料的阻燃机制示意。

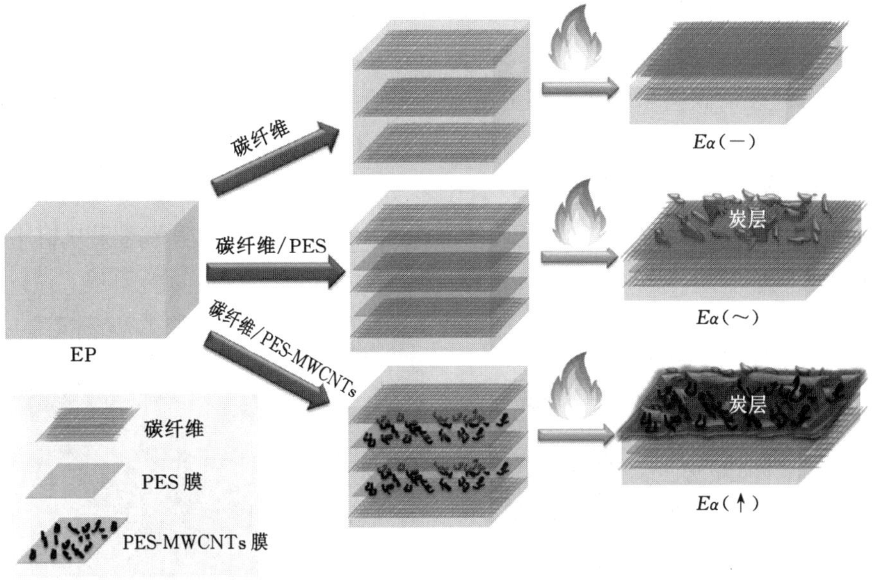

图 4-30　碳纤维/多壁碳纳米管掺杂聚醚砜/环氧树脂复合材料的阻燃机制示意

四、碳纳米管和石墨烯协同阻燃环氧树脂

碳纳米管和石墨烯纳米片被用来制造杂化膜。将杂化膜作为阻燃层施加在碳纤维增强材料(CFRP)复合板上，并分析了碳纳米管和石墨烯对 CFRP 阻燃性能的协同阻燃机理。

制备碳纳米管膜：使用高强度探针超声仪将碳纳米管以 0.7 mg/mL 的浓度分散在水中，制成稳定的碳纳米管悬浮液。随后，在真空下通过尼龙滤膜过滤碳纳米管悬浮液制备碳纳米管膜。过滤后，用去离子水和丙酮将所得碳纳米管膜洗涤数次，以除去表面活性剂。最后，将碳纳米管膜小心地从过滤器上剥离，并在真空炉中干燥。

制备碳纳米管/石墨烯纳米片(MWCNTs/GNP)杂化膜：使用高强度探针超声仪将碳纳米管和石墨烯纳米片以 0.7 mg/mL 的总浓度分散在水中，制成稳定的碳纳米管/石墨烯纳米片悬浮液。随后，在真空下通过尼龙滤膜过滤碳纳米管/石墨烯纳米片悬浮液制备碳纳米管膜。过滤后，将所得碳纳米管/石墨烯纳米片杂化膜用去离子水和丙酮洗涤数次，以除去表面活性剂。最后，将碳纳米管/石墨烯纳米片膜小心地从过滤器上剥离，并在真空炉中干燥。

制备碳纤维(CF)增强环氧树脂复合板：环氧树脂复合板是通过手工铺层工艺，然后进行真空包装制成的。该复合板在 120 ℃下预固化 2 h 和 180 ℃下固化 2 h，然后冷却至室温制得。受控的碳纤维增强环氧树脂复合板由六层 T-700 碳纤维织物制成，并标记为“CF/EP”。通过在受控碳纤维增强环氧树脂复合板的两侧添加碳纳米管膜或碳纳米管/石墨烯纳米片杂化膜，来形成阻燃受控碳纤维增强环氧树脂复合板：一块碳纳米管膜或碳纳米管/石墨烯纳米片杂化膜放在顶部，两块相应的膜放在模具上的碳纤维层压板的底部。在锥形量热仪测试期间，具有两层碳纳米管膜或碳纳米管/石墨烯纳米片杂化膜的复合材料的底面朝上，使碳纳米管膜或碳纳米管/石墨烯纳米片杂化膜更靠近锥形辐射电加热器[185]。

碳纳米管膜和碳纳米管/石墨烯纳米片杂化膜的形态如图 4-31 所示。碳纳米管/石墨烯纳米片杂化膜柔韧性好，足以作为独立膜使用。所有的碳纳米管膜和碳纳米管/石墨烯纳米片杂化膜都是无规、致密的，具有纠缠的网络，由连续的单个碳纳米管或在过滤过程中通过范德华力自组装的碳纳米管和石墨烯纳米片混合物组成。碳纳米管膜和碳纳米管/石墨烯纳米片杂化膜的尺寸和孔结构均一，这表明碳纳米管和石墨烯纳米片可很好地分散在悬浮液中。此外，碳纳米管膜和碳纳米管/石墨烯纳米片杂化膜均具有直径为 100～500 nm 的孔，比碳纤维织物的孔小得多。该碳纳米管/石墨烯纳米片杂化结构比单独使用碳纳米管时具有更好的阻隔效果。

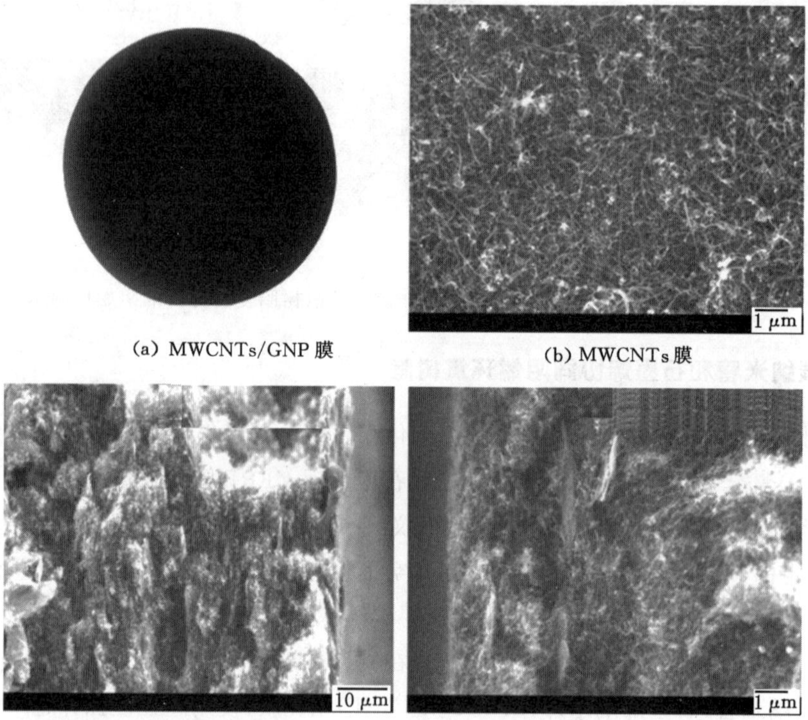

(a) MWCNTs/GNP 膜　(b) MWCNTs 膜

(c) MWCNTs/GNP 膜　(d) MWCNTs/GNP 膜

图 4-31　MWCNTs 和 MWCNTs/GNP 膜的照片和扫描电镜图

碳纳米管膜和碳纳米管/石墨烯纳米片杂化膜的孔结构和孔分布是影响其渗透性能的重要因素。通过－196 ℃下的氮吸附等温线确定孔分布和比表面积，并通过孔径分布(BJH)方法进行孔径尺寸分析。如图 4-32 所示，碳纳米管膜和碳纳米管/石墨烯纳米片膜的孔径均在 100～800 nm 之间。对于碳纳米管膜，大孔直径的峰值约为 470 nm，三个窄孔约为 25 nm、40 nm 和 90 nm。石墨烯纳米片掺入碳纳米管有助于形成网络结构。随着石墨烯纳米片含量的不断增加，直径超过 800 nm 的孔数增加。这种现象可以归因于膜的几何结构差异。此外，碳纳米管膜和碳纳米管/石墨烯纳米片杂化膜的比表面积和平均孔隙宽度如表 4-9 所示。碳纳米管/石墨烯纳米片杂化膜的孔径比碳纳米管膜的稍大,这意味着向碳纳米管膜中添加石墨烯纳米片会产生大量的孔。

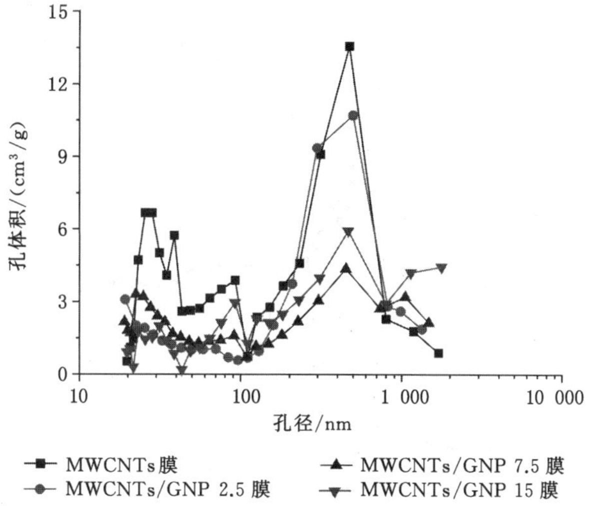

图 4-32 MWCNTs 和 MWCNTs/GNP 膜的 BJH 孔径分布曲线

表 4-9 通过氮气吸附测得的 MWCNTs 和 MWCNTs/GNP 膜的孔隙特征数据

样品	比表面积/(m^2/g)	平均孔隙宽度/nm
MWCNTs 膜	86.9	198
MWCNTs/GNP 2.5 膜	63.8	235
MWCNTs/GNP 7.5 膜	50.6	262
MWCNTs/GNP 15 膜	51.3	369

通常,膜的几何结构和渗透性的差异会影响所得复合材料的阻燃性。图 4-33 显示了碳纤维/环氧树脂复合板、碳纤维/碳纳米管膜/环氧树脂复合板和碳纤维/碳纳米管-石墨烯纳米片杂化膜/环氧树脂复合板的热释放速率。相应的数据汇总在表 4-10 中。

表 4-10 复合材料的锥形量热法测试数据

样品	点燃时间/s	热释放速率峰值/(kW/m^2)	总热释放量/(MJ/m^2)	最大平均散热率/%	总烟释放量/(m^3/m^2)	最大热释放速率对应时间/s
CF/EP	91	339.9	17.9	82.9	707.7	125
MWCNTs/CF/EP	93	255.8	12.7	64.3	523.4	120
MWCNTs/GNP 2.5/CF/EP	95	228.3	11.3	56.7	438.3	125
MWCNTs/GNP 7.5/CF/EP	91	221.2	10.7	52.6	402.1	125
MWCNTs/GNP 15/CF/EP	91	272.7	13.7	66.2	585.5	125

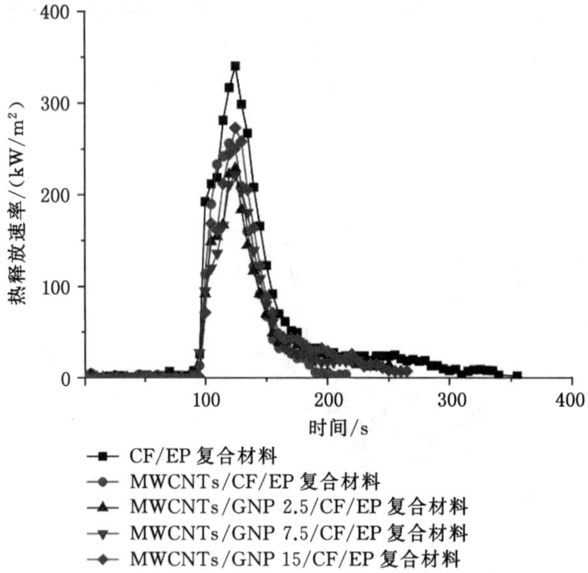

图 4-33　MWCNTs 和 MWCNTs/GNP 膜的热释放速率曲线

由表 4-10 可以看出，碳纤维/碳纳米管膜/环氧树脂复合板的最大热释放速率峰值相对碳纤维/环氧树脂复合板降低了 25%。所有碳纤维/碳纳米管-石墨烯纳米片杂化膜/环氧树脂复合板的点燃时间和达到热释放速率峰值的时间均相近，但与碳纤维/环氧树脂复合板和碳纤维/碳纳米管膜/环氧树脂复合板相比，当石墨烯纳米片含量为 7.5%时，碳纤维/碳纳米管-石墨烯纳米片杂化膜/环氧树脂复合板的热释放速率峰值分别降低了 35%和 11%。同时，总热释放量、总烟气释放量和最大平均散热率也遵循类似的趋势，这表明碳纳米管-石墨烯纳米片杂化膜可显著减慢燃烧进程，其阻燃性比碳纳米管膜更好。然而，随着碳纳米管-石墨烯纳米片杂化膜中石墨烯纳米片含量的不断增加，复合材料的阻燃性能反而下降。

根据上述研究结果可以得出碳纤维/碳纳米管-石墨烯纳米片杂化膜/环氧树脂复合板的阻燃机理(图 4-34)。复合材料的阻燃性可归因于两个因素：孔径和渗透网络结构。

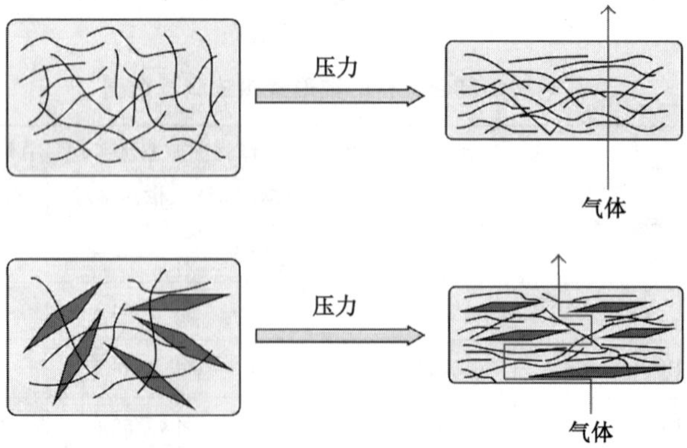

图 4-34　碳纤维/碳纳米管-石墨烯纳米片杂化膜/环氧树脂复合板的阻燃机理

对于碳纤维/碳纳米管膜/环氧树脂复合板，碳纳米管膜在燃烧过程中形成保护层。通过氮吸附等温线测定的碳纳米管膜的大孔直径约为 198 nm，这是其高透气性的原因，复合板表面存在的碳纳米管膜可以有效地阻止分解的可燃气体释放。将石墨烯纳米片掺入碳纳米管膜后，碳纳米管-石墨烯纳米片杂化膜的孔径随石墨烯纳米片含量的增加而增大，进而减弱了碳纳米管膜的透气性。同时，引入的石墨烯纳米片可以通过"曲径效应"产生协同阻燃作用，有效地阻止分解的可燃气体分子通过膜的进程。这两个相反的作用趋于达到平衡，并且在最佳的石墨烯纳米片添加量下，碳纤维/碳纳米管-石墨烯纳米片杂化膜/环氧树脂复合板的阻燃性能达到最大。虽然进一步增加石墨烯纳米片的含量，不利因素占主导，且碳纤维/碳纳米管-石墨烯纳米片杂化膜/环氧树脂复合板的阻燃性降低，但是，由于制备的分级膜的优异的阻隔作用，MWCNTs/GNP/CF/EP 复合板的阻燃性仍大于碳纤维/环氧树脂复合板的。总之，通过控制孔径和渗透性网络结构之间的协同效应，碳纳米管-石墨烯纳米片杂化膜比碳纳米管膜的阻燃作用会更好。

第五章 富勒烯对环氧树脂的阻燃作用

富勒烯是一种碳的同素异形体。富勒烯家族包含 C_{60}、C_{70}、C_{78}、C_{82}、C_{84}、C_{90} 和 C_{96} 等。在聚合物复合材料中广泛使用的是 C_{60}，它是球形碳纳米材料。C_{60} 被称为自由基海绵，即 C_{60} 对自由基具有很高的反应活性，在聚合物燃烧过程中可以捕捉 34 个以上的自由基，具有很好的阻燃潜力[99,186-187]。

第一节 富勒烯阻燃环氧树脂

大多数聚合物链的燃烧机理是通过 β-断裂发生自由基链反应。在聚合物中加入的富勒烯，会捕捉由于聚合物的热降解而产生的自由基，该过程随后形成原位交联网络，从而提高了聚合物复合材料的热稳定性和耐火性。另外，富勒烯可显示出良好的协同阻燃作用。例如，研究者研究了 C_{60} 对聚甲基丙烯酸甲酯和聚甲基丙烯酸正丁酯热性能的影响。C_{60} 阻碍了聚合物分子链的运动，捕捉了降解过程中产生的大分子自由基，从而阻止了基体解聚为单体，表现出阻燃效果[148]。图 5-1 为含 C_{60} 的聚甲基丙烯酸甲酯的热降解机理示意。

图 5-2 为 C_{60} 在空气和氮气下的热重曲线。从图中可以看出，原始的 C_{60} 在空气中和在氮气中均具有很高的热稳定性。将其在氮气下加热到 600 ℃，C_{60} 的质量仅损失 2%，而在空气中加热到 720 ℃时，C_{60} 完全降解。

研究者将胺化富勒烯衍生物添加到环氧树脂/乙二胺体系中，制备具有可调紫外线光学特性的环氧树脂膜[188]，还系统地研究了胺基富勒烯的含量和化学结构（如胺类和加成度）对固化环氧树脂膜的力学性能和热性能的影响。

胺化富勒烯衍生物的制备反应方程式如图 5-3 所示，当 $NH_2CH_2CH_2X$ 为乙二胺或乙醇胺时，n 为胺的平均添加度。若过量的 $NH_2CH_2CH_2X$ 用作反应溶剂，则可以通过控制反应时间来确定 n 的值。

含胺化富勒烯衍生物的环氧膜的制备：在超声搅拌下将胺化富勒烯衍生物和环氧树脂单体溶解在甲苯中 30 min，随后添加适量乙二胺，机械搅拌 15 min，然后浇铸在清洁的玻璃板上，在室温下完全干燥，即可得到含胺化富勒烯衍生物的环氧膜。

在存在大量乙二胺的情况下，环氧树脂能够完全固化。但是在本研究中，由于在环氧树脂/乙二胺混合物中仅添加少量的胺化富勒烯，环氧树脂即能固化，因此推测胺化富勒烯衍

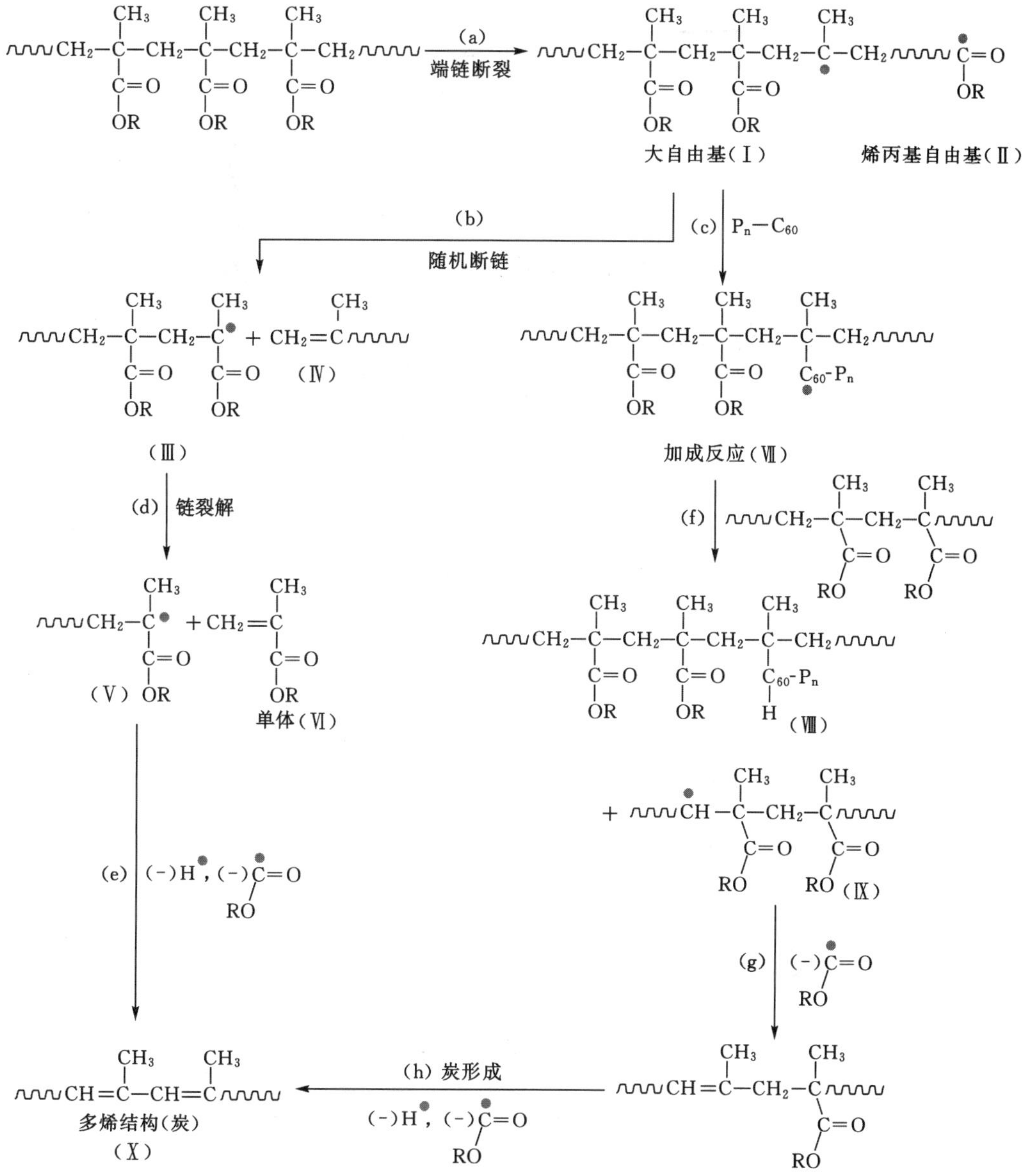

图 5-1　含 C_{60} 的聚甲基丙烯酸甲酯的热降解机理

生物可以与环氧树脂反应。

图 5-4 为由动态热机械分析仪测得的环氧膜和胺化富勒烯/环氧膜的弹性模量随温度的变化曲线。胺化富勒烯/环氧膜的交联密度高于纯环氧膜的。图 5-5、图 5-6 和图 5-7 为由动态热机械分析仪测得的环氧膜和胺化富勒烯/环氧膜的弹性模量和黏度随温度的变化曲线。胺化富勒烯衍生物可与含末端氨基的环氧树脂反应，并作为固化剂参与固化(图 5-8)，而三官能环氧树脂继续与固化剂乙二胺反应。必须注意，一个富勒烯乙二胺衍生物分子可以与几个甘油三缩水甘油醚分子反应形成星形结构。因此，所得复合材料最有可

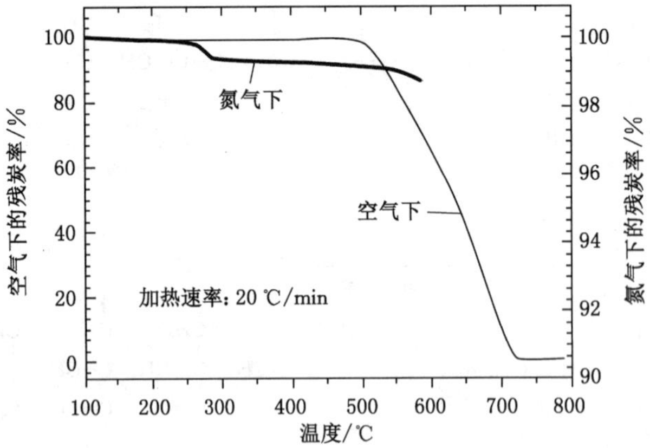

图 5-2　C_{60}在空气和氮气下的热重曲线

$$C_{60}+n\,NH_2CH_2CH_2X \xrightarrow[N_2]{80\ ℃} H_nC_{60}(NHCH_2CH_2X)_n$$

X为—NH_2或—OH

图 5-3　C_{60}与胺的反应方程式

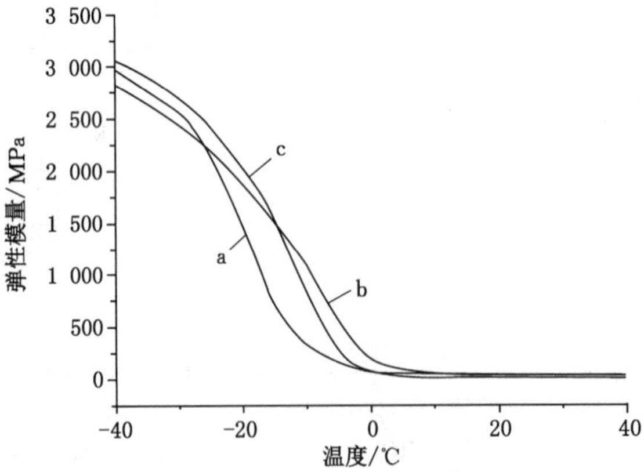

a—无C_{60}；b—0.18% C_{60}；c—0.48% C_{60}。

图 5-4　胺化富勒烯/环氧膜的弹性模量随温度的变化曲线

能形成富勒烯与环氧树脂基体之间具有共价键的重度交联结构。在胺化富勒烯/环氧膜固化物中可测得玻璃化转变温度和增加的储能模量。

图 5-9 为环氧膜和胺化富勒烯/环氧膜的热重分析结果。图 5-10 为在不同温度下，胺化富勒烯含量与胺化富勒烯/环氧膜复合材料残炭率的关系。结果表明，胺化富勒烯衍生物的存在可以改善胺化富勒烯/环氧膜的热稳定性，但只有较高填料含量才能有效地增加胺化富勒烯/环氧膜的残炭率。这是由于，与主固化剂乙二胺相比，环氧体系中C_{60}衍生物的数量非常少，即尽管交联密度发生了变化，但当复合材料中胺化富勒烯衍生物的含量较低时，

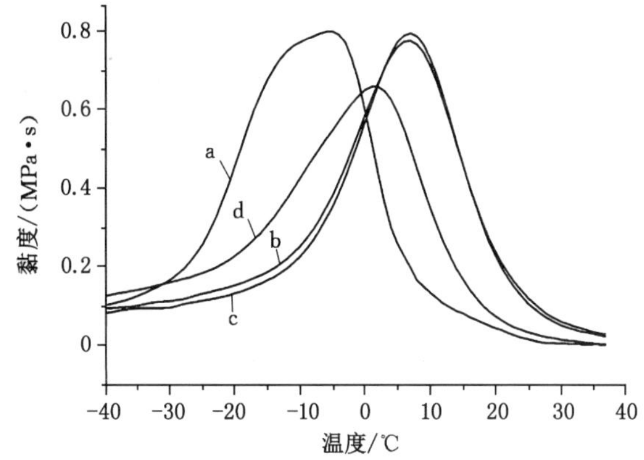

a—未添加 $H_{25}C_{60}(NHC_2H_4NH_2)_{25}$；b—添加 0.06%的 $H_{25}C_{60}(NHC_2H_4NH_2)_{25}$；c—添加 0.18%的 $H_{25}C_{60}(NHC_2H_4NH_2)_{25}$；d—添加 0.36%的 $H_{25}C_{60}(NHC_2H_4NH_2)_{25}$。

图 5-5　环氧膜和胺化富勒烯/环氧膜的黏度随温度的变化曲线

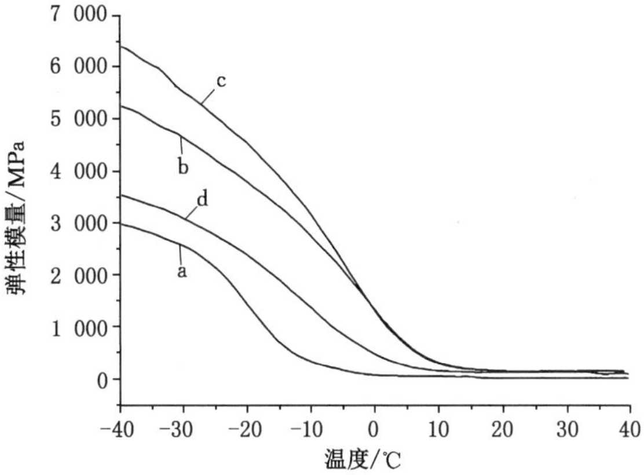

a—未添加 $H_{25}C_{60}(NHC_2H_4NH_2)_{25}$；b—添加 0.06%的 $H_{25}C_{60}(NHC_2H_4NH_2)_{25}$；c—添加 0.18%的 $H_{25}C_{60}(NHC_2H_4NH_2)_{25}$；d—添加 0.36%的 $H_{25}C_{60}(NHC_2H_4NH_2)_{25}$。

图 5-6　环氧膜和胺化富勒烯/环氧膜的弹性模量随温度的变化曲线

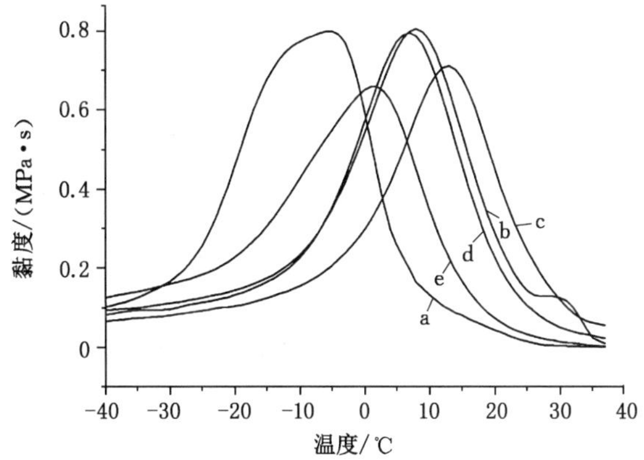

a—未添加胺化富勒烯衍生物；b—添加 0.06%的 $H_{14}C_{60}(NHC_2H_4NH_2)_{14}$；c—添加 0.36%的 $H_{14}C_{60}(NHC_2H_4NH_2)_{14}$；d—添加 0.06%的 $H_{25}C_{60}(NHC_2H_4NH_2)_{25}$；e—添加 0.36%的 $H_{25}C_{60}(NHC_2H_4NH_2)_{25}$。

图 5-7　环氧膜和胺化富勒烯/环氧膜的黏度随温度的变化曲线

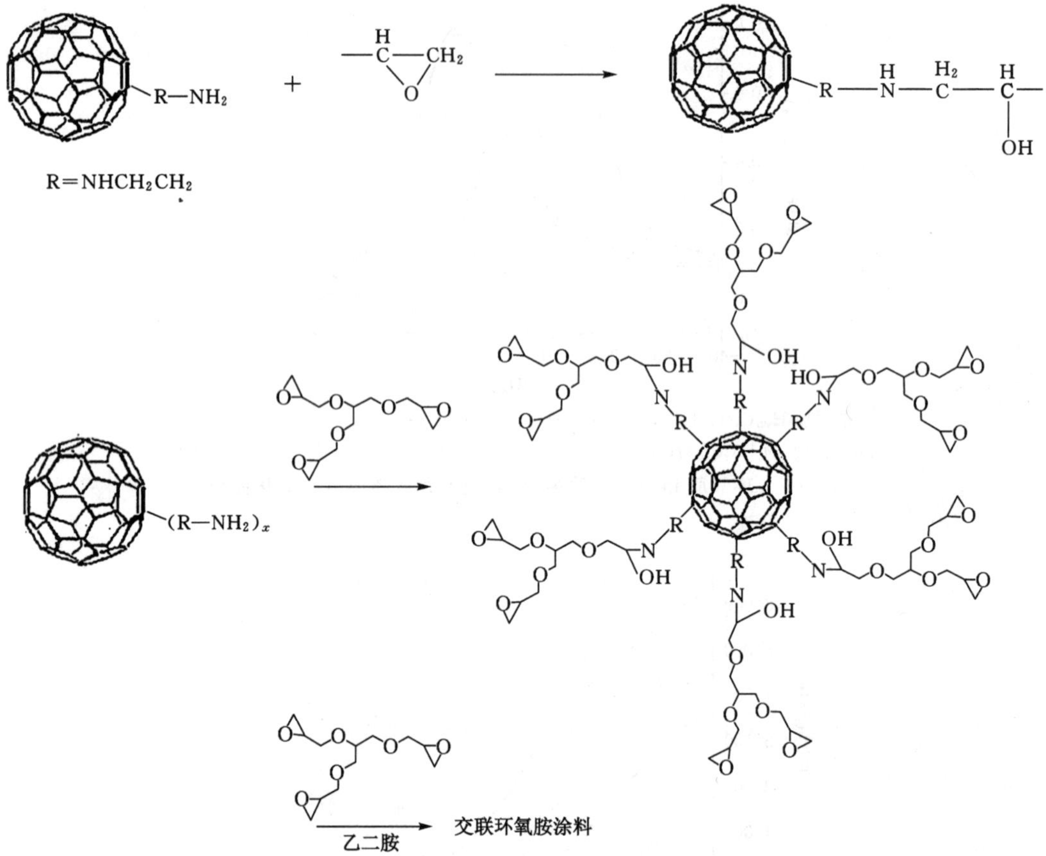

图 5-8 富勒烯乙二胺衍生物固化环氧树脂的过程

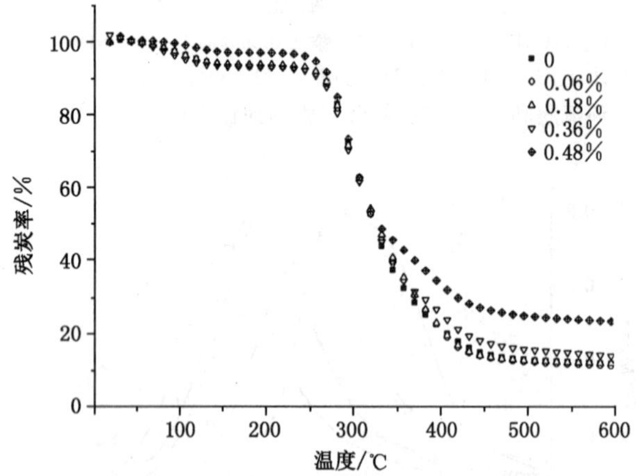

图 5-9 不同 $H_{25}C_{60}(NHC_2H_4NH_2)_{25}$ 含量的环氧树脂复合材料的热重分析结果

胺化富勒烯/环氧膜热性能所受的影响很小。

总而言之，富勒烯可以通过捕捉自由基来提高聚合物的热性能，并且通常由于其具有更好的分散性，所得衍生物提高聚合物热性能的效果往往更好。选择适当的添加剂与富勒烯

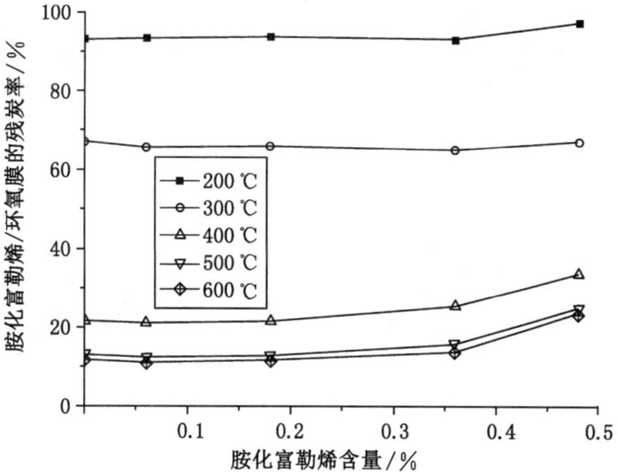

图 5-10 不同温度下胺化富勒烯含量与胺化富勒烯/环氧膜复合材料残炭率的关系

组合,可以显著增强聚合物的热稳定性。

第二节 官能化富勒烯及其阻燃作用

一、碳纳米管官能化富勒烯

研究表明,碳纳米管可以在非常低的负载水平下大大降低聚合物的热降解速率。由于 C_{60} 具有良好的溶解性,能溶解在许多有机溶剂中,因此将 C_{60} 接枝到碳纳米管的表面不仅能提高碳纳米管在聚合物基体中的溶解度和分散性,而且还能结合 C_{60} 和碳纳米管的阻燃性能。

合成策略包括三步反应:首先使用 KOH/乙醇将碳纳米管进行羟基氧化,然后使用 3-氨丙基三乙氧基硅烷(APTES)将碳纳米管进行氨基官能化,最后在 C_{60} 分子中添加氨基进行碳纳米管的 C_{60} 修饰。图 5-11 为 C_{60}-*d*-CNTs 的合成方法。

二、膨胀型阻燃剂官能化富勒烯

通常,聚合物的降解被认为是聚合物链的 β-断裂的自由基链反应。C_{60} 具有 30 个碳-碳双键,可以捕捉超过 34 个自由基,被称为自由基海绵,对自由基具有很高的反应活性。C_{60} 可以捕捉聚合物热解产生的大分子或任何其他自由基,形成凝胶球网络。该网络可增加熔体黏度,减慢聚合物材料的燃烧速度。因此,C_{60} 是气相阻燃剂。

当同时使用气相和凝聚相阻燃剂时,可以获得更好的阻燃性能。研究者合成了 C_{60} 改性的低聚物膨胀型阻燃剂聚(4,4-二氨基二苯基甲烷-O-双环戊二醇磷酸酯)(PDBPP),旨在利用膨胀型阻燃剂和 C_{60} 的协同阻燃作用来阻燃聚合物[148]。该合成路线见图 5-12。

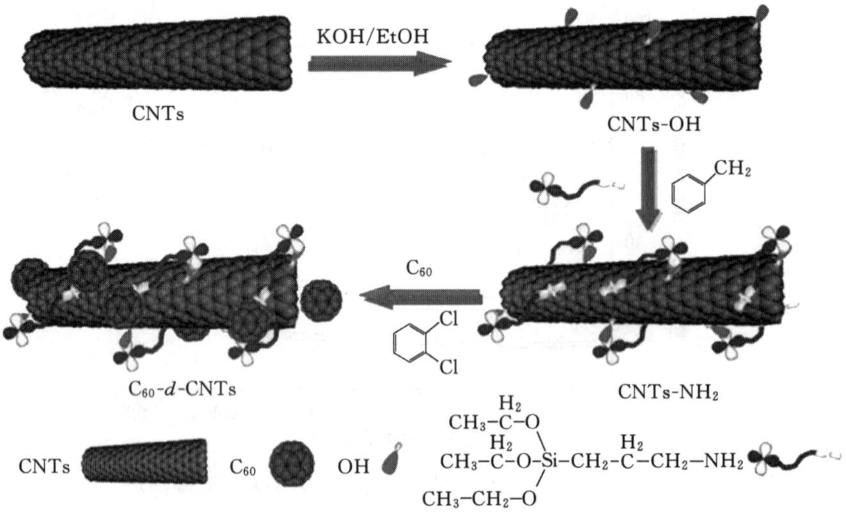

图 5-11 C_{60}-*d*-CNTs 的合成方法

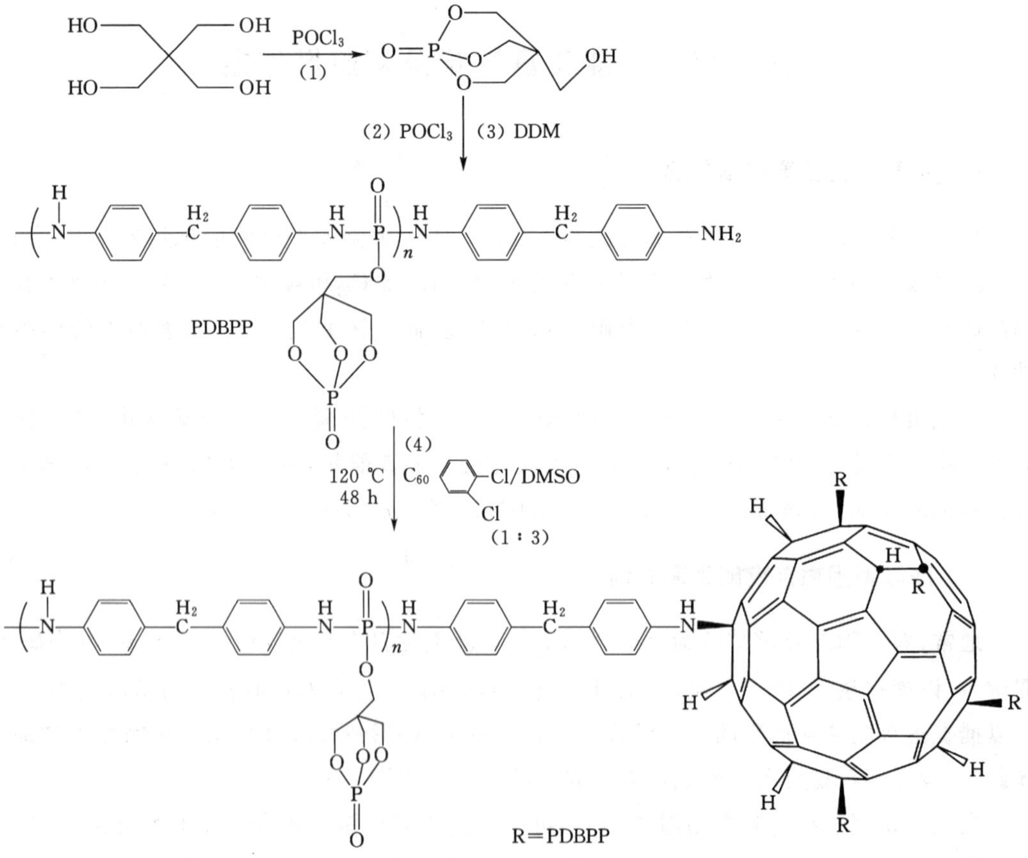

图 5-12 C_{60}改性的 PDBPP 的合成方法

三、聚合物官能化富勒烯

纳米材料在基体中的分散性非常重要。为了改善 C_{60} 在聚合物中的分散性，同时获得富勒烯与其他阻燃剂的协同阻燃作用，研究者使用了多种化学反应将 C_{60} 接枝到不同的聚合物上。例如，研究者通过熔融共混制备了高密度聚乙烯（HDPE）/乙酸乙烯酯共聚物（EVA）/C_{60} 纳米复合材料。C_{60} 可以捕捉通过辐照产生的大分子自由基，形成独特的交联网络结构，添加的 C_{60} 越多，辐照后得到的凝胶越多，这可证明交联反应的发生。正是这种特殊的交联结构提高了复合材料的动态模量、玻璃化转变温度和机械性能。

第三节　富勒烯与其他阻燃剂协同阻燃环氧树脂

一、富勒烯与蒙脱土协同阻燃环氧树脂

研究者合成了苯扎氯铵-N-甲基吡咯烷-富勒烯[BEN-(C_{60}-O)]功能化无机层状材料，并将其加入环氧树脂中，旨在开发高性能的阻燃环氧树脂复合材料。

水溶性 N-甲基吡咯烷-C_{60}（C_{60}-O）的制备：将适量的 N-甲基甘氨酸（肌氨酸）和多聚甲醛加入富勒烯（C_{60}）的甲苯溶液中。将所得混合物在 120～130 ℃下加热 2 h，然后在真空中除去甲苯溶剂，从而形成水溶性 N-甲基吡咯烷-C_{60}。

苯扎氯铵-N-甲基吡咯烷-富勒烯改性黏土[BEN-(C_{60}-O)-CL88]的制备：首先，将适量黏土加入蒸馏水中，在室温下搅拌过夜。将盐酸水溶液添加到 N-甲基吡咯烷-C_{60} 和苯扎氯铵中，将所得溶液在室温下搅拌 24 h。然后将混合物溶液搅拌、离心，并用去离子蒸馏水洗涤数次以除去氯离子。最后冷冻干燥，从而得到苯扎氯铵-N-甲基吡咯烷-富勒烯改性黏土。

苯扎氯铵-N-甲基吡咯烷-富勒烯改性黏土/酚醛固化环氧树脂复合材料的制备：首先，将丙二醇甲醚分别添加到不同质量分数（1%、3%或 5%）的苯扎氯铵-N-甲基吡咯烷-富勒烯改性黏土中，并将所得混合物搅拌过夜。然后在混合物中加入适量的线型酚醛树脂并搅拌 24 h，将该溶液在真空烘箱中脱气，所有样品在 190 ℃下固化 3 h，即可得到苯扎氯铵-N-甲基吡咯烷-富勒烯改性黏土/酚醛固化环氧树脂复合材料[189]。

图 5-13 为 C_{60}、水溶性 N-甲基吡咯烷-C_{60}、黏土和苯扎氯铵-N-甲基吡咯烷-富勒烯改性黏土的广角粉末的 X 射线衍射图。在图 5-13(a)中，在 2θ 为 19.57°时，观察到的新峰是 N-甲基吡咯烷的(211)相。原始 CL88 的层间距约为 12.63 Å，而当在 CL88 中插入 N-甲基吡咯烷-C_{60} 和苯扎氯铵的混合物时，层间距增加至约 19.81 Å。层间距的变化是N-甲基吡咯烷-C_{60} 和苯扎氯铵的加入引起的。水镁石状黏土片的厚度为 2.54 nm，CL88 的平均直径为 500～600 nm。图 5-14 为苯扎氯铵-N-甲基吡咯烷-富勒烯改性黏土/环氧树脂复合材料形态和燃烧行为的示意。

图 5-15 为 C_{60} 和水溶性 N-甲基吡咯烷-C_{60} 的红外光谱和拉曼光谱图。如图 5-15(a)所示，纯 C_{60} 和水溶性 N-甲基吡咯烷-C_{60} 的红外光谱在波数为 3 445 cm^{-1} 和 2 918 cm^{-1} 处出现峰，这是 C_{60} 的—CH_2—键不对称的拉伸频率引起的。波数为 1 000 cm^{-1} 以上的振动带主要

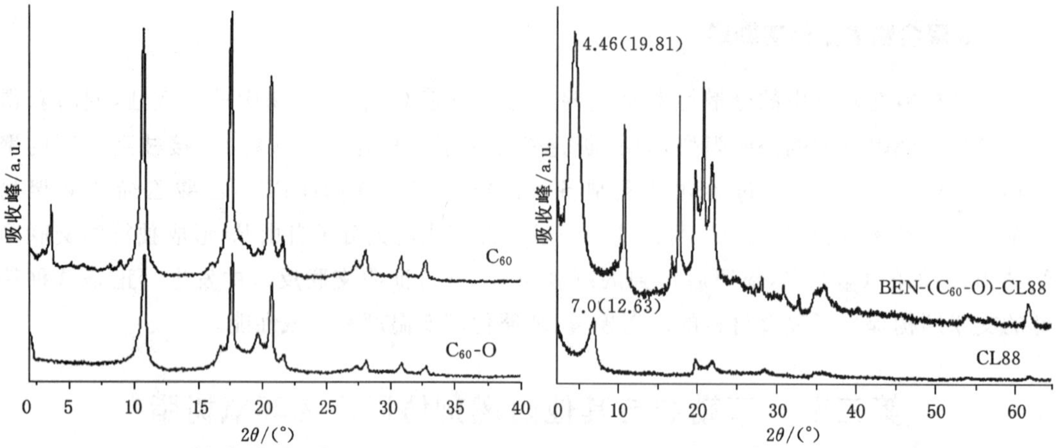

(a) C_{60}和C_{60}-O　　(b) CL88 和 BEN-(C_{60}-O)-CL88

图 5-13　C_{60}、C_{60}-O、CL88 和 BEN-(C_{60}-O)-CL88 的广角粉末的 X 射线衍射图

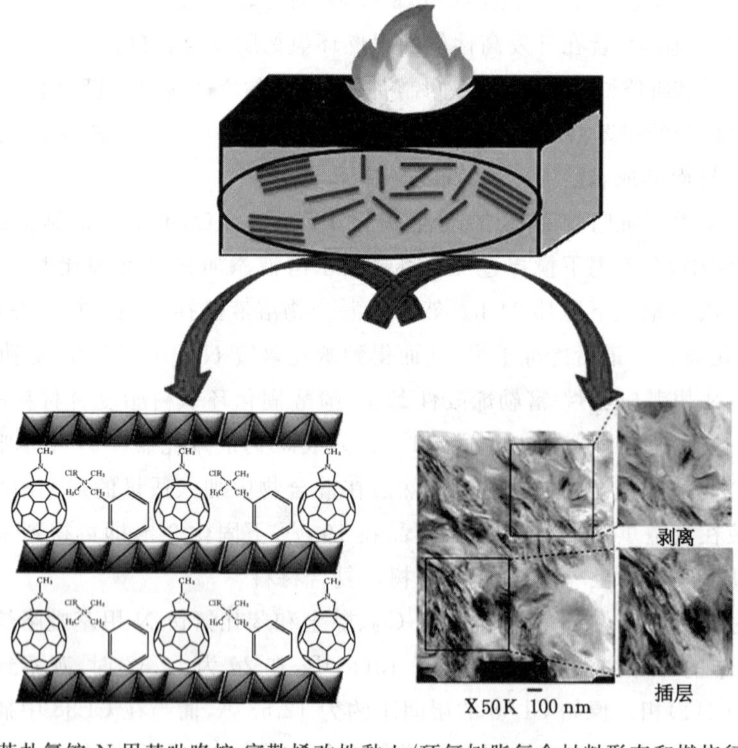

图 5-14　苯扎氯铵-N-甲基吡咯烷-富勒烯改性黏土/环氧树脂复合材料形态和燃烧行为的示意

是与C_{60}表面相切的位移引起的。水溶性 N-甲基吡咯烷-C_{60}中出现在波数为 2 931 cm^{-1}和 2 768 cm^{-1}处的峰分别为—CH_2和 N—CH_3的特征峰。图 5-15(b)为C_{60}和水溶性 N-甲基吡咯烷-C_{60}的拉曼光谱图，这两个C_{60}样本均显示相似的 D 波段(1 300 cm^{-1})和 G 谱带(1 600 cm^{-1})峰。C_{60}和水溶性 N-甲基吡咯烷-C_{60}的 D 带和 G 带的峰强度比分别为 2.529 和 4.420，这表明在改性过程中C_{60}变得无序。

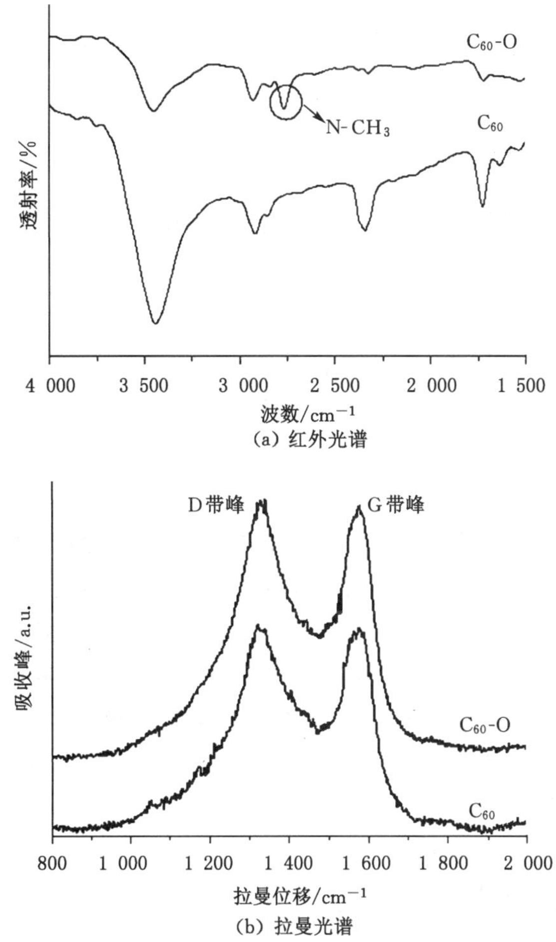

图 5-15 C_{60}和 C_{60}-O 的红外光谱和拉曼光谱图

表 5-1 显示了酚醛固化环氧树脂和苯扎氯铵-N-甲基吡咯烷-富勒烯改性黏土的热重数据和溶液凝胶时间。CL88 黏土的分解温度为 450 ℃。在苯扎氯铵-N-甲基吡咯烷-富勒烯改性黏土的热重曲线(图 5-16)中,在 230 ℃下观察到的质量损失为结晶水的损失和苯扎氯铵的分解。水溶性 N-甲基吡咯烷-C_{60}的分解温度约为 340 ℃。图 5-16 显示,插层后水溶性 N-甲基吡咯烷-C_{60}的初始分解温度增加至 390 ℃。此时,苯扎氯铵的插入量为 27.1%,水溶性 N-甲基吡咯烷-C_{60}的插入量为 47.4%。

表 5-1 酚醛固化环氧树脂和苯扎氯铵-N-甲基吡咯烷-富勒烯改性黏土的热重数据和溶液凝胶时间

样品	初始降解温度/℃	残炭率/%	凝胶时间/s
酚醛固化 EP	395.6	0	>1 500
CL88-C_{60}-O/BEN 1%	389.7	0.5	461
CL88-C_{60}-O/BEN 3%	395.6	1.5	262
CL88-C_{60}-O/BEN 5%	398.0	2.1	170

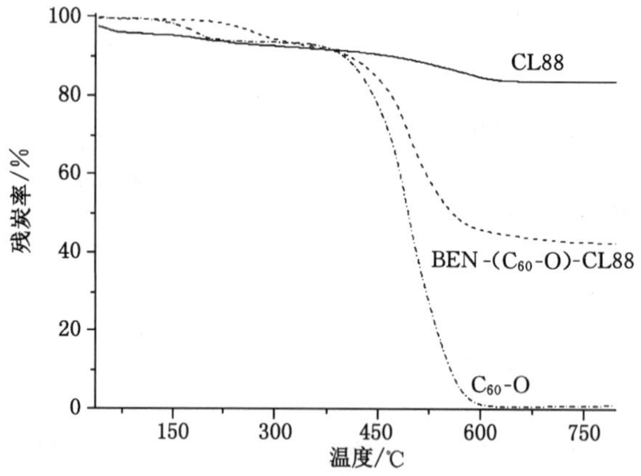

图 5-16　C_{60}-O、CL88 和 BEN-(C_{60}-O)-CL88 的热重曲线

图 5-17 和图 5-18 是苯扎氯铵-N-甲基吡咯烷-富勒烯改性黏土/酚醛固化环氧树脂复合材料的 X 射线衍射图和透射电镜图。纯酚醛固化的环氧树脂显示了两个宽峰，分别在 4.4°和 19.5°处。将 3%和 5%的苯扎氯铵-N-甲基吡咯烷-富勒烯改性黏土掺入酚醛固化环氧树脂中后，黏土的特征峰完全消失，这表明黏土在酚醛固化环氧树脂基体中的分散性好。由图 5-18可以看出，加入 3%的苯扎氯铵-N-甲基吡咯烷-富勒烯改性黏土后，填料在环氧树脂复合材料中的分散性很好，大部分为插层和剥离的形态，图中的黑点代表富勒烯。

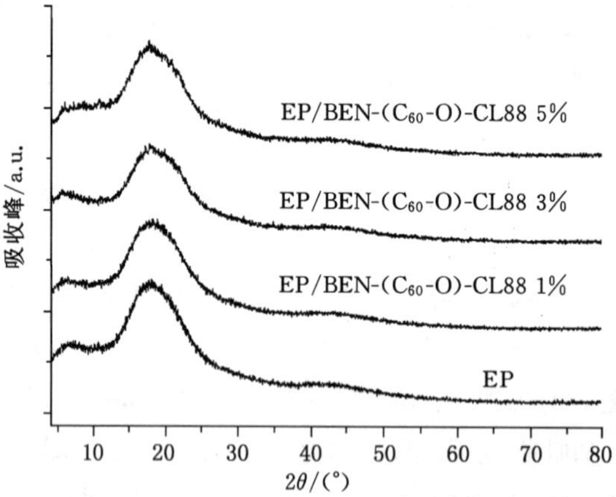

图 5-17　BEN-(C_{60}-O)-CL88/酚醛固化环氧树脂复合材料的 X 射线衍射图

图 5-19 是酚醛固化的环氧树脂和苯扎氯铵-N-甲基吡咯烷-富勒烯改性黏土/酚醛固化环氧树脂复合材料的热重曲线、差示扫描量热曲线、动态热机械曲线和静态热机械曲线。原始的线型酚醛固化环氧树脂的初始分解温度为 395 ℃，苯扎氯铵-N-甲基吡咯烷-富勒烯改性黏土/酚醛固化环氧树脂复合材料的初始分解温度增至 398 ℃。苯扎氯铵-N-甲基吡咯烷-富勒烯改性黏土的引入，导致酚醛固化环氧树脂复合材料在 800 ℃时的残炭率提高。纯环氧树脂在 800 ℃时残炭率为 0，而加入 1%、3%和 5%的苯扎氯铵-N-甲基吡咯烷-富勒烯改性黏土的酚醛固化环氧树脂复合材料的残炭率分别为 0.5%、1.5%和 2.1%。

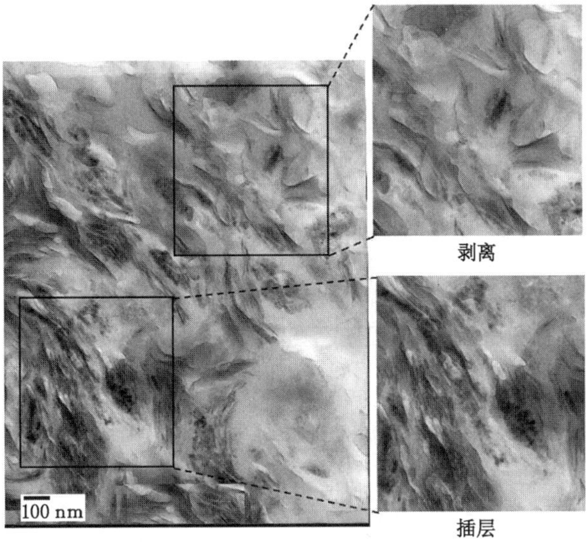

图 5-18 BEN-(C_{60}-O)-CL88 3%/酚醛固化环氧树脂复合材料的透射电镜图

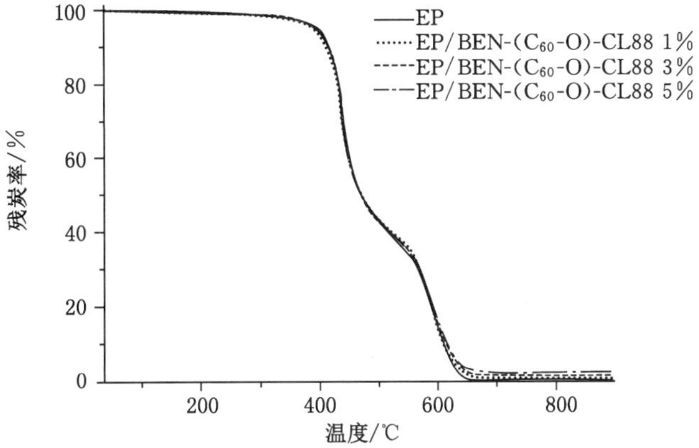

(a) 热重曲线

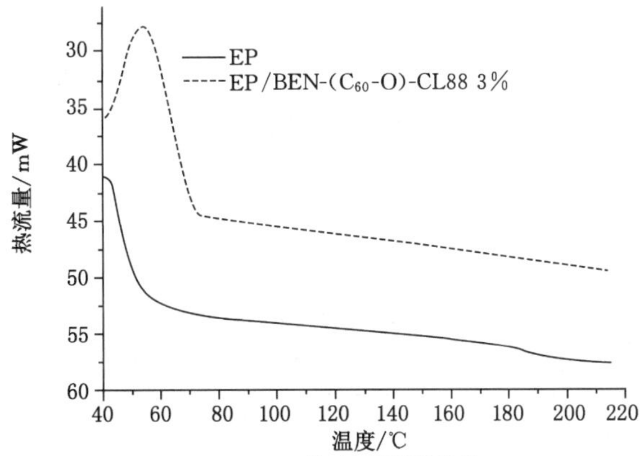

(b) 差示扫描量热曲线

图 5-19 酚醛固化环氧树脂和 BEN-(C_{60}-O)-CL88/酚醛固化环氧树脂复合材料的热重曲线、差示扫描量热曲线、动态热机械曲线和静态热机械曲线

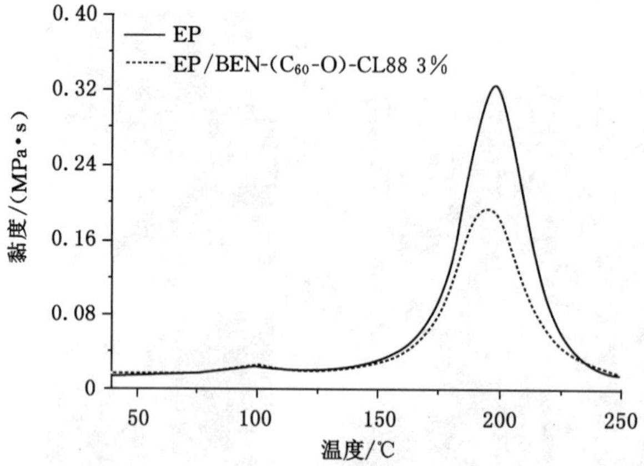

(c) 动态热机械曲线

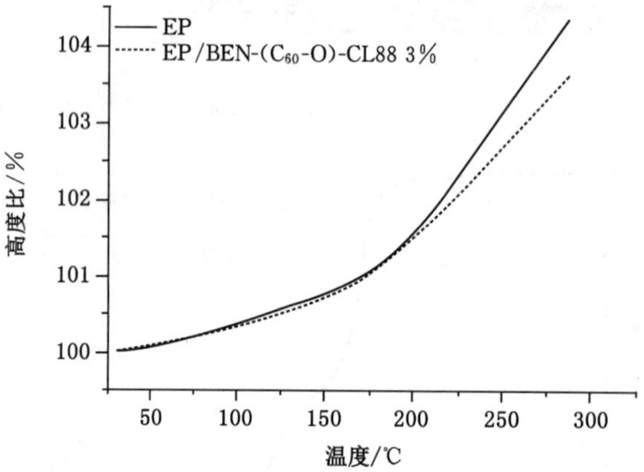

(d) 静态热机械曲线

图 5-19(续)

表 5-2 是酚醛固化环氧树脂和苯扎氯铵-N-甲基吡咯烷-富勒烯改性黏土/酚醛固化环氧树脂复合材料的耐火性数据。在酚醛固化环氧树脂中加入 3%的苯扎氯铵-N-甲基吡咯烷-富勒烯改性黏土后,环氧树脂复合材料的极限氧指数提高到 30%,总热释放量降低,在 UL-94 测试中达到 V-1 级别。极限氧指数的增加是由于苯扎氯铵-N-甲基吡咯烷-富勒烯改性黏土的引入提供了层状硅酸盐和包含多个 C=C 基团的 N-甲基吡咯烷-富勒烯。在燃烧过程中,C=C 基团起自由基捕捉的作用。

表 5-2 酚醛固化环氧树脂和苯扎氯铵-N-甲基吡咯烷-富勒烯改性黏土/酚醛固化环氧树脂复合材料的耐火性数据测试结果

测试项目	酚醛固化环氧树脂	EP/CL88-C_{60}-O/BEN 3%
弹性模量/MPa	1 950.86	2 186.10
玻璃化转变温度/℃	194.4	197.2
极限氧指数/%	22.5	30.0

表 5-2(续)

测试项目	酚醛固化环氧树脂	EP/CL88-C_{60}-O/BEN 3%
UL-94 测试	无等级	V-1
热释放速率峰值/(kW/m^2)	599.03	567.77
总热释放量/(MJ/m^2)	92.01	86.45

二、富勒烯与聚氨酯协同阻燃环氧树脂

研究者制备了新型聚氨酯(PU),并用 C_{60} 对聚氨酯进行增强,使用浸涂技术将环氧二缩水甘油基 1,2-环己烷二羧酸酯涂覆在聚氨酯/富勒烯膜上。环氧树脂涂层的聚氨酯/富勒烯膜具有很高的抗张强度,同时,富勒烯使环氧树脂涂层的聚氨酯/富勒烯膜的可燃性降低。

富勒烯的酸处理:使用 0.1 mol/L 的强酸溶液,即硫酸和硝酸的比例为 3∶1,在连续搅拌2 h的条件下,将富勒烯进行羧基化。将混合物倒入 500 mL 水中,并再次搅拌 4 h。后连接渗透,以去离子水将残余物洗涤数次,在 80 ℃下干燥 4 h。

聚氨酯的制备(图 5-20):将 5 g 聚(己二酸乙二醇酯)甲苯 2,4-二异氰酸酯在氮气下溶解于 50 mL 脱水 N,N-二甲基甲酰胺中,然后向混合物中添加适量聚己内酯二醇,让混合物在 90 ℃下搅拌 12 h,冷却至室温[190]。聚氨酯被过量的甲醇沉淀,产率为 85%。PU 对应的红外光谱:3 299 cm^{-1}(N—H 拉伸),1 599 cm^{-1}(N—H 弯曲),3 009 cm^{-1}(芳香族 C—H 拉伸),2 945 cm^{-1} 和 2 879 cm^{-1}(脂肪族 C—H 拉伸),1 721 cm^{-1}(聚氨酯 C—D—O 拉伸),1 750 cm^{-1}(酯基 C—D—O 拉伸),1 231 cm^{-1}(C—O 拉伸)(图 5-21)。

聚氨酯/富勒烯复合膜的制备:将聚氨酯在连续搅拌条件下溶解在适量 N-甲基吡咯烷中。将富勒烯在 N-甲基吡咯烷中超声处理 0.5 h。将所得富勒烯纳米悬浮液和聚氨酯溶液混合,并搅拌 6 h,以获得均匀的混合物。将所得混合物倒入培养皿中,并在 70 ℃下干燥10 h,即可得到聚氨酯/富勒烯复合膜。图 5-22 为 PU/C_{60}复合膜的制备机理。

环氧树脂涂料的制备:在室温下,使用 THF 将未固化的环氧树脂(即 DGCHD)充分溶解在 5%(质量浓度)的溶液中。添加 4,4-二氨基二苯甲烷(DDM),使其胺质子与环氧基之间的比例为 1∶1。将混合物在 30 ℃下搅拌 2 h。

环氧涂层聚氨酯/富勒烯(EP/PU/C_{60})复合膜的制备:先将聚氨酯/富勒烯(PU/C_{60})复合膜样品浸入环氧树脂溶液,吸附时间设定为 5 min。然后取出样品并用丙酮冲洗。再次将样品浸入环氧树脂溶液中 5 min,然后冲洗。随后将样品在 60 ℃下真空干燥 12 h。其傅立叶变换红外吸收光谱仪分析结果(图 5-21):3 421 cm^{-1}(O—H 伸缩),3 241 cm^{-1}(N—H 伸缩),1 587 cm^{-1}(N—H 弯曲),3 000 cm^{-1}(芳族 C—H 伸缩),2 911 cm^{-1}(脂族 C—H 伸缩),1 718 cm^{-1}(氨基甲酸酯 C=O 伸缩),1 731 cm^{-1}(酯 C=O 伸缩),1 225 cm^{-1}(C—O 伸缩)。图 5-23 为EP/PU/C_{60}复合膜的制备机理。

图 5-24 为聚氨酯/富勒烯复合膜与环氧涂层聚氨酯/富勒烯复合膜的扫描电镜图。聚氨酯/富勒烯复合膜的扫描电镜图显示出丝状的表面形态,一些聚氨酯从断裂面伸出

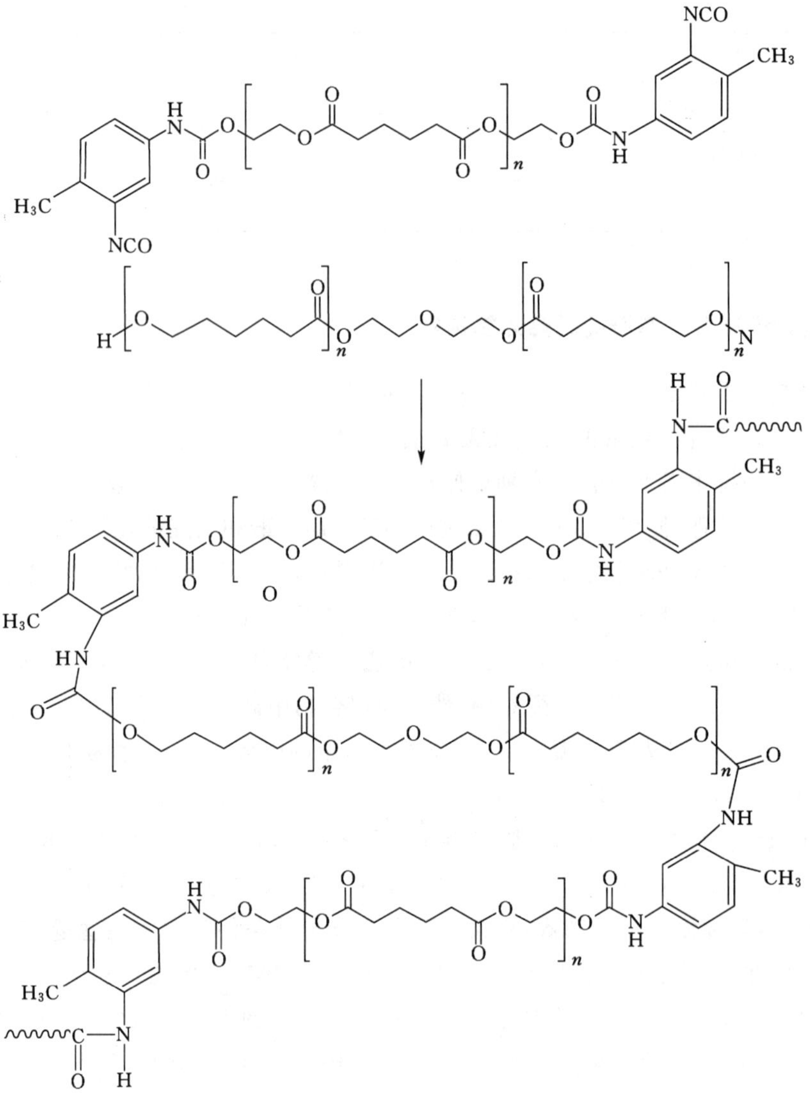

图 5-20　聚氨酯的制备过程

[图 5-24(a)]。环氧涂层聚氨酯/富勒烯复合膜的形貌略有不同，其断裂面显示出致密的环氧-聚氨酯网络形态[图 5-24(b)]。当加入 3%的富勒烯时，环氧涂层聚氨酯/富勒烯复合膜的支链和独特的网络模式更加明显[图 5-24(c)]，这种形态可能是环氧树脂和富勒烯负载的聚氨酯结构之间的物理相互作用引起的。当加入 5%和 10%的富勒烯时，环氧涂层聚氨酯/富勒烯复合膜的形态进一步改变[图 5-24(d)和图 5-24(e)]，球形纳米颗粒分散在聚合物网络中，这种形态的变化可能取决于环氧树脂与聚氨酯/富勒烯复合膜结构之间非共价键相互作用的程度。

表 5-3 为聚氨酯、聚氨酯/富勒烯复合膜和环氧涂层聚氨酯/富勒烯复合材料的力学性能数据。聚氨酯的拉伸强度为 19.2 MPa。当加入 1%的富勒烯时，聚氨酯/富勒烯复合

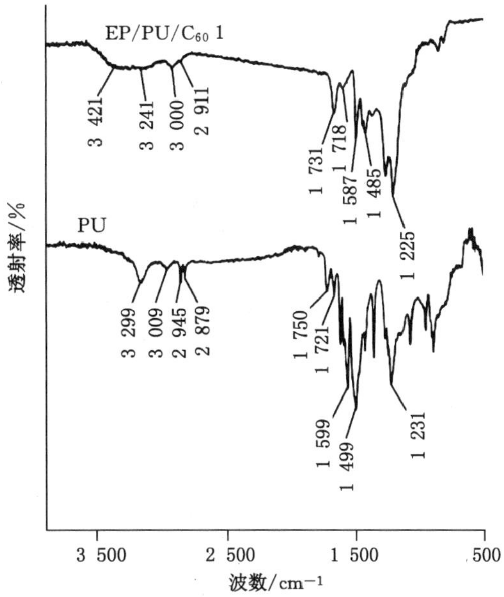

图 5-21　PU 和 EP/PU/C_{60} 1 的红外光谱图

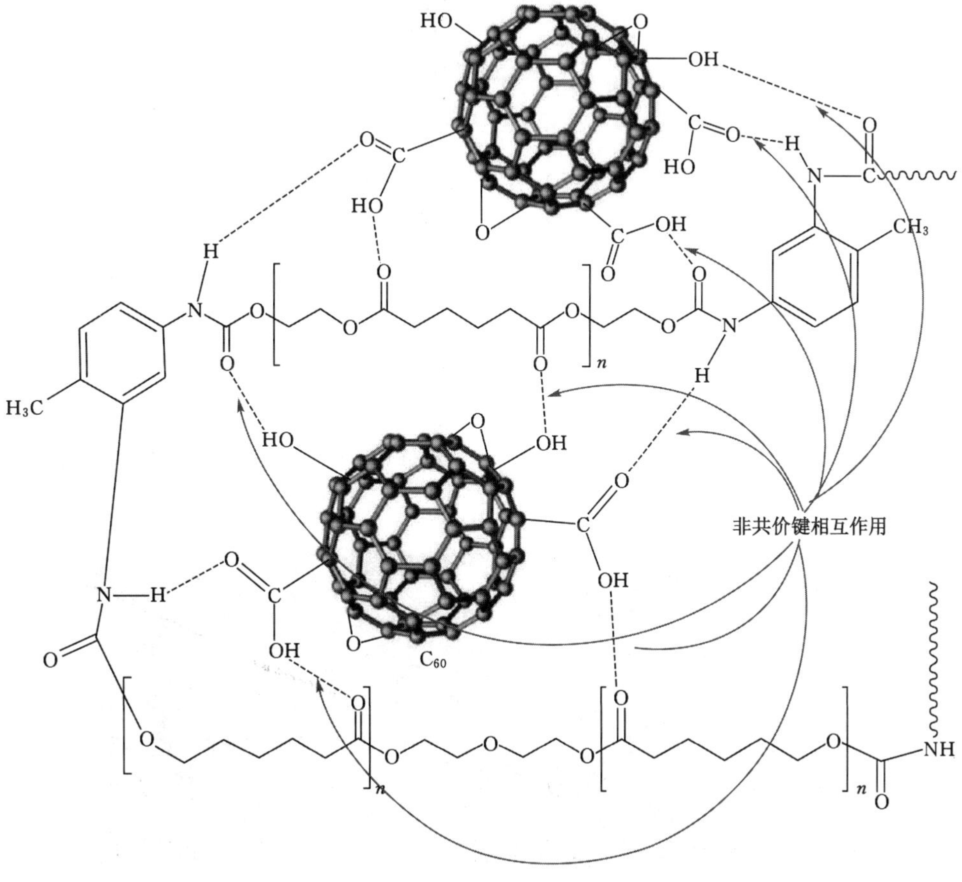

图 5-22　PU/C_{60}复合膜的制备机理

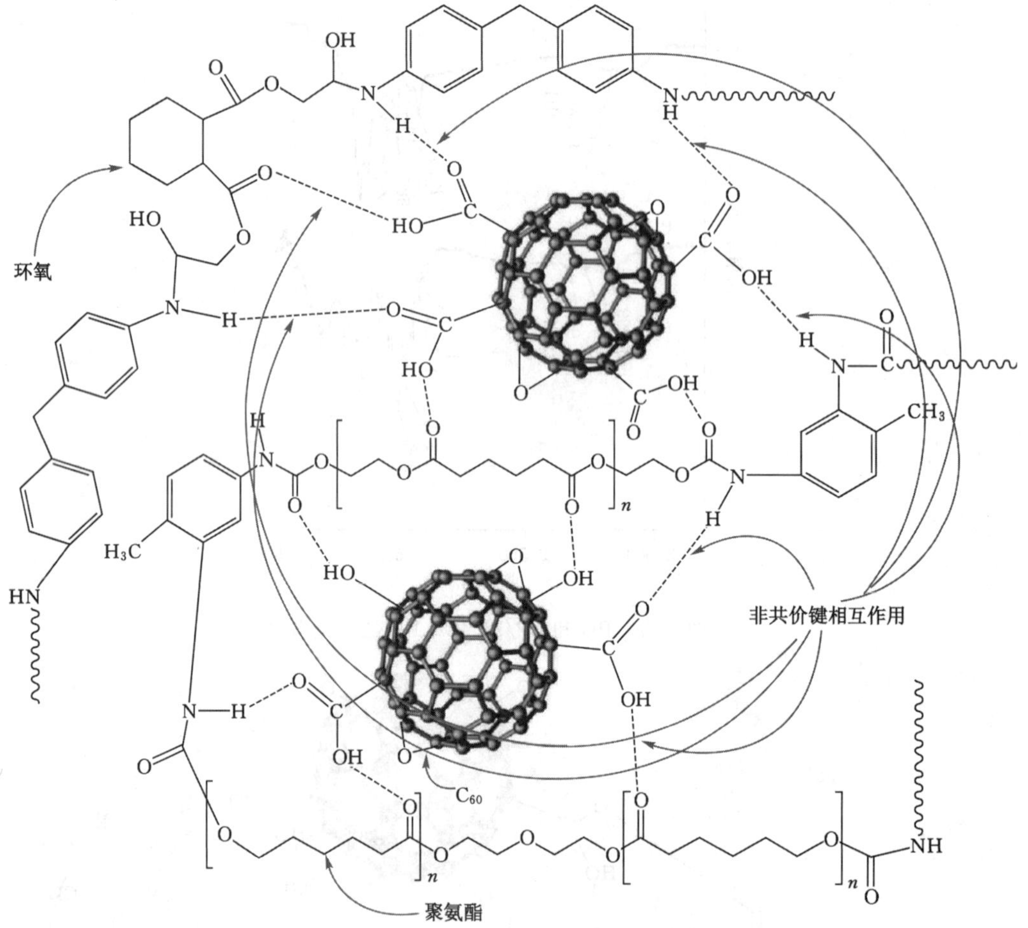

图 5-23 EP/PU/C_{60}复合膜的制备机理

膜的拉伸强度显著提高到 31.2 MPa，并且聚氨酯/富勒烯复合膜的拉伸强度随着富勒烯含量的增加而不断提高。这个现象归因于聚氨酯和富勒烯纳米粒子之间的氢键以及富勒烯的酸官能团。当加入 10% 的富勒烯时，聚氨酯/富勒烯复合膜的拉伸强度提高到54.2 MPa。

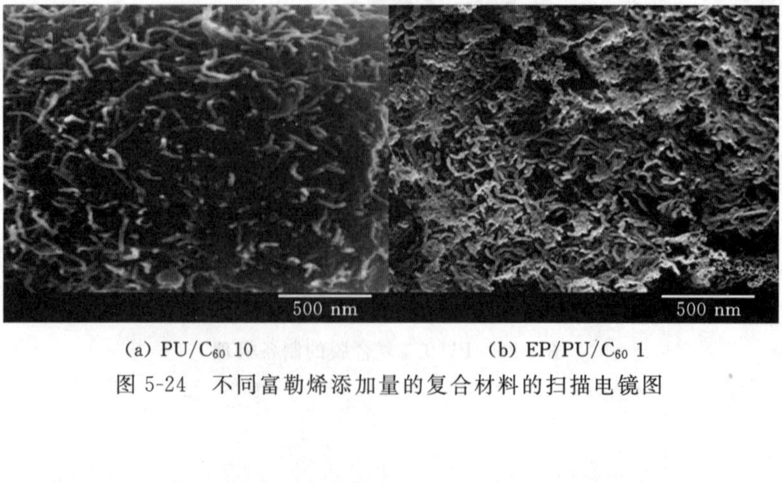

(a) PU/C_{60} 10　　(b) EP/PU/C_{60} 1

图 5-24 不同富勒烯添加量的复合材料的扫描电镜图

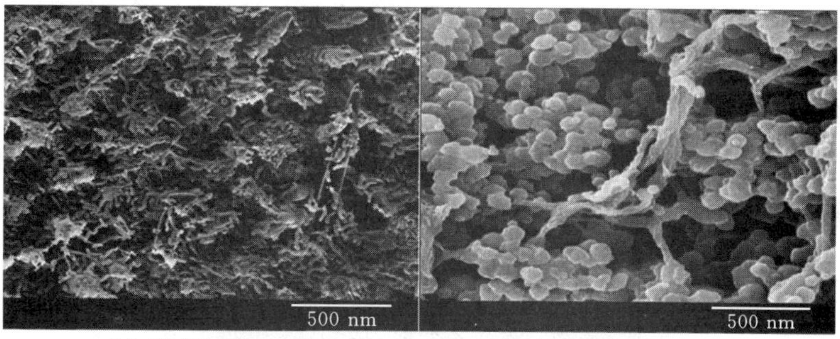

(c) EP/PU/C_{60} 3　　(d) EP/PU/C_{60} 5

(e) EP/PU/C_{60} 10

图 5-24(续)

表 5-3　PU、PU/C_{60}和 EP/PU/C_{60}的力学性能特征数据

样品	拉伸强度/MPa	断裂伸长率/%	拉伸模量/GPa	韧性/MPa
PU	19.2	50.1	10.5	444
PU/C_{60} 1	31.2	46.2	18.9	1 888
PU/C_{60} 3	39.3	41.4	20.2	1 931
PU/C_{60} 5	43.4	38.2	29.7	2 044
PU/C_{60} 10	54.2	33.2	30.2	2 599
EP/PU/C_{60} 1	86.9	31.6	33.3	3 211
EP/PU/C_{60} 3	87.2	30.5	39.4	3 915
EP/PU/C_{60} 5	88.9	27.9	43.1	4 332
EP/PU/C_{60} 10	90.3	25.9	47.6	4 765

聚氨酯/富勒烯复合膜的拉伸模量也随着富勒烯含量的增加而不断提高，当加入1%～10%的富勒烯时，聚氨酯/富勒烯复合膜的拉伸模量为18.9～30.2 GPa。相对纯聚氨酯样品而言(10.5 GPa)，聚氨酯/富勒烯复合膜的拉伸模量增加了80%～188%。当加入1%～10%的富勒烯时，聚氨酯/富勒烯复合膜的韧性也随着富勒烯含量的增加而不断提高。但是，聚氨酯/富勒烯复合膜的断裂伸长率随着富勒烯含量的增加而显示下降趋势，这是由于含有富勒烯的聚氨酯结构的刚性提高了。

图5-25是环氧涂层聚氨酯/富勒烯复合材料的拉伸强度-应力曲线。相对纯聚氨酯和聚氨酯/富勒烯复合膜样品而言，环氧涂层聚氨酯/富勒烯复合材料的拉伸强度提高了数倍。

当加入 1%的富勒烯时，环氧涂层聚氨酯/富勒烯复合材料的拉伸强度为 86.9 MPa，而且聚氨酯/富勒烯复合膜的拉伸强度也随着富勒烯含量的增加而不断提高。当加入 3%和 5%的富勒烯时，环氧涂层聚氨酯/富勒烯复合材料的拉伸强度分别为 87.2 MPa 和88.9 MPa。当加入 10%的富勒烯时，环氧涂层聚氨酯/富勒烯复合材料的拉伸强度达到最大值 90.3 MPa，此时，相对纯聚氨酯，环氧涂层聚氨酯/富勒烯复合材料的拉伸强度增加了 370%。

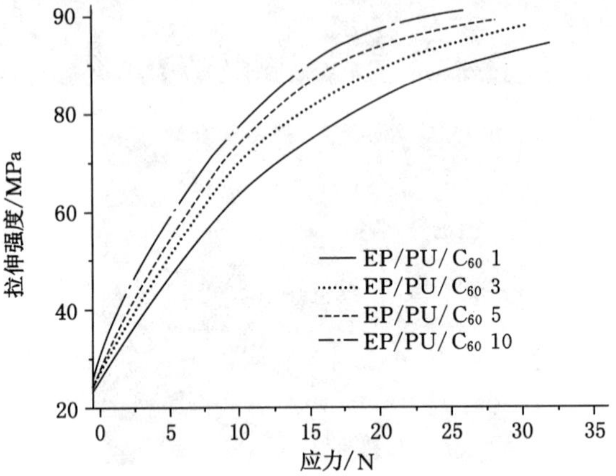

图 5-25　EP/PU/C_{60}复合材料的拉伸强度-应力曲线

表 5-4 是聚氨酯、聚氨酯/富勒烯复合膜和环氧涂层聚氨酯/富勒烯复合材料的热分析数据。通常，富勒烯的加入会增强聚合物体系的热性能。对于纯聚氨酯，可观察到其初始降解温度为 333 ℃，失重 10%时的温度为 356 ℃，达到最大热失重速率时的温度为 384 ℃(图 5-26)。富勒烯增强聚氨酯薄膜具有较高的热稳定性。当加入 1%的富勒烯时，聚氨酯/富勒烯复合膜的初始降解温度为 346 ℃，达到最大热失重速率时的温度为 413 ℃。聚氨酯的热稳定性随着富勒烯含量的增加而不断提高。当加入 10%的富勒烯时，聚氨酯/富勒烯复合膜的热稳定性最高，其初始降解温度为 378 ℃，失重 10%时的温度为 395 ℃，达到最大热失重速率时的温度为 470 ℃。

表 5-4　PU、PU/C_{60}和 EP/PU/C_{60}的热分析数据

样品	初始降解温度/℃	最大降解温度/℃	残炭率/%
PU	333	384	11
PU/C_{60} 1	346	413	13
PU/C_{60} 3	355	422	14
PU/C_{60} 5	369	468	15
PU/C_{60} 10	378	470	16
EP/PU/C_{60} 1	355	504	18
EP/PU/C_{60} 3	375	506	28
EP/PU/C_{60} 5	391	515	37
EP/PU/C_{60} 10	414	521	45

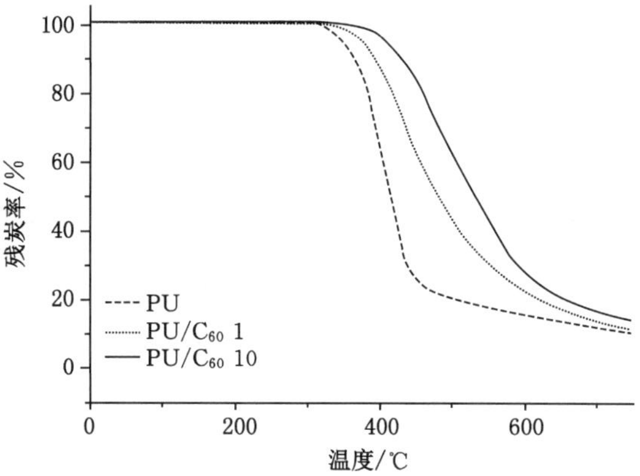

图 5-26 PU 和 PU/C_{60}复合材料的热重曲线

图 5-27 是环氧涂层聚氨酯/富勒烯复合材料的热重曲线。当加入 1%的富勒烯时，环氧涂层聚氨酯/富勒烯复合材料的初始降解温度为 355 ℃，失重最大时的温度为 504 ℃，在 700 ℃下的残炭率为 18%。这表明环氧涂层聚氨酯/富勒烯复合材料的热稳定性比纯聚氨酯的高。当加入 10%的富勒烯时，环氧涂层聚氨酯/富勒烯复合材料的初始降解温度为 414 ℃，最大失重时的温度为 521 ℃，在 700 ℃下的残炭率为 45%，比纯聚氨酯的焦炭产率（即残炭率）高 76%。

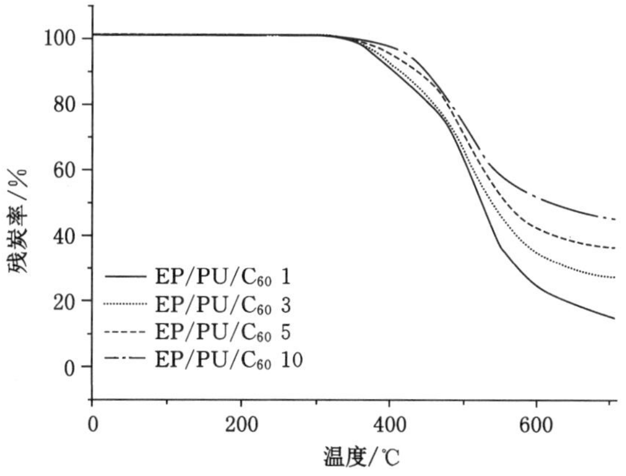

图 5-27 EP/PU/C_{60}复合材料的热重曲线

表 5-5 是聚氨酯、聚氨酯/富勒烯复合膜和环氧涂层聚氨酯/富勒烯复合材料的 MCC 测试数据。对于纯聚氨酯，其热释放速率峰值为 302 kW/m^2，达到热释放速率峰值的时间为 211 s。当加入 1%的富勒烯时，聚氨酯/富勒烯复合材料的热释放速率峰值略微降低至 298 kW/m^2。当加入 10%的富勒烯时，聚氨酯/富勒烯复合材料的热释放速率峰值显著降低至 276 kW/m^2。环氧涂层聚氨酯/富勒烯复合材料中存在网络结构，其热释放速率显著降低。当加入 1%的富勒烯时，环氧涂层聚氨酯/富勒烯复合材料在 150 s 内的热释放速率峰值为 211 kW/m^2。当富勒烯含量从 1%增加到 10%时，环氧涂层聚氨酯/富勒烯复合材料

达到热释放速率峰值的时间最快为 142 s，此时该峰值降低到 138 kW/m²，与纯聚氨酯相比，其热释放速率峰值下降了 54%。EP/PU/C_{60} 复合材料的热释放速率曲线如图 5-28 所示。

表 5-5　PU、PU/C_{60} 和 EP/PU/C_{60} 复合材料的 MCC 测试数据

样品	热释放速率峰值/(kW/m²)	热释放速率峰值对应时间/s
PU	302	211
PU/C_{60} 1	298	204
PU/C_{60} 3	291	199
PU/C_{60} 5	288	188
PU/C_{60} 10	276	179
EP/PU/C_{60} 1	211	150
EP/PU/C_{60} 3	178	148
EP/PU/C_{60} 5	169	145
EP/PU/C_{60} 10	138	142

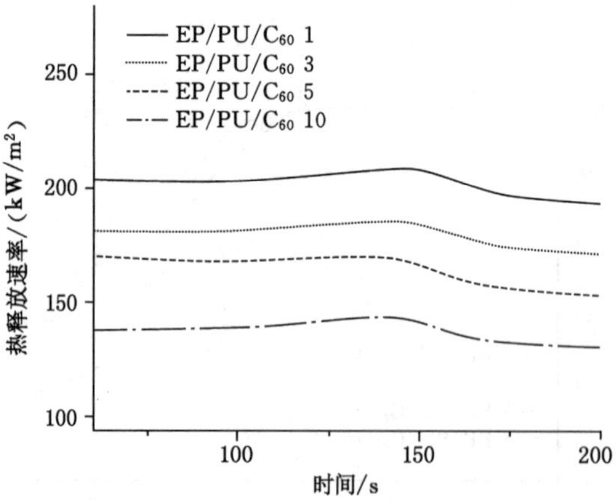

图 5-28　EP/PU/C_{60} 复合材料的热释放速率曲线

三、富勒烯与芳香族有机分子协同阻燃环氧树脂

在碱性条件下，以氢氧化四丁基铵为相转移催化剂，由水溶性多羟基富勒烯（富勒烯醇）与商业级脂环族环氧树脂（CY-230）在非均相介质中的选择性反应，合成了一种新型醚连接的环氧星形聚合物。

富勒烯醇的合成：富勒烯醇是在环境温度下使用氢氧化四丁基铵作为相转移催化剂，通过富勒烯在甲苯中和氢氧化钠水溶液的反应制备的，在空气中干燥后进一步减压干燥去除溶剂。

富勒烯芯环氧星形聚合物的合成(图 5-29):脂环族环氧树脂和富勒烯醇之间的缩合反应是在室温和碱性条件下于空气中进行的。将脂环族环氧化合物的四氢呋喃溶液与含氢氧化钠和少量氢氧化四丁基铵的富勒烯醇水溶液混合并剧烈搅拌。为了消除交联反应,可使用过量的环氧树脂。48 h 后,棕色污泥在底部沉淀出来。除去四氢呋喃后,再添加适量氢氧化钠,进一步搅拌30 h。反应结束后,在红棕色产物中加入过量的甲醇,沉淀后离心收集产物。将所得产物用水洗涤数次,然后用甲醇洗涤,以完全除去氢氧化钠、氢氧化四丁基铵和未反应的树脂。然后将产物风干,得到的红棕色固体粉末即富勒烯芯环氧星形聚合物[191]。

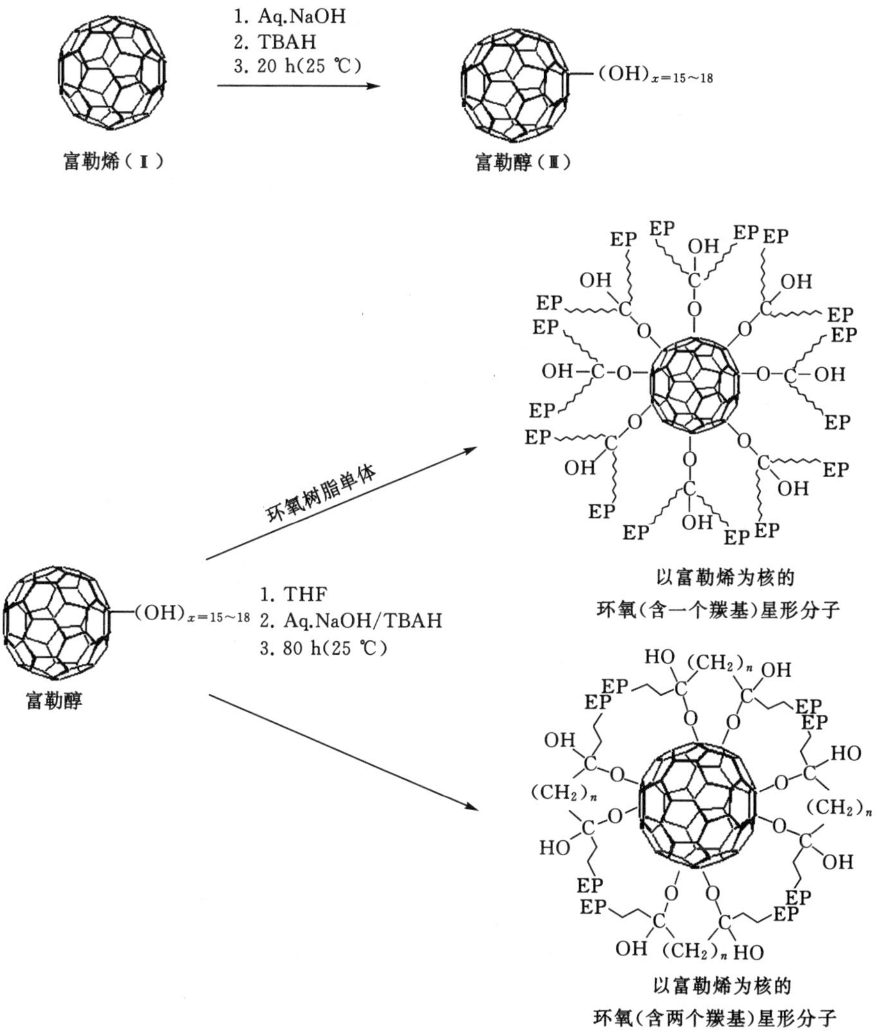

图 5-29 富勒烯芯环氧星形聚合物的制备机理

在碱性条件下,富勒烯醇的羟基仅选择性地与树脂的羰基反应,而未观察到其与环氧基的反应。由图 5-30 可以看出,树脂在波数为 1 725 cm^{-1} 处典型的羰基峰的强度开始降低直至完全消失。产物中羰基峰的消失和在波数为 3 396.6 cm^{-1} 处的尖锐羟基峰的出现表明,醇基与羰基的反应仅通过半缩酮的形成,而不通过酯交换反应进行。

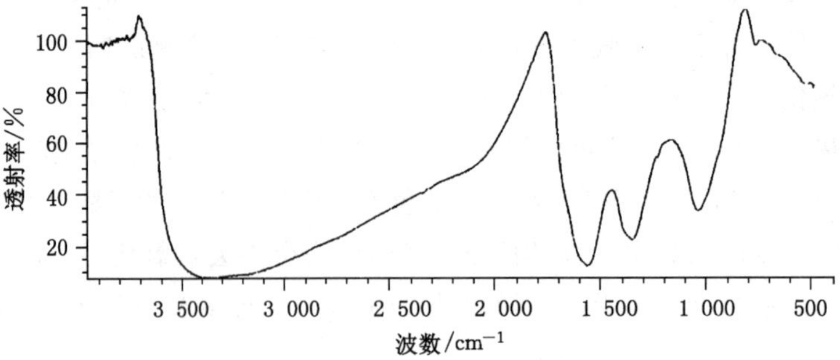

(a) 富勒烯醇

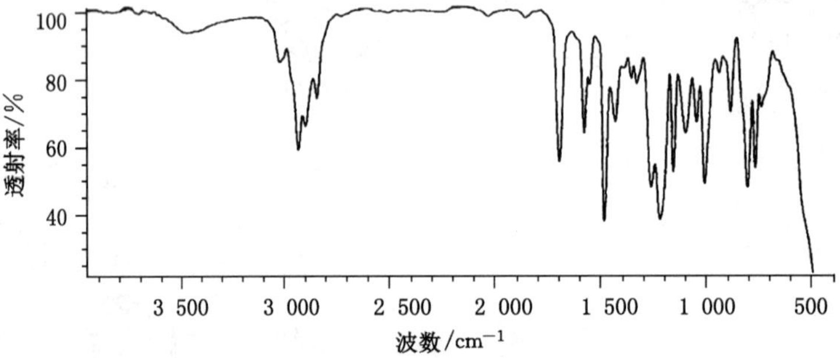

(b) 环氧树脂

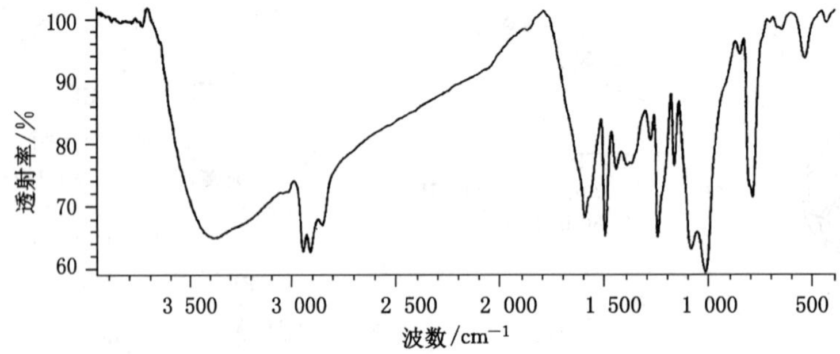

(c) 富勒烯醇/环氧树脂(1:10)

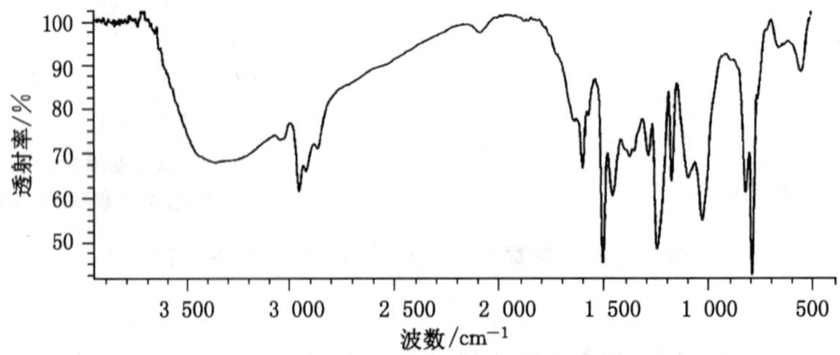

(d) 富勒烯醇/环氧树脂(1:1)

图 5-30 材料反应产物的红外光谱图

富勒烯上的羟基被认为是一种芳香族有机分子（非平面金字塔聚烯烃结构），其酸性足以被氢氧化钠电离为富勒烯阴离子（$C_{60}O^-$）。由此形成的亲核分子与环脂族环氧化物的极性羰基发生亲核加成反应，形成半缩酮（图 5-31）。

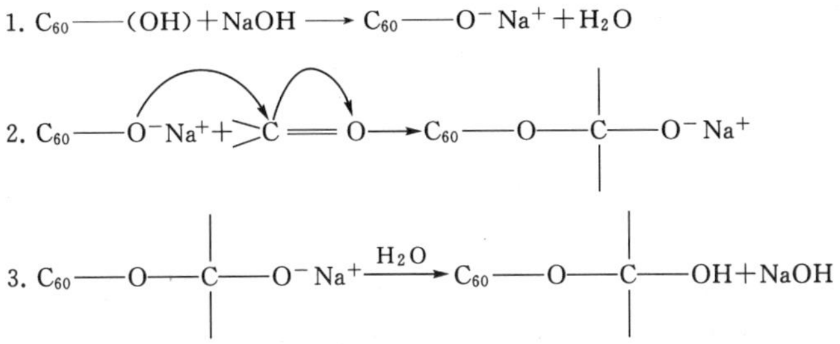

图 5-31　富勒烯与环脂族环氧化物的反应

图 5-32 为富勒烯醇、环氧树脂和富勒烯醇/环氧树脂复合材料的热重曲线。低于 100 ℃时，样品失重是由于样品中的残留水分解吸。富勒烯醇在 150～550 ℃之间出现连续而缓慢的失重，此后迅速降解。环氧树脂分两步降解：一步是在 150～225 ℃阶段；另一步是在225～325 ℃阶段。环氧树脂的热行为受到富勒烯分子的影响。从图 5-32 中可以看出，富勒烯醇/环氧树脂复合材料的热稳定性显著提高，只在 300 ℃之后才出现明显的质量损失。此外，富勒烯醇/环氧树脂（1∶1）和富勒烯醇/环氧树脂（1∶10）的热降解行为几乎相同。

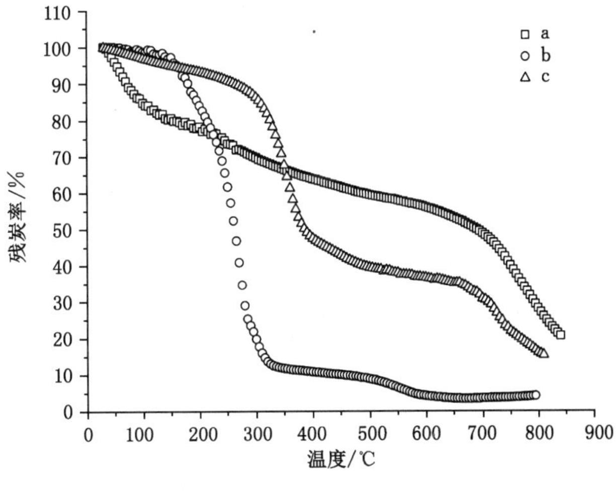

a—富勒烯醇；b—环氧树脂；c—富勒烯醇/环氧树脂（1∶10）。

图 5-32　样品的反应产物在氮气中的热重曲线

四、富勒烯与 PEI-rGO 协同阻燃环氧树脂

将 C_{60} 掺入聚醚酰亚胺（PEI）改性的还原氧化石墨烯（rGO）的表面来制备富勒烯-聚醚酰亚胺-还原氧化石墨烯（C_{60}-PEI-rGO）杂化物，然后将该杂化物用于改性环氧树脂以提高

阻燃性能。

富勒烯-聚醚酰亚胺-还原氧化石墨烯杂化物的制备：首先通过聚醚酰亚胺和氧化石墨烯之间的反应，制备聚醚酰亚胺改性的还原氧化石墨烯。然后，通过超声处理将聚醚酰亚胺-还原氧化石墨烯/二甲基亚砜溶液和 C_{60} 添加到二甲基亚砜-甲苯溶液中，在室温下超声 30 min 后，将所得混合物在 90 ℃下搅拌 24 h。最后，将产物依次用甲苯和乙醇洗涤多次，在 60 ℃下真空干燥 12 h，即可得到富勒烯-聚醚酰亚胺-还原氧化石墨烯杂化物。图 5-33 为富勒烯-聚醚酰亚胺-还原氧化石墨烯杂化物的制备过程。

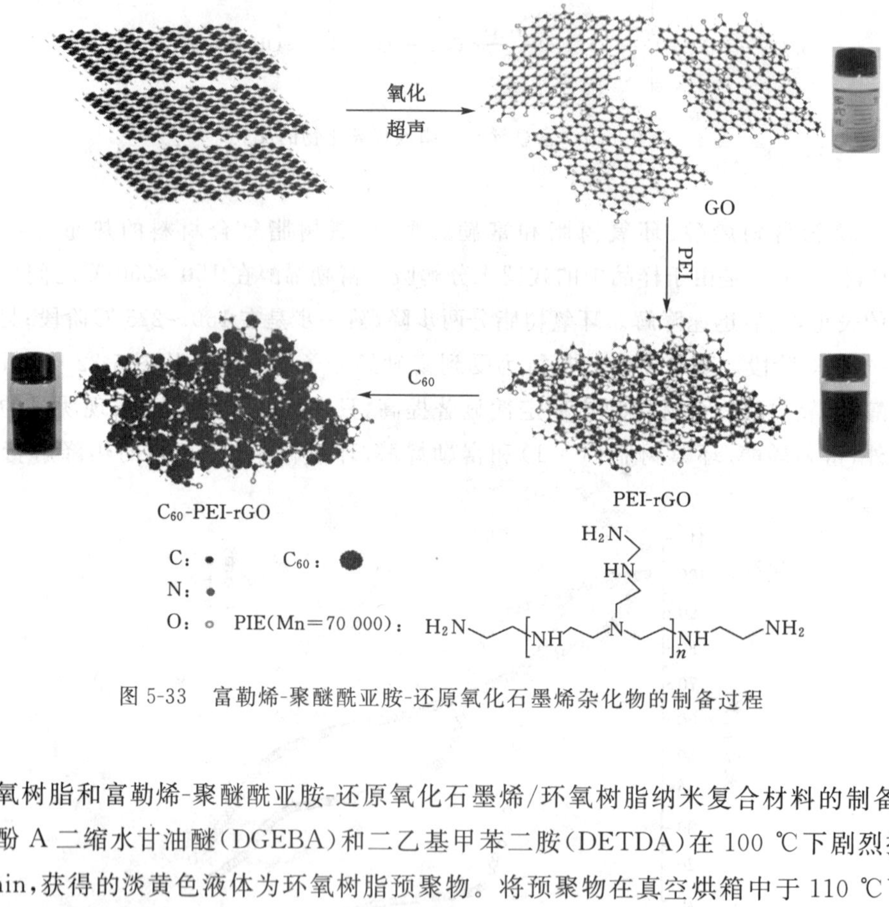

图 5-33 富勒烯-聚醚酰亚胺-还原氧化石墨烯杂化物的制备过程

环氧树脂和富勒烯-聚醚酰亚胺-还原氧化石墨烯/环氧树脂纳米复合材料的制备：将适量的双酚 A 二缩水甘油醚（DGEBA）和二乙基甲苯二胺（DETDA）在 100 ℃下剧烈搅拌混合 15 min，获得的淡黄色液体为环氧树脂预聚物。将预聚物在真空烘箱中于 110 ℃下脱气 30 min，然后将其倒入预热 100 ℃的模具中。随后，将模具放入烘箱中，分别按照 120 ℃、1 h，180 ℃、2.5 h，190 ℃、2 h 的步骤进行固化和后固化。

将适量富勒烯、聚醚酰亚胺-还原氧化石墨烯和富勒烯-聚醚酰亚胺-还原氧化石墨烯杂化物分别加入环氧树脂预聚物中，加入乙醇，超声处理 30 min，以形成黑色悬浮液。然后，将该混合物在真空烘箱中于 60 ℃下脱气，以除去过量的溶剂。之后，将混合物分别按照 120 ℃、1 h，180 ℃、2.5 h，190 ℃、2 h 的步骤进行固化和后固化[192]。

通常，氧化石墨烯很难很好地分散在常用的有机溶剂中。然而，聚醚酰亚胺-还原氧化石墨烯杂化物和富勒烯-聚醚酰亚胺-还原氧化石墨烯杂化物可以很好地分散在乙醇中，形成稳定的悬浮液。这个现象可以归因于聚醚酰亚胺和乙醇之间的高度相容性，这为氧化石墨烯在石墨烯基纳米复合材料制备中的剥离和分散提供了有利条件。

图 5-34 为富勒烯、氧化石墨烯、聚醚酰亚胺-还原氧化石墨烯和富勒烯-聚醚酰亚胺-还原氧化石墨烯杂化物的红外光谱图。部分氧化石墨烯被聚醚酰亚胺还原，氢键在波数为 3 431 cm^{-1}处的峰明显减小，在 1 719 cm^{-1}处的峰完全消失，在 1 385 cm^{-1}(O—H)和 1 058 cm^{-1}处具有两个明显减弱的峰。氧化石墨烯中波数为 1 623 cm^{-1}处的强峰是未氧化的石墨结构域的骨架振动，被 1 640 cm^{-1}处的峰取代，这个峰对应酰胺键的形成。此外，由于聚醚酰亚胺对氧化石墨烯的覆盖，聚醚酰亚胺-还原氧化石墨烯中出现了波数为 1 463 cm^{-1}的新频带(C—N 拉伸振动)。对于富勒烯-聚醚酰亚胺-还原氧化石墨烯杂化物，C_{60}的四个特征吸收峰在波数为 1 426 cm^{-1}、1 180 cm^{-1}、574 cm^{-1}和 525 cm^{-1}处，并在 2 973 cm^{-1}处出现一个新的峰(C_{60}—H)，从而反映出 C_{60}和聚醚酰亚胺-还原氧化石墨烯之间的反应。

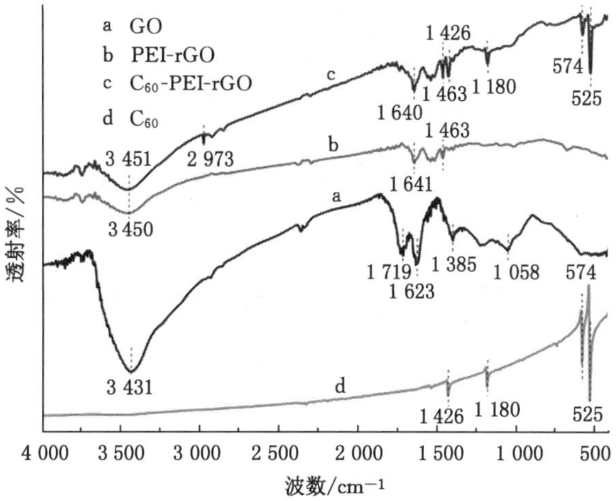

图 5-34　GO、PEI-rGO、C_{60}-PEI-rGO 和 C_{60}的红外光谱图

图 5-35 是氧化石墨烯、聚醚酰亚胺-还原氧化石墨烯和富勒烯-聚醚酰亚胺-还原氧化石墨烯杂化物的 X 射线衍射图。可以看出，在 286.7 eV 和 532.6 eV 处的两个峰分别对应氧化石墨烯及其杂化物中的 C 和 O 元素。在 399.7 eV(聚醚酰亚胺-还原氧化石墨烯)和 400.1 eV(富勒烯-聚醚酰亚胺-还原氧化石墨烯杂化物)处的峰对应 N1s，表示酰胺键的形成。聚醚酰亚胺-还原氧化石墨烯的 N1s 的光谱中有三个峰 399.1 eV(41.4%)、400 eV (35%)和 400.7 eV(23.6%)，分别分配给伯胺、仲胺和叔胺。对于富勒烯-聚醚酰亚胺-还原氧化石墨烯杂化物，叔胺和仲胺中的 N 含量分别增加至 26.6%和 43.8%，而伯胺中的 N 含量降低至 29.6%。仲胺中 N 含量的增加和伯胺中 N 含量的减少，表明 C_{60}主要与伯胺反应生成仲胺，而少量 C_{60}与仲胺反应生成叔胺，这可以归因于 C_{60}的空间效应和胺的化学活性。

图 5-36 和图 5-37 是实验材料的原子力显微镜图和透射电镜图。从这两张图中可以看出，氧化石墨烯被剥离；聚醚酰亚胺-还原氧化石墨烯纳米片具有光滑的层状结构，而富勒烯-聚醚酰亚胺-还原氧化石墨烯杂化物具有松散层状结构，和直径大约 20 nm 的 C_{60}聚集体

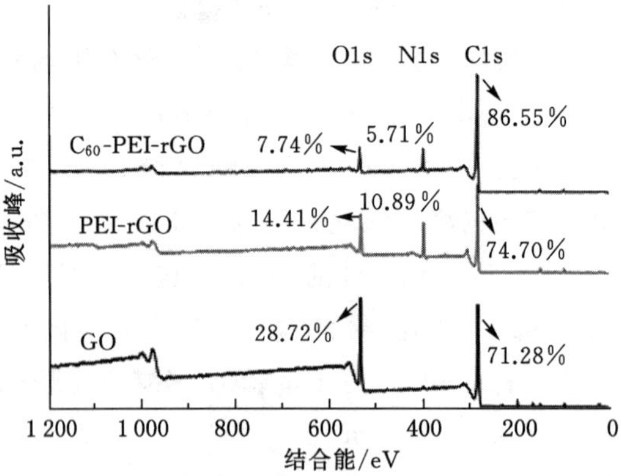

(a) GO、PEI-rGO 和 C_{60}-PEI-rGO

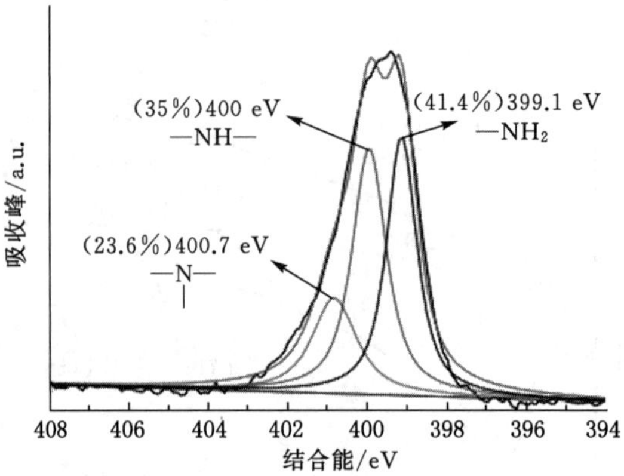

(b) PEI-rGO

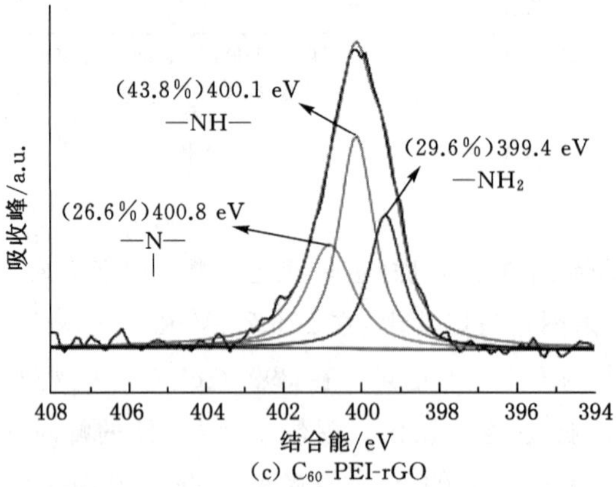

(c) C_{60}-PEI-rGO

图 5-35 GO、PEI-rGO 和 C_{60}-PEI-rGO 杂化物的 X 射线衍射图

均匀分布在聚醚酰亚胺-还原氧化石墨烯的表面。这种疏松的层状结构可以防止杂化纳米片在干燥过程中重新堆叠，并且使杂化纳米片在聚合物中均匀分散，从而改善了富勒烯-聚醚酰亚胺-还原氧化石墨烯与环氧树脂基体之间的物理相互作用。

富勒烯、氧化石墨烯、聚醚酰亚胺-还原氧化石墨烯和富勒烯-聚醚酰亚胺-还原氧化石墨烯杂化物的热重曲线如图 5-38 所示。由于水的解吸，氧化石墨烯在 150 ℃以下最大失重

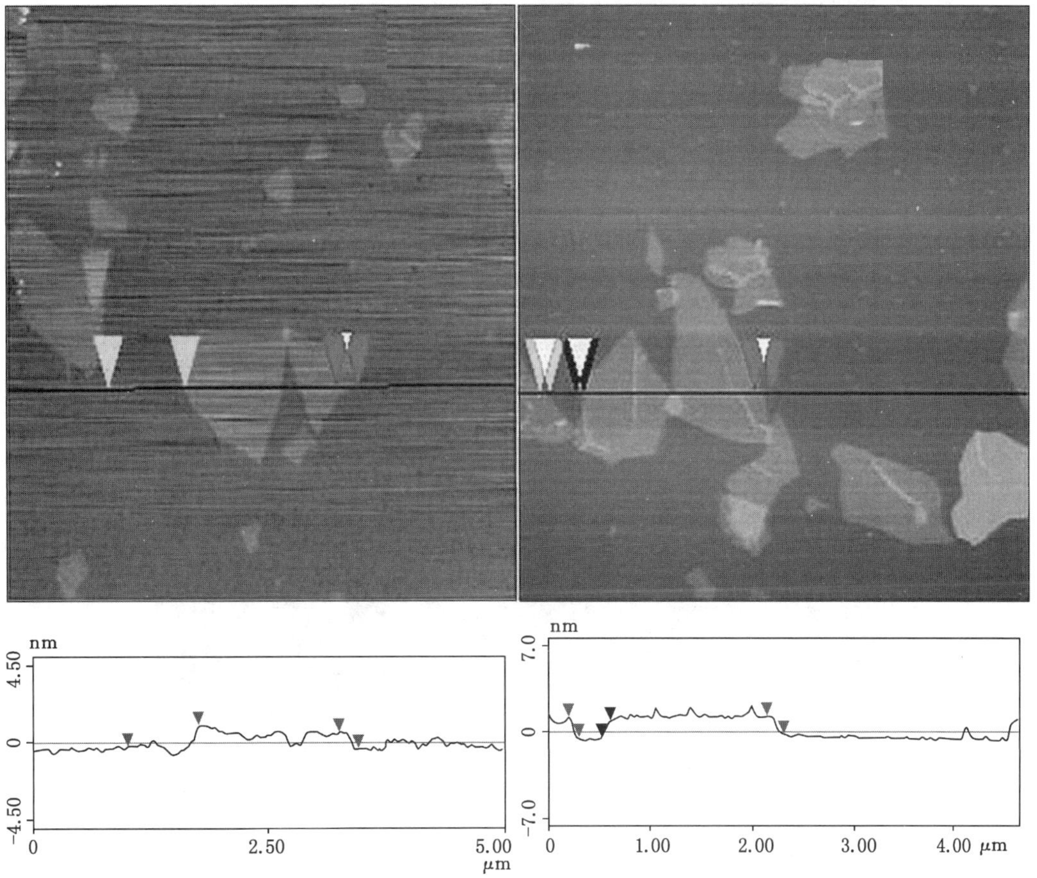

(a) GO (b) PEI-rGO

图 5-36 GO 和 PEI-rGO 的原子力显微镜图

4%。氧化石墨烯在 200～600 ℃时最大失重 42.9%，这归因于含氧基团的分解。聚醚酰亚胺-还原氧化石墨烯在 100～190 ℃时最大失重约 15.6%，这是吸收的水分解引起的；而在 270～470 ℃时最大失重约 26.7%，这主要是由于聚醚酰亚胺的降解和更稳定的含氧官能团的分解。富勒烯在氮气中显示出高的热稳定性，在 600 ℃时的残炭率为 99.3%。富勒烯-聚醚酰亚胺-还原氧化石墨烯杂化物的降解速率降低，在 600 ℃时的残炭率为 79.4%，显示出较高的热稳定性。基于以上结果，富勒烯-聚醚酰亚胺-还原氧化石墨烯杂化物与乙醇具有较高的相容性，与富勒烯相比，在环氧树脂基体中具有更好的分散性。

通常，材料的结构决定材料的性能。图 5-39 是环氧树脂、聚醚酰亚胺-还原氧化石墨烯/环氧树脂和富勒烯-聚醚酰亚胺-还原氧化石墨烯/环氧树脂的断裂面扫描电镜图。可以看出，聚醚酰亚胺-还原氧化石墨烯和富勒烯-聚醚酰亚胺-还原氧化石墨烯均良好地分散在环氧树脂基体中，无明显的聚集现象，这表示富勒烯-聚醚酰亚胺-还原氧化石墨烯和环氧树脂具有很强的界面相互作用。

图 5-40 是环氧树脂、聚醚酰亚胺-还原氧化石墨烯/环氧树脂和富勒烯-聚醚酰亚胺-还

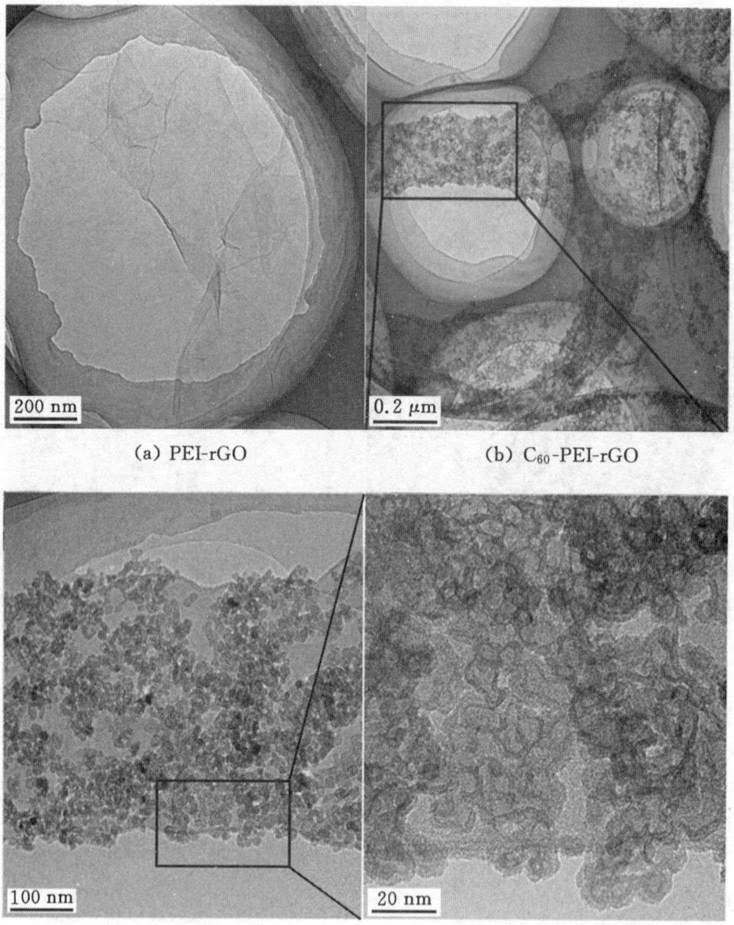

(a) PEI-rGO (b) C_{60}-PEI-rGO

(c) C_{60}-PEI-rGO (d) C_{60}-PEI-rGO

图 5-37 PEI-rGO 和 C_{60}-PEI-rGO 杂化物的透射电镜图

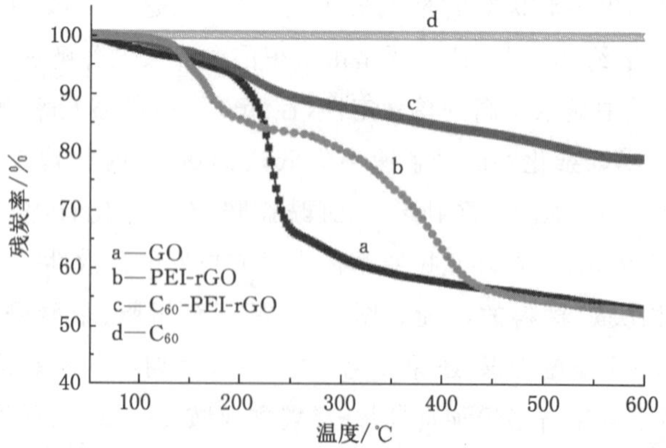

图 5-38 C_{60}、GO、PEI-rGO 和 C_{60}-PEI-rGO 杂化物在氮气下的热重曲线

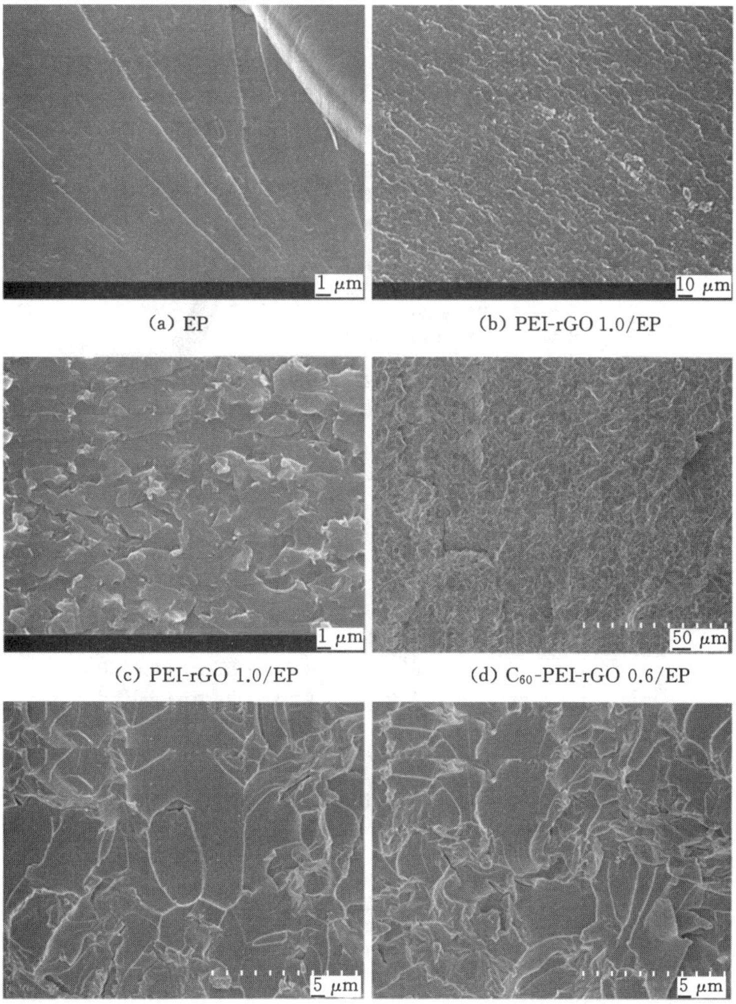

(a) EP (b) PEI-rGO 1.0/EP

(c) PEI-rGO 1.0/EP (d) C_{60}-PEI-rGO 0.6/EP

(e) C_{60}-PEI-rGO 0.6/EP (f) C_{60}-PEI-rGO 1.0/EP

图 5-39 环氧树脂、聚醚酰亚胺-还原氧化石墨烯/环氧树脂、和富勒烯-聚醚酰亚胺-还原氧化石墨烯/环氧树脂的断裂面扫描电镜图

原氧化石墨烯/环氧树脂的动态热机械曲线。与纯环氧树脂相比，聚醚酰亚胺-还原氧化石墨烯/环氧树脂和富勒烯-聚醚酰亚胺-还原氧化石墨烯/环氧树脂均表现出较高的储能模量，这表明环氧树脂与杂化材料之间的界面相互作用很强。

图 5-41 和表 5-6 总结了锥形量热法和极限氧指数法测试的结果。可以看出，富勒烯-聚醚酰亚胺-还原氧化石墨烯的加入，减慢了环氧树脂的燃烧进程。与纯环氧树脂相比，富勒烯-聚醚酰亚胺-还原氧化石墨烯/环氧树脂纳米复合材料的热释放速率峰值显著降低，总热释放量略低。与纯环氧树脂相比，加入 1%的富勒烯-聚醚酰亚胺-还原氧化石墨烯后，环氧树脂纳米复合材料的热释放速率峰值和总热释放量分别降低了 40.0%和 15.8%，极限氧指数有所提高。加入 0.8%的富勒烯-聚醚酰亚胺-还原氧化石墨烯，环氧树脂纳米复合材料的极限氧指数达到 30.1%，大约是纯环氧树脂的 1.2 倍。

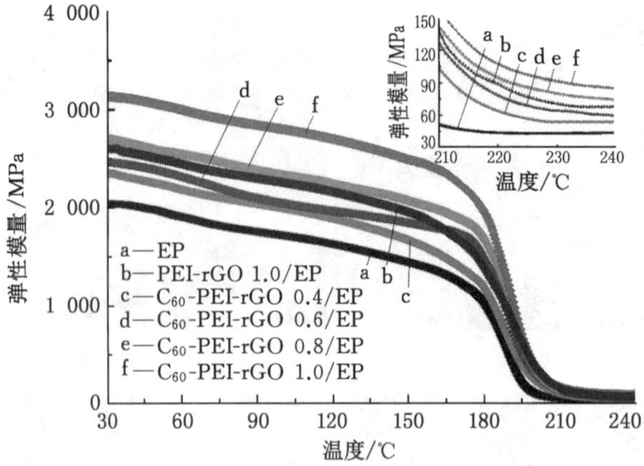

图 5-40 环氧树脂、聚醚酰亚胺-还原氧化石墨烯/环氧树脂和富勒烯-聚醚酰亚胺-还原氧化石墨烯/环氧树脂的动态热机械曲线

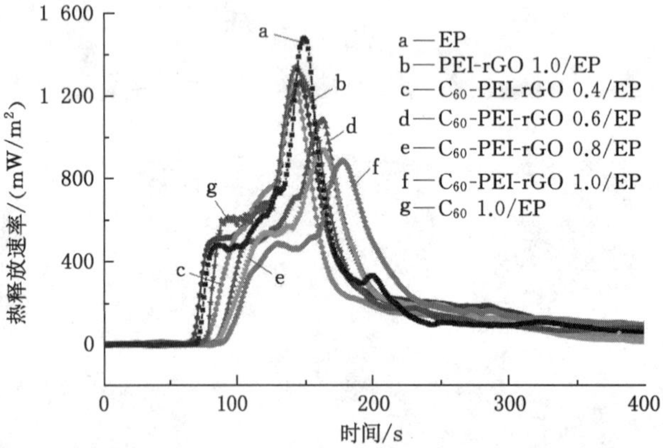

图 5-41 环氧树脂、聚醚酰亚胺-还原氧化石墨烯/环氧树脂和富勒烯-聚醚酰亚胺-还原氧化石墨烯/环氧树脂的热释放速率曲线

表 5-6 材料的锥形量热法和极限氧指数法测试数据

样品	点燃时间/s	热释放速率峰值/(kW/m^2)	总热释放量/(MJ/m^2)	热释放速率峰值对应时间/s	极限氧指数/%
EP	68	1 479	101.9	149	25.5
PEI-rGO 1.0/EP	65	1 268	97.8	147	27.5
C_{60} 1.0/EP	72	1 341	100.5	143	26.3
C_{60}-PEI-rGO 0.4/EP	76	1 270	95.1	141	28.6
C_{60}-PEI-rGO 0.6/EP	82	1 085	91.3	163	29.2
C_{60}-PEI-rGO 0.8/EP	84	937	90.2	163	30.1
C_{60}-PEI-rGO 1.0/EP	89	887	85.8	177	29.8

为了进一步确定富勒烯-聚醚酰亚胺-还原氧化石墨烯对环氧树脂阻燃性的影响，评估

了固化的环氧树脂和富勒烯-聚醚酰亚胺-还原氧化石墨烯/环氧树脂的热氧化稳定性。图 5-42为环氧树脂、聚醚酰亚胺-还原氧化石墨烯/环氧树脂和富勒烯-聚醚酰亚胺-还原氧化石墨烯/环氧树脂的热重(TG 和 DTG)曲线，计算出的热氧化动力学数据总结于表 5-6。可以看出，随着富勒烯-聚醚酰亚胺-还原氧化石墨烯的加入，与环氧树脂大分子链分解有关的初始热降解变得困难，这可以解释为 C_{60} 能高效捕捉由大分子链分解产生的自由基，因此需要更高的能量来维持燃烧，进而导致聚合物复合材料热分解延迟。

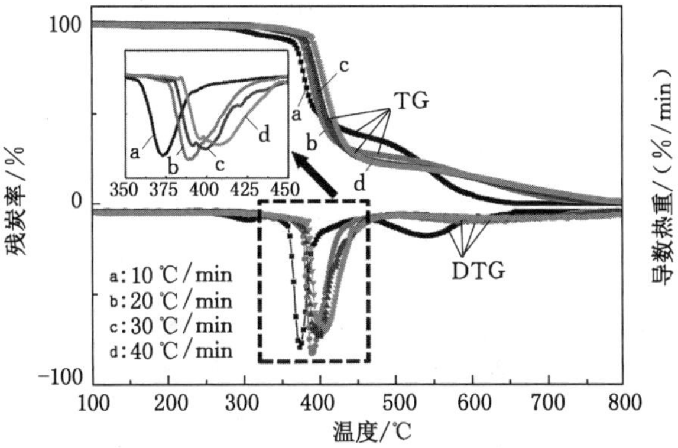

(a) EP

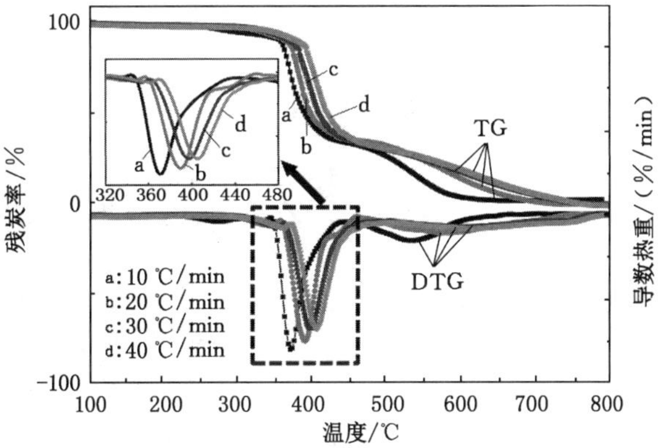

(b) PEI-rGO 1.0/EP

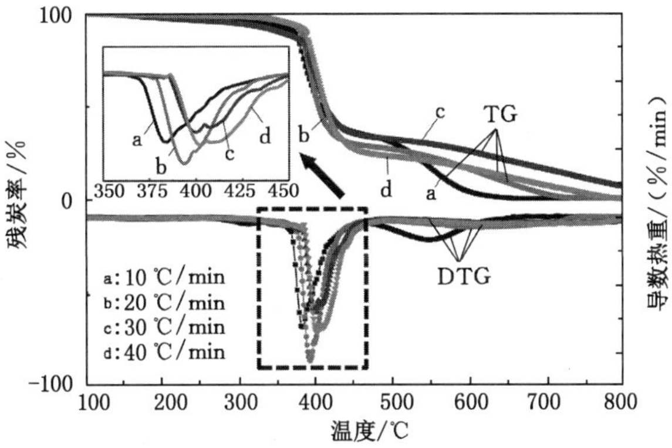

(c) C_{60}-PEI-rGO 1.0/EP

图 5-42　EP、PEI-rGO 1.0/EP 和 C_{60}-PEI-rGO 1.0/EP 的热重(TG 和 DTG)曲线

基于以上讨论，提出了如图 5-43 所示的 C_{60}-PEI-rGO/EP 纳米复合材料的阻燃机理。一方面，富勒烯-聚醚酰亚胺-还原氧化石墨烯中的胺基会缩短交联点之间的距离，并增加所得纳米复合材料的交联密度，从而起到提高环氧树脂阻燃性的作用。另一方面，富勒烯和石墨烯对环氧树脂具有协同阻燃作用。首先，富勒烯聚合成直径为 20 nm 的大小均匀的纳米粒子，锚定在聚醚酰亚胺-还原氧化石墨烯表面，所得的杂化物比表面积大，可以充分捕捉自由基并增加环氧树脂链的热氧化分解的活化能。其次，具有分层结构的富勒烯-聚醚酰亚胺-还原氧化石墨烯可充当阻碍挥发性气体逸散和热量传递的物理屏障，可减缓富勒烯-聚醚酰亚胺-还原氧化石墨烯/环氧树脂纳米复合材料的燃烧进程，从而显著提高该材料的阻燃性。

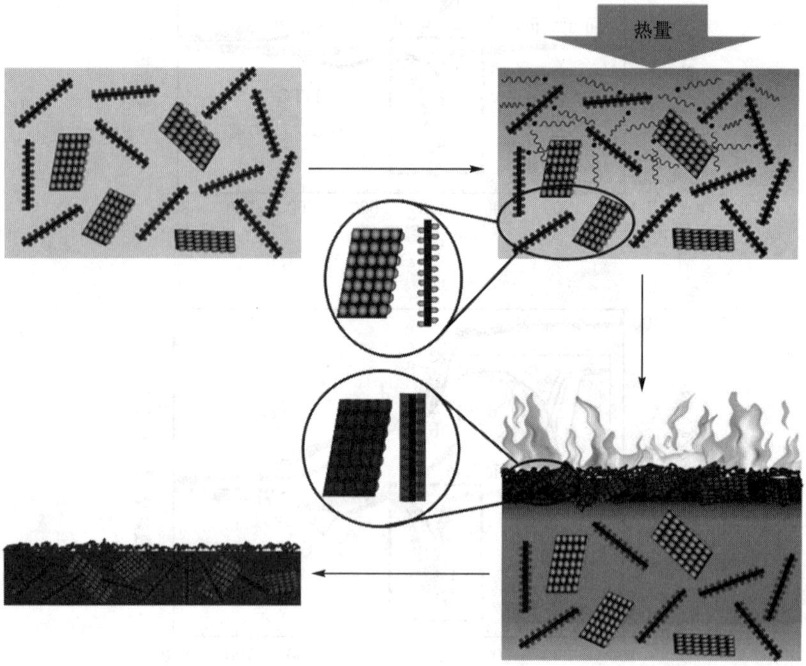

图 5-43　C_{60}-PEI-rGO/EP 纳米复合材料的阻燃机理

参考文献

[1] KHAN F, WANG S C, MA Z W, et al. A durable, flexible, large-area, flame-retardant, early fire warning sensor with built-in patterned electrodes [J]. Small methods, 2021, 5(4):2001040.

[2] KIM Y, LEE S, YOON H. Fire-safe polymer composites: flame-retardant effect of nanofillers[J]. Polymers, 2021, 13(4):540.

[3] LI N, HAN H, LI M N, et al. Eco-friendly and intrinsic nanogels for durable flame retardant and antibacterial properties [J]. Chemical engineering journal, 2021, 415:129008.

[4] LI Y T, TANG C Y, YANG L, et al. Integrated roles of MoS_2 nanosheets for water treatment and polymer flame retardant [J]. Arabian journal for science and engineering, 2021, 46:6753-6763.

[5] OJIJO V, SINHA R S. Introduction to nanomaterials and polymer nanocomposite processing [M]//Processing of polymer-based nanocomposites. Berlin: Springer, 2018:1-14.

[6] VAHABI H, LAOUTID F, MEHRPOUYA M, et al. Flame retardant polymer materials: an update and the future for 3D printing developments[J]. Materials science and engineering, 2021, 144:100604.

[7] CHEN L, WANG Y Z. A review on flame retardant technology in China. Part Ⅰ: development of flame retardants [J]. Polymers for advanced technologies, 2010, 21(1):1-26.

[8] BABUSHOK V, TSANG W. Inhibitor rankings for alkane combustion[J]. Combustion and flame, 2000, 123(4):488-506.

[9] BORYNIEC S, PRZYGOCKI W. Polymer combustion processes. 3. flame retardants for polymeric materials[J]. Progress in rubber and plastics technology, 2001, 17(2): 127-148.

[10] BOURBIGOT S, LE BRAS M, DUQUESNE S, et al. Recent advances for intumescent polymers[J]. Macromolecular materials and engineering, 2004, 289(6):499-511.

[11] HARTWIG A, PÜTZ D, SCHARTEL B, et al. Combustion behaviour of epoxide

based nanocomposites with ammoniu and phosphonium bentonites [J]. Macromolecular chemistry and physics,2003,204(18):2247-2257.

[12] HE W T, SONG P G, YU B, et al. Flame retardant polymeric nanocomposites through the combination of nanomaterials and conventional flame retardants[J]. Progress in materials science,2020,114:100687.

[13] HUANG G B, CHEN S Q, TANG S W, et al. A novel intumescent flame retardant-functionalized graphene: nanocomposite synthesis, characterization, and flammability properties[J]. Materials chemistry and physics,2012,135(2/3):938-947.

[14] JIMENEZ M, DUQUESNE S, BOURBIGOT S. Intumescent fire protective coating: toward a better understanding of their mechanism of action[J]. Thermochimica acta,2006,449(1/2):16-26.

[15] KAUSAR A, RAFIQUE I, ANWAR Z, et al. Recent developments in different types of flame retardants and effect on fire retardancy of epoxy composite[J]. Polymer-plastics technology and engineering,2016,55(14):1512-1535.

[16] KROTO H W, WALTON D R M. Polyynes and the formation of fullerenes[J]. Philosophical transactions of the royal society A: mathematical physical and engineering sciences,1993,343(1667):103-112.

[17] LAOUTID F, BONNAUD L, ALEXANDRE M, et al. New prospects in flame retardant polymer materials: from fundamentals to nanocomposites[J]. Materials science and engineering,2009,63(3):100-125.

[18] VAHABI H, WU H, SAEB M R, et al. Electrospinning for developing flame retardant polymer materials: current status and future perspectives[J]. Polymer, 2021,217:123466.

[19] VAHIDI G, BAJWA D S, SHOJAEIARANI J, et al. Advancements in traditional and nanosized flame retardants for polymers: a review[J]. Journal of applied polymer science,2021,138(12):50050.

[20] WANG X S, LI L, TONG Y J, et al. Synthesis of core/shell structured zinc borate/silica and its surface charring for enhanced flame retardant properties[J]. Polymer degradation and stability,2021,183:109432.

[21] XU Y J, QU L Y, LIU Y, et al. An overview of alginates as flame-retardant materials: pyrolysis behaviors, flame retardancy, and applications[J]. Carbohydrate polymers,2021,260:117827.

[22] LU Y, WANG J C, ZHANG C Y. Preparation of a novel flame retardant based on diatomite/polyethyleneimine modified MWCNT for applications in silicone rubber composites[J]. Journal of rubber research,2021,24(1):137-146.

[23] ZHAN W, CHEN L, CUI F S, et al. Effects of carbon materials on fire protection and smoke suppression of waterborne intumescent coating[J]. Progress in organic

coatings,2020,140:105491.

[24] ZHANG Y,JING J,LIU T,et al.A molecularly engineered bioderived polyphosphate for enhanced flame retardant,UV-blocking and mechanical properties of poly(lactic acid)[J]. Chemical engineering journal,2021,411:128493.

[25] ZHOU M H,LIU Y J,YAO D W,et al.Promotion of the flame retardancy of 9,10-dihydro-9-oxa-10-phosphaphenanthrene-10-oxide grafted natural rubber using expandable graphite[J].Arabian journal of chemistry,2021,14(3):102980.

[26] WANG X,KALALI E N,WAN J T,et al.Carbon-family materials for flame retardant polymeric materials[J].Progress in polymer science,2017,69:22-46.

[27] LEROUX F,BESSE J P.Polymer interleaved layered double hydroxide:a new emerging class of nanocomposites[J].Chemistry of materials,2001,13(10):3507-3515.

[28] LEVCHIK G F,VOROBYOVA S A,GORBARENKO V V,et al.Some mechanistic aspects of the fire retardant action of red phosphorus in aliphatic nylons[J].Journal of fire sciences,2000,18(3):172-182.

[29] LINCOLN D M,VAIA R A,KRISHNAMOORTI R.Isothermal crystallization of nylon-6/montmorillonite nanocomposites[J].Macromolecules,2004,37(12):4554-4561.

[30] LITZENBURGER A.Criteria for,and examples of optimal choice of flame retardants[J]. Polymers and polymer composites,2000,8(8):581-592.

[31] LIU Z Q,LI Z,YANG Y X,et al.A geometry effect of carbon nanomaterials on flame retardancy and mechanical properties of ethylene-vinyl acetate/magnesium hydroxide composites[J].Polymers,2018,10(9):1028.

[32] LU H D,SONG L,HU Y.A review on flame retardant technology in China.Part Ⅱ: flame retardant polymeric nanocomposites and coatings[J]. Polymers advanced technologies,2011,22(4):379-394.

[33] MANIAS E,POLIZOS G,NAKAJIMA H,et al.Fundamentals of polymer nanocomposite technology[M]//HOBOKEN N J.Flameretardant polymer nanocomposites.[S.l.:s.n.],2007:31-66.

[34] MENSAH R A,XU Q,ASANTE-OKYERE S,et al.Correlation analysis of cone calorimetry and microscale combustion calorimetry experiments[J]. Journal of thermal analysis and calorimetry,2019,136(2):589-599.

[35] NODERA A,KANAI T.Thermal decomposition behavior and flame retardancy of polycarbonate containing organic metal salts:effect of salt composition[J].Journal of applied polymer science,2004,94(5):2131-2139.

[36] SKOVGAARD N.Foodborne disease outbreaks,guidelines for investigation and control[J].International journal of food microbiology,2009,135(2):184-185.

[37] PITTS J J,SCOTT P H,POWELL D G.Thermal decomposition of antimony oxychloride and mode in flame retardancy[J].Journal of cellular plastics,1970,

6(1):35-37.

[38] SHAN G B,JIN W B,CHEN H X,et al.Flame-retardant polymer nanocomposites and their heat-release rates[J].Journal of hazardous,toxic,and radioactive waste,2015,19(4):04015006.

[39] SHI M N,LIN T R,HU Y,et al.Functionalization of graphene oxide by radiation grafting polyhedral oligomeric silsesquioxane with improved thermal stability and hydrophilicity[J].Journal of materials science,2020,55(4):1489-1498.

[40] SMITH A T, LACHANCE A M, ZENG S S, et al. Synthesis, properties, and applications of graphene oxide/reduced graphene oxide and their nanocomposites [J].Nanomaterials science,2019,1(1):31-47.

[41] TAN Y,SHAO Z B,CHEN X F,et al.Novel multifunctional organic-inorganic hybrid curing agent with high flame-retardant efficiency for epoxy resin[J].ACS applied materials & interfaces,2015,7(32):17919-17928.

[42] TIAN P,TANG L,TENG K S,et al.Graphene quantum dots from chemistry to applications[J].Materials today chemistry,2018,10:221-258.

[43] VAISMAN L,MAROM G,WAGNER HD.Dispersions of surface-modified carbon nanotubes in water-soluble and water-insoluble polymers[J].Advanced functional materials,2006,16(3):357-363.

[44] WANG X, YANG H Y, SONG L, et al. Morphology, mechanical and thermal properties of graphene-reinforced poly(butylene succinate) nanocomposites [J]. Composites science and technology,2011,72(1):1-6.

[45] MORGAN A B,WILKIE C A.Flame retardant polymer nanocomposites[M].New Jersey:John Wiley & Sons,2007.

[46] WANG X,HU Y,SONG L,et al.Comparative study on the synergistic effect of POSS and graphene with melamine phosphate on the flame retardance of poly (butylene succinate)[J].Thermochimica acta,2012,543:156-164.

[47] MA H Y,SONG P G,FANG Z P.Flame retarded polymer nanocomposites:development, trend and future perspective[J].Science China chemistry,2011,54(2):302-313.

[48] ZAMAN I,PHAN T T,KUAN H C,et al.Epoxy/graphene platelets nanocomposites with two levels of interface strength[J].Polymer,2011,52(7):1603-1611.

[49] XIAO X C,XIE T,CHENG Y T.Self-healable graphene polymer composites[J]. Journal of materials chemistry,2010,20(17):3508-3514.

[50] MILLER S G,BAUER J L,MARYANSKI M J,et al.Characterization of epoxy functionalized graphite nanoparticles and the physical properties of epoxy matrix nanocomposites[J].Composites science and technology,2010,70(7):1120-1125.

[51] FANG M,ZHANG Z,LI J F,et al.Constructing hierarchically structured interphases for strong and tough epoxy nanocomposites by amine-rich graphene surfaces[J].Journal of

materials chemistry,2010,20(43):9635-9643.

[52] YAVARI F, RAFIEE M A, RAFIEE J, et al. Dramatic increase in fatigue life in hierarchical graphene composites[J]. ACS applied materials & interfaces, 2010, 2(10): 2738-2743.

[53] RAFIEE M A, RAFIEE J, WANG Z, et al. Enhanced mechanical properties of nanocomposites at low graphene content[J]. ACS nano, 2009, 3(12): 3884-3890.

[54] GUO Y Q, BAO C L, SONG L, et al. In situ polymerization of graphene, graphite oxide, and functionalized graphite oxide into epoxy resin and comparison study of on-the-flame behavior[J]. Industrial & engineering chemistry research, 2011, 50(13): 7772-7783.

[55] KIM K S, JEON I Y, AHN S N, et al. Edge-functionalized graphene-like platelets as a co-curing agent and a nanoscale additive to epoxy resin[J]. Journal of materials chemistry, 2011, 21(20): 7337-7342.

[56] YANG S Y, LIN W N, HUANG Y L, et al. Synergetic effects of graphene platelets and carbon nanotubes on the mechanical and thermal properties of epoxy composites[J]. Carbon, 2011, 49(3): 793-803.

[57] RAFIEE M A, RAFIEE J, YU Z Z, et al. Buckling resistant graphene nanocomposites[J]. Applied physics letters, 2009, 95(22): 223103.

[58] RAFIEE M A, LU W, THOMAS A V, et al. Graphene nanoribbon composites[J]. ACS nano, 2010, 4(12): 7415-7420.

[59] AHMADI Z. Epoxy in nanotechnology: a short review[J]. Progress in organic coatings, 2019, 132: 445-448.

[60] GIEPARDA W, ROJEWSKI S, WÜSTENHAGEN S, et al. Chemical modification of natural fibres to epoxy laminate for lightweight constructions[J]. Composites part A: applied science and manufacturing, 2021, 140: 106171.

[61] GUO Y, ZHOU M H, YIN G Z, et al. Basalt fiber-based flame retardant epoxy composites: preparation, thermal properties, and flame retardancy[J]. Materials, 2021, 14(4): 902.

[62] HUO S Q, SONG P G, YU B, et al. Phosphorus-containing flame retardant epoxy thermosets: recent advances and future perspectives[J]. Progress in polymer science, 2021, 114: 101366.

[63] KIM Y O, JUNG Y C. Flame retardancy of bioepoxy polymers, their blends, and composites[M]//Bio-based epoxy polymers, blends and composites: synthesis, properties, characterization and applications. [S.l.: s.n.], 2021: 285-307.

[64] LAKSHMIKANDHAN T, CHANDRA B V L. Development and characterization of dopo based epoxy nanocomposites for flame retardant application[J]. International journal of pure and applied mathematics, 2018, 119(12): 6229-6245.

[65] GU H B, MA C, GU J W, et al. An overview of multifunctional epoxy nanocomposites[J]. Journal of materials chemistry C, 2016, 4(25): 5890-5906.

[66] WICKLEIN B, KOCJAN A, SALAZAR-ALVAREZ G, et al. Thermally insulating and fire-retardant lightweight anisotropic foams based on nanocellulose and graphene oxide[J]. Naturenano technology, 2015, 10(3): 277-283.

[67] WU F Y, BAO X H, XU H, et al. Functionalization of graphene oxide with polysilicone: synthesis, characterization and fire retardancy in thiol-ene systems [J]. Journal of macromolecular science, part B, 2021, 60(5): 339-349.

[68] RAMANATHAN T, ABDALA A A, STANKOVICH S, et al. Functionalized graphene sheets for polymer nanocomposites[J]. Naturenano technology, 2008, 3(6): 327-331.

[69] GAO Z, WANG J, LI Z S, et al. Graphene nanosheet/Ni^{2+}/Al^{3+} layered double-hydroxide composite as a novel electrode for a supercapacitor [J]. Chemistry of materials, 2011, 23(15): 3509-3516.

[70] ZHANG W C, LI X M, JIANG Y Y, et al. Investigations of epoxy resins flame-retarded by phenyl silsesquioxanes of cage and ladder structures [J]. Polymer degradation and stability, 2013, 98(1): 246-254.

[71] LAN T, KAVIRATNA P D, PINNAVAIA T J. Epoxy self-polymerization in smectite clays [J]. Journal of physics and chemistry of solids, 1996, 57(6/7/8): 1005-1010.

[72] SINGH N P, GUPTA V K, SINGH A P. Graphene and carbon nanotube reinforced epoxy nanocomposites: a review[J]. Polymer, 2019, 180: 121724.

[73] LIU S, YAN H Q, FANG Z P, et al. Effect of graphene nanosheets on morphology, thermal stability and flame retardancy of epoxy resin[J]. Composites science and technology, 2014, 90: 40-47.

[74] CHATTERJEE S, WANG J W, KUO W S, et al. Mechanical reinforcement and thermal conductivity in expanded graphene nanoplatelets reinforced epoxy composites[J]. Chemical physics letters, 2012, 531: 6-10.

[75] SERENA S W P, MARIATTI M. Properties of synthetic diamond and graphene nanoplatelet-filled epoxy thin film composites for electronic applications[J]. Journal of materials science: materials in electronics, 2012, 23(4): 817-824.

[76] ZHANG X L, ZHANG J L, WANG R H. Thermal and mechanical behavior of wood plastic composites by addition of graphene nanoplatelets [J]. Polymers, 2019, 11(8): 1365.

[77] 王建祺.无卤阻燃聚合物基础与应用[M].北京:科学出版社,2005.

[78] POORNIMA, RASHMI, RAJAN J S. Effective use of nano-carbons in controlling the electrical conductivity of epoxy composites [J]. Composites science and technology, 2021, 202: 108554.

[79] SHAHARI S, FATHULLAH M, ABDULLAH M M A B, et al. Recent developments in fire

retardant glass fibre reinforced epoxy composite and geopolymer as a potential fire-retardant material:a review[J].Construction and building materials,2021,277:122246.

[80] WANG H,LI S,ZHU Z M,et al.A novel DOPO-based flame retardant containing benzimidazolone structure with high charring ability towards low flammability and smoke epoxy resins[J].Polymer degradation and stability,2021,183:109426.

[81] WANG W D,WANG Z Z.Flame retardancy,thermal decomposition and mechanical properties of epoxy resin modified with copper N,N'-piperazine (bismethylene phosphonate)[J].Journal of thermal analysis and calorimetry,2021,2021:1-15.

[82] SHI T,ZHANG S D,SHI X X.Oxidized regenerated celluloses to fabricate high fire safety for epoxy resin with super expansion char layer[J].Cellulose,2021,28(5):2995-3015.

[83] ZHAO C S,LUO Z J,KONG D Y,et al.Excellent role of Cu_2O on fire safety of epoxy resin with ammonium polyphosphate based on the construction of self-intumescent flame retardant system[J].Journal of applied polymer science,2021,138(21):50503.

[84] SHARGHI H,BEYZAVI M H,SAFAVI A,et al.Immobilization of porphyrinatocopper nanoparticles onto activated multi-walled carbon nanotubes and a study of its catalytic activity as an efficient heterogeneous catalyst for a click approach to the three-component synthesis of 1,2,3-triazoles in water[J].Advanced synthesis & catalysis,2009,351(14/15):2391-2410.

[85] BERCIAUD S,RYU S,BRUS L E,et al.Probing the intrinsic properties of exfoliated graphene:Raman spectroscopy of free-standing monolayers [J].Nanoletters,2009,9(1):346-352.

[86] WANG Y,ALSMEYER D C,MCCREERY R L.Raman spectroscopy of carbon materials:structural basis of observed spectra[J].Chemistry of materials,1990,2(5):557-563.

[87] HATA K J,FUTABA D N,MIZUNO K,et al.Water-assisted highly efficient synthesis of impurity-free single-walled carbon nanotubes[J].Science,2004,306(5700):1362-1364.

[88] HEIGHT M J,HOWARD J B,TESTER J W,et al.Flame synthesis of single-walled carbon nanotubes[J].Carbon,2004,42(11):2295-2307.

[89] FURTADO C A,KIM U J,GUTIERREZ H R,et al.Debundling and dissolution of single-walled carbon nanotubes in amide solvents[J].Journal of the american chemical society,2004,126(19):6095-6105.

[90] WANG C S,LEE M C.Synthesis and properties of epoxy resins containing 2-(6-oxid-6H-dibenz(c,e)(1,2)oxaphosphorin-6-yl)1,4-benzenediol(Ⅱ)[J].Polymer,2000,41(10):3631-3638.

[91] WANG S F,LI X Q,WU H,et al.Advances in high permeability polymer-based

membrane materials for CO_2 separations[J].Energy & environmental science,2016,9(6):1863-1890.

[92] RIVA A, CAMINO G, FOMPERIE L, et al. Fire retardant mechanism in intumescent ethylene vinyl acetate compositions[J]. Polymer degradation and stability, 2003, 82(2): 341-346.

[93] ALAGAR M,THANIKAI VELAN T V,ASHOK KUMAR A,et al.Synthesis and characterization of high performance polymeric hybrid siliconized epoxy composites for aerospace applications[J].Materials and manufacturing processes,1999,14(1):67-83.

[94] ZHU S W,SHI W F.Flame retardant mechanism of hyperbranched polyurethane acrylates used for UV curable flame retardant coatings[J].Polymer degradation and stability,2002,75(3):543-547.

[95] BISHOP D P,SMITH D A.Combined pyrolysis and radiochemical gas chromatography for studying the thermal degradation of epoxide resins and polyimides. Ⅱ. Degradation of polyimides[J].Journal of applied polymer science,1970,14(2):345-354.

[96] LEISEGANG E C, STEPHEN A M, PATERSON-JONES J C. The thermal degradation in vacuo of an amine-cured epoxide resin[J].Journal of applied polymer science,1970,14(8):1961-1981.

[97] GEIM A K,NOVOSELOV K S. The rise of graphene[J]. Nature materials, 2007, 6(3): 183-191.

[98] LIU Q Y,WANG D H,LI Z K,et al.Recent developments in the flame-retardant system of epoxy resin[J].Materials,2020,13(9):2145.

[99] BABU K,RENDÉN G,AFRIYIE MENSAH R,et al.A review on the flammability properties of carbon-based polymeric composites:state-of-the-art and future trends[J].Polymers,2020,12(7):1518.

[100] CUI S,CANET R,DERRE A,et al.Characterization of multiwall carbon nanotubes and influence of surfactant in the nanocomposite processing[J]. Carbon, 2003, 41(4):797-809.

[101] MA P C,KIM J K,TANG B Z.Effects of silane functionalization on the properties of carbon nanotube/epoxy nanocomposites[J].Composites science and technology, 2007,67(14):2965-2972.

[102] ZHOU Y X,PERVIN F,LEWIS L,et al.Experimental study on the thermal and mechanical properties of multi-walled carbon nanotube-reinforced epoxy [J]. Materials science and engineering:A,2007,452/453:657-664.

[103] SHEN J F, HUANG W S, WU L P, et al. Thermo-physical properties of epoxy nanocomposites reinforced with amino-functionalized multi-walled carbon nanotubes[J].Composites part A:applied science and manufacturing,2007,38(5):

1331-1336.

[104] TSENG C H, WANG C C, CHEN C Y. Functionalizing carbon nanotubes by plasma modification for the preparation of covalent-integrated epoxy composites [J].Chemistry of materials,2007,19(2):308-315.

[105] CREPALDI E L, PAVAN P C, VALIM J B. Anion exchange in layered double hydroxides by surfactant salt formation[J].Journal of materials chemistry,2000, 10(6):1337-1343.

[106] OGAWA M, KAIHO H. Homogeneous precipitation of uniform hydrotalcite particles[J].Langmuir,2002,18(11):4240-4242.

[107] MEYN M, BENEKE K, LAGALY G. Anion-exchange reactions of layered double hydroxides[J].Inorganic chemistry,1990,29(26):5201-5207.

[108] ZHAO Y, LI F, ZHANG R, et al. Preparation of layered double-hydroxide nanomaterials with a uniform crystallite size using a new method involving separate nucleation and aging steps[J].Chemistry of materials,2002,14(10):4286-4291.

[109] BORJA M, DUTTA P K. Fatty acids in layered metal hydroxides: membrane-like structure and dynamics [J]. The journal of physical chemistry, 1992, 96 (13): 5434-5444.

[110] NEWMAN S P, JONES W. Comparative study of some layered hydroxide salts containing exchangeable interlayer anions [J]. Journal of solid state chemistry, 1999,148(1):26-40.

[111] CAMINO G, MAFFEZZOLI A, BRAGLIA M, et al. Effect of hydroxides and hydroxycarbonate structure on fire retardant effectiveness and mechanical properties in ethylene-vinyl acetate copolymer [J]. Polymer degradation and stability,2001,74(3):457-464.

[112] HSUEH H B, CHEN C Y. Preparation and properties of LDHs/epoxy nanocomposites[J]. Polymer,2003,44(18):5275-5283.

[113] ZAMMARANO M, FRANCESCHI M, BELLAYER S, et al. Preparation and flame resistance properties of revolutionary self-extinguishing epoxy nanocomposites based on layered double hydroxides[J].Polymer,2005,46(22):9314-9328.

[114] VACCARI A. Preparation and catalytic properties of cationic and anionic clays[J]. Catalysis today,1998,41(1/2/3):53-71.

[115] PARK J H, JANA S C. Mechanism of exfoliation of nanoclay particles inepoxy-clay nanocomposites[J].Macromolecules,2003,36(8):2758-2768.

[116] WANG Z, PINNAVAIA T J. Nanolayer reinforcement of elastomeric polyurethane [J].Chemistry of materials,1998,10(12):3769-3771.

[117] HUSSAIN M, VARLEY R J, MATHYS Z, et al. Effect of organo-phosphorus and nano-clay materials on the thermal and fire performance of epoxy resins [J].

Journal of applied polymer science,2004,91(2):1233-1253.

[118] LIU S,CHEVALI V S,XU Z G,et al.A review of extending performance of epoxy resins using carbon nanomaterials[J].Composites part B:engineering,2018,136:197-214.

[119] RAFIQUE I,KAUSAR A,ANWAR Z,et al.Exploration of epoxy resins,hardening systems,and epoxy/carbon nanotube composite designed for high performance materials:a review[J].Polymer-plastics technology and engineering,2016,55(3):312-333.

[120] KASHIWAGI T,GRULKE E,HILDING J,et al.Thermal and flammability properties of polypropylene/carbon nanotube nanocomposites[J].Polymer,2004,45(12):4227-4239.

[121] KASHIWAGI T,GRULKE E,HILDING J,et al.Thermal degradation and flammability properties of poly(propylene)/carbon nanotube composites[J].Macromolecular rapid communications,2002,23(13):761-765.

[122] KAUSAR A,RAFIQUE I,MUHAMMAD B.Significance of carbon nanotube in flame-retardant polymer/CNT composite:a review[J].Polymer-plastics technology and engineering,2017,56(5):470-487.

[123] LEE S,KIM H M,SEONG D G,et al.Synergistic improvement of flame retardant properties of expandable graphite and multi-walled carbon nanotube reinforced intumescent polyketone nanocomposites[J].Carbon,2019,143:650-659.

[124] MOON S I,JIN F Z,LEE C J,et al.Novel carbon nanotube/poly(L-lactic acid) nanocomposites;their modulus,thermal stability,and electrical conductivity[J].Macromolecular symposia,2005,224(1):287-296.

[125] NURIEL S,LIU L,BARBER A H,et al.Direct measurement of multiwall nanotube surface tension[J].Chemical physics letters,2005,404(4/5/6):263-266.

[126] ATTIA N F,ABD EL-AAL N S,HASSAN M A.Facile synthesis of graphene sheets decorated nanoparticles and flammability of their polymer nanocomposites[J].Polymer degradation and stability,2016,126:65-74.

[127] BEYER G.Short communication:carbon nanotubes as flame retardants for polymers[J].Fire and materials,2002,26(6):291-293.

[128] DAI J F,WANG G J.Surface properties of graphene: relationship to graphene-polymer composites[J].Reviews on advanced materials science,2015,40(1):60-71.

[129] HUANG G B,GAO J R,WANG X,et al.How can graphene reduce the flammability of polymer nanocomposites? [J].Materials letters,2012,66(1):187-189.

[130] SANG B,LI Z W,LI X H,et al.Graphene-based flame retardants:a review[J].Journal of materials science,2016,51(18):8271-8295.

[131] CHEEDARALA R K,SONG J I.Thermally exfoliated π-π stacked blistered graphene oxide as efficient flame retardant soft nano-bundles for vinyl ester resin composites[J].Materials advances,2021,2(1):497-510.

[132] GNANASEKAR P, CHEN H Y, TRATNIK N, et al. Enhancing performance of phosphorus containing vanillin-based epoxy resins by P-N non-covalently functionalized graphene oxide nanofillers[J]. Compositespart B: engineering, 2021, 207: 108585.

[133] NASSAJ Z, RAVARI F, DANAEE I, et al. Thermal stability, degradation kinetic and electrical properties studies of decorated graphene oxide with CeO_2 nanoparticles-reinforced epoxy coatings[J]. Fullerenes, nanotubes and carbon nanostructures, 2021, 29(6): 446-456.

[134] OSMAN A, ELHAKEEM A, KAYTBAY S, et al. Thermal, electrical and mechanical properties of graphene/nano-alumina/epoxy composites [J]. Materials chemistry and physics, 2021, 257: 123809.

[135] FENG X M, WANG X, XING W Y, et al. Simultaneous reduction and surface functionalization of graphene oxide by chitosan and their synergistic reinforcing effects in PVA films[J]. Industrial & engineering chemistry research, 2013, 52(36): 12906-12914.

[136] KHOSE R V, PETHSANGAVE D A, WADEKAR P H, et al. Novel approach towards the synthesis of carbon-based transparent highly effective flame retardant[J]. Carbon, 2018, 139: 205-209.

[137] KASHIWAGI T, DU F M, WINEY K I, et al. Flammability properties of polymer nanocomposites with single-walled carbon nanotubes: effects of nanotube dispersion and concentration[J]. Polymer, 2005, 46(2): 471-481.

[138] MA H Y, TONG L F, XU Z B, et al. Synergistic effect of carbon nanotube and clay for improving the flame retardancy of ABS resin[J]. Nanotechnology, 2007, 18(37): 375602.

[139] MANCHADO M A L, VALENTINI L, BIAGIOTTI J, et al. Thermal and mechanical properties of single-walled carbon nanotubes-polypropylene composites prepared by melt processing[J]. Carbon, 2005, 43(7): 1499-1505.

[140] PACK S, KASHIWAGI T, STEMP D, et al. Segregation of carbon nanotubes/organoclays rendering polymer blends self-extinguishing[J]. Macromolecules, 2009, 42(17): 6698-6709.

[141] RAMANATHAN T, LIU H, BRINSON L C. Functionalized SWNT/polymer nanocomposites for dramatic property improvement[J]. Journal of polymer science part B: polymer physics, 2005, 43(17): 2269-2279.

[142] RIBEIRO B, BOTELHO E C, COSTA M L, et al. Carbon nanotube buckypaper reinforced polymer composites: a review[J]. Polímeros, 2017, 27(3): 247-255.

[143] SCHAEFER D W, ZHAO J, BROWN J M, et al. Morphology of dispersed carbon single-walled nanotubes[J]. Chemical physics letters, 2003, 375(3/4): 369-375.

[144] KAUSAR A. Fullerene nanofiller reinforced epoxy nanocomposites-developments, progress and challenges[J]. Materials research innovations, 2021, 25(3): 175-185.

[145] CHEN Q N, SAI T, FANG Z P, et al. Thermal stability and oxygen resistance of polypropylene composites with fullerene/montmorillonite hybrid fillers [J]. Journal of thermal analysis and calorimetry, 2020, 4: 1-10.

[146] KANBUR Y, TAYFUN U. Development of multifunctional polyurethane elastomer composites containing fullerene: mechanical, damping, thermal, and flammability behaviors [J]. Journal of elastomers and plastics, 2019, 51(3): 262-279.

[147] KAUSAR A. Advances in condensation polymer containing zero-dimensional nanocarbon reinforcement: fullerene, carbon nano-onion, and nanodiamond [J]. Polymer-plastics technology and materials, 2021, 60(7): 695-713.

[148] PAN Y Q, GUO Z H, RAN S Y, et al. Influence of fullerenes on the thermal and flame-retardant properties of polymeric materials [J]. Journal of applied polymer science, 2020, 137(1): 47538.

[149] PAN Y Q, GUO Z H, RAN S Y, et al. Improved flame retardant of intumescent flame retardant flame-retarded high density polyethylene with fullerene decorated by iron compound [J]. Express polymer letters, 2019, 13(9): 835-843.

[150] LOUTFY R O, WEXLER E M. Ablative and flame-retardant properties of fullerenes [M]// Perspectives of Fullerene Nanotechnology. Berlin: Springer, 2002: 275-280.

[151] SONG P, SHEN Y, DU B, et al. Fabrication of fullerene-decorated carbon nanotubes and their application in flame-retarding polypropylene [J]. Nanoscale, 2009, 1(1): 118-121.

[152] LI K Y, KUAN C F, KUAN H C, et al. Preparation and properties of novel epoxy/graphene oxide nanosheets (GON) composites functionalized with flame retardant containing phosphorus and silicon [J]. Materials chemistry and physics, 2014, 146(3): 354-362.

[153] LIAO S H, LIU P L, HSIAO M C, et al. One-step reduction and functionalization of graphene oxide with phosphorus-based compound to produce flame-retardant epoxy nanocomposite [J]. Industrial & engineering chemistry research, 2012, 51(12): 4573-4581.

[154] LIU S, FANG Z P, YAN H Q, et al. Synergistic flame retardancy effect of graphene nanosheets and traditional retardants on epoxy resin [J]. Composites part A: applied science and manufacturing, 2016, 89: 26-32.

[155] LIU S, FANG Z P, YAN H Q, et al. Superior flame retardancy of epoxy resin by the combined addition of graphene nanosheets and DOPO [J]. RSC advances, 2016, 6(7): 5288-5295.

[156] LIU S, YAN H Q, FANG Z P, et al. Effect of graphene nanosheets and layered double hydroxides on the flame retardancy and thermal degradation of epoxy resin [J]. RSC advances, 2014, 4(36): 18652-18659.

[157] SZELUGA U, PUSZ S, KUMANEK B, et al. Effect of graphene filler structure on electrical, thermal, mechanical, and fire retardant properties of epoxy-graphene nanocomposites-a review [J]. Critical reviews in solid state and materials sciences, 2021, 46(2): 152-187.

[158] WANG X, SONG L, PORNWANNCHAI W, et al. The effect of graphene presence in flame retarded epoxy resin matrix on the mechanical and flammability properties of glass fiber-

reinforced composites[J].Composites part A:applied science and manufacturing,2013,53:88-96.

[159] WANG X,SONG L,YANG H Y,et al.Simultaneous reduction and surface functionalization of graphene oxide with POSS for reducing fire hazards in epoxy composites[J].Journal of materials chemistry,2012,22(41):22037-22043.

[160] UHL F M,WILKIE C A.Polystyrene/graphite nanocomposites:effect on thermal stability [J].Polymer degradation and stability,2002,76(1):111-122.

[161] UHL F M,WILKIE C A.Preparation of nanocomposites from styrene and modified graphite oxides[J].Polymer degradation and stability,2004,84(2):215-226.

[162] XU J Y,HU Y,SONG L,et al.Thermal analysis of poly(vinyl alcohol)/graphite oxide intercalated composites[J].Polymer degradation and stability,2001,73(1):29-31.

[163] YASMIN A,DANIEL I M.Mechanical and thermal properties of graphite platelet/epoxy composites[J].Polymer,2004,45(24):8211-8219.

[164] GUADAGNO L,DE VIVO B,DI BARTOLOMEO A,et al.Effect of functionalization on the thermo-mechanical and electrical behavior of multi-wall carbon nanotube/epoxy composites[J].Carbon,2011,49(6):1919-1930.

[165] KUAN C F,CHEN W J,LI Y L,et al.Flame retardance and thermal stability of carbon nanotube epoxy composite prepared from Sol-gel method[J].Journal of physics and chemistry of solids,2010,71(4):539-543.

[166] CHEN J J,LIU B F,GAO X H,et al.A review of the interfacial characteristics of polymer nanocomposites containing carbon nanotubes[J].RSC advances,2018,8(49):28048-28085.

[167] DANG H Y,CAO Y F,ZHANG R Q,et al.Green fabrication of polyimide fibers with phosphate monoester network to reinforce carbon nanotube polymer composites: simultaneously improving the mechanical properties and flame retardancy[J].Applied composite materials,2021,28(2):465-489.

[168] DATTA S, HENRY T C, SLIOZBERG Y R, et al. Carbon nanotube enhanced shape memory epoxy for improved mechanical properties and electroactive shape recovery[J]. Polymer,2021,212:123158.

[169] JUDAWISASTRA H, HARITO C, ANINDYAJATI D, et al. Mechanical properties of carbon nanotubes/epoxy nanocomposites: pre-curing, curing temperature, and cooling rate[J/OL]. High performance polymers, 2021[2021-05-21]. https://doi.org/10.1177/0954008321992090.

[170] KABIR I I, FU Y F, SOUZA N, et al. Improved flame-retardant properties of polydimethylsiloxane/multi-walled carbon nanotube nanocomposites[J].Journal of materials science,2021,56(3):2192-2211.

[171] NAJMI P,KESHMIRI N,RAMEZANZADEH M,et al.Highly improving the mechanical-responses/thermal-stability of the epoxy nano-composite using novel highly-oxidized multi-

walled carbon nanotubes (OMWCNT) functionalized by Zinc-doped Polyaniline (PANI) nanofibers[J].Journal of the Taiwan institute of chemical engineers,2021,119:245-258.

[172] TEZEL G B,SARMAH A,DESAI S C,et al.Kinetics of carbon nanotube-loaded epoxy curing:rheometry,differential scanning calorimetry,and radio frequency heating[J].Carbon,2021,175:1-10.

[173] WANG J B.Novel polysilicone flame-retardant functionalized carbon nanotubes:synthesis,characterization and flame retardancy as used in epoxy-based composites[J].Journal of macromolecular science,part B,2021,60(2):88-98.

[174] YANG C K,LEE Y R,HSIEH T H,et al.Mechanical property of multiwall carbon nanotube reinforced polymer composites[J].Polymers and polymer composites,2018,26(1):99-104.

[175] CHEN W J,LI Y L,CHIANG C L,et al.Preparation and characterization of carbon nanotubes/epoxy resin nano-prepreg for nanocomposites[J].Journal of physics and chemistry of solids,2010,71(4):431-435.

[176] GOJNY F H,SCHULTE K.Functionalisation effect on the thermo-mechanical behaviour of multi-wall carbon nanotube/epoxy-composites[J].Composites science and technology,2004,64(15):2303-2308.

[177] IM J S,LEE S K,IN S J,et al.Improved flame retardant properties of epoxy resin by fluorinated MMT/MWCNT additives[J].Journal of analytical and applied pyrolysis,2010,89(2):225-232.

[178] MARTIN C A,SANDLER J K W,SHAFFER M S P,et al.Formation of percolating networks in multi-wall carbon-nanotube-epoxy composites[J].Composites science and technology,2004,64(15):2309-2316.

[179] OGASAWARA T,ISHIDA Y,KASAI T.Mechanical properties of carbon fiber/fullerene-dispersed epoxy composites[J].Composites science and technology,2009,69(11/12):2002-2007.

[180] WU Q,BAO J W,ZHANG C,et al.The effect of thermal stability of carbon nanotubes on the flame retardancy of epoxy and bismaleimide/carbon fiber/buckypaper composites[J].Journal of thermal analysis and calorimetry,2011,103(1):237-242.

[181] WANG Q,SU D S,WANG D Y.Carbon nanotube/epoxy composites for improved fire safety[J].ACS applied nano materials,2020,3(5):4253-4264.

[182] LEE S K,BAI B C,IM J S,et al.Flame retardant epoxy complex produced by addition of montmorillonite and carbon nanotube[J].Journal of industrial and engineering chemistry,2010,16(6):891-895.

[183] NGUYEN T A,NGUYEN Q T,BACH T P.Mechanical properties and flame retardancy of epoxy resin/nanoclay/multiwalled carbon nanotube nanocomposites[J].Journal of chemistry,2019,2019:1-9.

[184] LI C,KANG N J,LABRANDERO S D,et al.Synergistic effect of carbon nanotube and polyethersulfone on flame retardancy of carbon fiber reinforced epoxy composites[J]. Industrial & engineering chemistry research,2014,53(3):1040-1047.

[185] ZHUO D X,WANG R,WU L X,et al.Flame retardancy effects of graphene nanoplatelet/carbon nanotube hybrid membranes on carbon fiber reinforced epoxy composites[J].Journal of nanomaterials,2013,2013:1-7.

[186] KRUSIC P J,WASSERMAN E,KEIZER P N,et al.Radical reactions of C60[J].Science, 1991,254(5035):1183-1185.

[187] SONG P A,ZHU Y,TONG L F,et al.C(60) reduces the flammability of polypropylene nanocomposites by in situ forming a gelled-ball network[J]. Nanotechnology, 2008, 19(22):225707.

[188] WANG X,MAO L L,LUO M,et al.Study of fullerene-containing epoxy membranes with tunable ultraviolet light-filtering properties[J].Progress in organic coatings,2010,67(4):398-404.

[189] TSAI T Y, BUNEKAR N, HUANG C C, et al. Novolac cured epoxy resin/fullerene modified clay composites:applied to copper clad laminates[J].RSC advances,2015,5(116):95649-95656.

[190] KAUSAR A.Estimation of thermo-mechanical and fire resistance profile of epoxy coated polyurethane/fullerene composite films [J]. Fullerenes, nanotubes and carbon nanostructures,2016,24(6):391-399.

[191] GOSWAMI T H,NANDAN B,ALAM S,et al.A selective reaction of polyhydroxy fullerene with cycloaliphatic epoxy resin in designing ether connected epoxy star utilizing fullerene as a molecular core[J].Polymer,2003,44(11):3209-3214.

[192] WANG R,WU L X,ZHUO D X,et al.Fabrication of fullerene anchored reduced graphene oxide hybrids and their synergistic reinforcement on the flame retardancy of epoxy resin[J]. Nanoscale research letters,2018,13(1):1-14.